U0269156

大 数 据 系 列 丛 书

大数据导论

周苏 王文 编著

清华大学出版社

北京

内 容 简 介

这是一个大数据爆发的时代。面对信息的激流、多元化数据的涌现,大数据已经为个人生活、企业经营,甚至国家与社会的发展都带来了机遇和挑战,大数据已经成为 IT 信息产业中最具潜力的蓝海。

"大数据导论"是一门理论性和实践性都很强的课程。本教材针对信息管理、经济管理和其他相关专业学生的发展需求,系统、全面地介绍了关于大数据技术与应用的基本知识和技能,详细介绍了大数据与大数据时代、大数据的可视化、大数据的商业规则、大数据时代的思维变革、大数据促进医疗与健康、大数据激发创造力、大数据预测分析、大数据促进学习、大数据在云端、支撑大数据的技术、数据科学与数据科学家和大数据的未来等内容,具有较强的系统性、可读性和实用性。

本书是为高等院校相关专业"大数据基础""大数据导论"等课程全新设计编写,具有丰富实践特色的主教材,也可供有一定实践经验的软件开发人员、管理人员参考和作为继续教育的教材。

图书在版编目(CIP)数据

大数据导论/周苏,王文编著. —北京:清华大学出版社,2016(2019.8重印)
  大数据系列丛书
  ISBN 978-7-302-44073-4

Ⅰ.①大… Ⅱ.①周… ②王… Ⅲ.①数据处理 Ⅳ.①TP274

中国版本图书馆 CIP 数据核字(2016)第 132447 号

责任编辑:张 玥 薛 阳
封面设计:常雪影
责任校对:焦丽丽
责任印制:刘海龙

出版发行:清华大学出版社
       网   址:http://www.tup.com.cn, http://www.wqbook.com
       地   址:北京清华大学学研大厦 A 座   邮   编:100084
       社 总 机:010-62770175   邮   购:010-62786544
       投稿与读者服务:010-62776969, c-service@tup.tsinghua.edu.cn
       质 量 反 馈:010-62772015, zhiliang@tup.tsinghua.edu.cn
       课 件 下 载:http://www.tup.com.cn,010-62795954
印 装 者:三河市金元印装有限公司
经   销:全国新华书店
开   本:185mm×260mm   印   张:17.5   字   数:410 千字
版   次:2016 年 9 月第 1 版   印   次:2019 年 8 月第 9 次印刷
定   价:44.50 元

产品编号:069565-02

前言

PREFACE

　　大数据(Big Data)的力量,正在积极地影响着社会的方方面面,它冲击着许多主要的行业,包括零售业、电子商务和金融服务业等,同时,也正在彻底地改变人们的学习和日常生活:改变教育方式、生活方式、工作方式,甚至是人们寻找爱情的方式。如今,通过简单、易用的移动应用和基于云端的数据服务,能够追踪自己的行为以及饮食习惯,还能提升个人的健康状况。因此,有必要真正理解大数据这个极其重要的议题。

　　中国是大数据最大的潜在市场之一。据估计,中国有近六亿网民,这就意味着中国的企业拥有绝佳的机会来更好地了解其客户并提供更个性化的体验,同时为企业增加收入并提高利润。阿里巴巴就是一个很好的例子。阿里巴巴不但在其商业模式上具有颠覆性,而且还掌握了与购买行为、产品需求和库存供应相关的海量数据。除了阿里巴巴高层的领导能力之外,大数据必然是其成功的一个关键因素。

　　然而,仅有数据是不够的。对于身处大数据时代的企业而言,成功的关键还在于找出大数据所隐含的真知灼见。"以前,人们总说信息就是力量,但如今,对数据进行分析、利用和挖掘才是力量之所在。"

　　很多年前,人们就开始对数据进行利用。例如,航空公司利用数据为机票定价,银行利用数据搞清楚贷款对象,信用卡公司则利用数据侦破信用卡诈骗等。但是直到最近,数据,或者用现在的说法就是大数据,才真正成为人们日常生活的一部分。随着 Facebook (脸书)、谷歌(Google)、推特(Twitter)以及 QQ、微信、淘宝等的出现,大数据游戏被永远改变了。你和我,或者任何一个享受这些服务的用户都生成了一条数据足迹,它能够反映出我们的行为。每次我们进行搜索,例如查找某个人或者访问某个网站,都加深了这条足迹。互联网企业开始创建新技术来存储、分析激增的数据——结果就迎来了被称为"大数据"的创新爆炸。

　　进入 2012 年以来,由于互联网和信息行业的快速发展,大数据越来越引起人们的关注,已经引发自云计算、互联网之后 IT 行业的又一大颠覆性的技术革命。人们用大数据来描述和定义信息爆炸时代产生的海量数据,并命名与之相关的技术发展与创新。云计算主要为数据资产提供了保管、访问的场所和渠道,而数据才是真正有价值的资产。企业内部的经营信息、互联网世界中的商品物流信息,互联网世界中的人与人交互信息、位置信息等,其数量将远远超越现有企业 IT 架构和基础设施的承载能力,实时性要求也将大大超越现有的计算能力。如何盘活这些数据资产,使其为国家治理、企业决策乃至个人生活服务,是大数据的核心议题,也是云计算内在的灵魂和必然的升级方向。

　　对于在校大学生来说,大数据的理念、技术与应用是一门理论性和实践性都很强的

"必修"课程。在长期的教学实践中,我们体会到,坚持"因材施教"的重要原则,把实践环节与理论教学相融合,抓实践教学促进理论知识的学习,是有效地改善教学效果和提高教学水平的重要方法之一。本书的主要特色是:理论联系实际,结合一系列了解和熟悉大数据理念、技术与应用的学习和实践活动,把大数据的相关概念、基础知识和技术技巧融入在实践当中,使学生保持浓厚的学习热情,加深对大数据技术的兴趣、认识、理解和掌握。

本书是为高等院校相关专业,尤其是信息管理、经济管理类专业开设"大数据"相关课程而全新设计编写,具有丰富实践特色的主教材,也可供有一定实践经验的 IT 应用人员、管理人员参考和作为继续教育的教材。

本书系统、全面地介绍了大数据的基本知识和应用技能,详细介绍了大数据与大数据时代、大数据的可视化、大数据的商业规则、大数据时代的思维变革、大数据促进医疗与健康、大数据激发创造力、大数据预测分析、大数据促进学习、大数据在云端、支撑大数据的技术、数据科学与数据科学家以及大数据的未来等内容,具有较强的系统性、可读性和实用性。

结合课堂教学方法改革的要求,全书设计了课程教学过程,为每章教学内容都有针对性地安排了课前阅读、课程教学内容和课后实验练习等环节,要求和指导学生在课前、课后阅读课文、网络搜索浏览的基础上,延伸阅读,深入理解课程知识内涵。

本课程的教学进度设计见《课程教学进度表》,该表可作为教师授课参考和学生课程学习的概要。实际执行时,应按照教学大纲编排教学进度,按照校历考虑本学期节假日安排,实际确定本课程的教学进度。

本课程的教学评测可以从以下几个方面入手。

(1) 每周的课前阅读(12 次);

(2) 每周的课后实验与思考(11 次);

(3) 课程实验总结(第 12 章);

(4) 结合平时考勤;

(5) 任课老师认为必要的其他考核方法。

与本书配套的教学 PPT 课件等文档可从清华大学出版社网站下载,欢迎教师与作者交流并索取为本书教学配套的相关资料并交流:zhousu@qq.com,QQ 81505050,个人博客 http://blog.sina.com.cn/zhousu58。

本书的编写得到了浙江大学城市学院、温州安防职业技术学院、浙江商业职业技术学院等多所院校师生的支持,张丽娜、蔡锦锦、孙曙迎、王硕苹等参与了本书的部分编写工作,在此一并表示感谢!

周 苏

2016 年春节于西子湖畔

课程教学进度表

(20 —20 学年第 学期)

课程号：_____ 课程名称：__大数据导论__ 学分：__2__ 周学时：__2__

总学时：__32__ （其中理论学时(课内)：__32__ （课外)实践学时：__（24）__ ）

主讲教师：_____

序号	校历周次	章节（或实验、习题课等）名称与内容	学时	教学方法	课后作业布置
1	1	引言与第1章 大数据与大数据时代	2		实验与思考
2	2	第1章 大数据与大数据时代	2		
3	3	第2章 大数据的可视化	2		实验与思考
4	4	第2章 大数据的可视化	2		
5	5	第3章 大数据的商业规则	2		实验与思考
6	6	第4章 大数据时代的思维变革	2		实验与思考
7	7	第4章 大数据时代的思维变革	2		
8	8	第5章 大数据促进医疗与健康	2	课前阅读 阅读分析 课堂教学	实验与思考
9	9	第6章 大数据激发创造力	2		实验与思考
10	10	第7章 大数据预测分析	2		实验与思考
11	11	第8章 大数据促进学习	2		实验与思考
12	12	第9章 大数据在云端	2		实验与思考
13	13	第10章 支撑大数据的技术	2		实验与思考
14	14	第10章 支撑大数据的技术	2		
15	15	第11章 数据科学与数据科学家	2		实验与思考
16	16	第12章 大数据的未来	2		课程实验总结

填表人(签字)： 日期：

系(教研室)主任(签字)： 日期：

目　录

CONTENTS

大数据与大数据时代

【导读案例】

准确预测地震

我们已经知道,地震是由构造板块(即偶尔会漂移的陆地板块)相互挤压造成的,这种板块挤压发生在地球深处,并且各个板块的相互运动极其复杂。因此,有用的地震数据来之不易,而要弄明白是什么地质运动导致了地震,基本上是不现实的。每年,世界各地约有7000次里氏4.0或更高级别的地震发生,每年有成千上万的人因此丧命,而一次地震带来的物质损失就有千亿美元之多。

虽然地震有预兆,"但是我们仍然无法通过它们可靠、有效地预测地震。"相反,我们能做的就是尽可能地为地震做好准备,包括在设计、修建桥梁和其他建筑的时候就把地震考虑在内,并且准备好地震应急包等,一旦发生地震,这些基础设施和群众都能有更充足的准备(图1-1)。

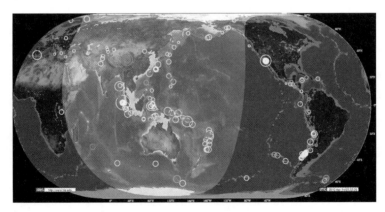

图 1-1　全球实时地震监测

如今,科学家们只能预报某个地方、某个具体的时间段内发生某级地震的可能性。例如,他们只能说未来30年,某个地区有80％的可能性会发生里氏8.4级地震,但他们无法完全确定地说出何时何地会发生地震,或者发生几级地震。

科学家能预报地震,但是他们无法预测地震。归根结底,准确地预测地震,就要回答何时、何地、何种震级这三个关键问题,需要掌握促使地震发生的不同自然因素,以及揭示它们之间复杂的相互运动的更多、更好的数据。

预测不同于预报。不过，虽然准确预测地震还有很长的路要走，但科学家已经越来越多地为地震受害者争取到那么几秒钟的时间了。

例如，斯坦福大学的"地震捕捉者网络"就是一个会生成大量数据的廉价监测网络的典型例子，它由参与分布式地震检测网络的大约二百个志愿者的计算机组成。有时候，这个监测网络能提前10秒钟提醒可能会受灾的人群。这10秒钟，就意味着可以选择是搭乘运行的电梯还是走楼梯，是走到开阔处去还是躲到桌子下面。

技术的进步使得捕捉和存储如此多数据的成本大大降低。能得到更多、更好的数据不只为计算机实现更精明的决策提供了更多的可能性，也使人类变得更聪明了。

从本质上来说，准确预测地震既是大数据的机遇又是挑战。单纯拥有数据还远远不够。我们既要掌握足够多的相关数据，又要具备快速分析并处理这些数据的能力，只有这样，才能争取到足够多的行动时间。越是即将逼近的事情，越需要快速地实现准确预测。

阅读上文，请思考、分析并简单记录：

(1) 你亲历或者听说过的地震事件。

答：_____

_____

_____

(2) 针对地球上频发的地震灾害，请尽可能多地列举你所认为的地震大数据内容。

答：_____

_____

_____

(3) 认识大数据，对地震活动的方方面面(预报、预测与灾害减轻等)有什么意义？

答：_____

_____

_____

(4) 请简单记述你所知道的上一周内发生的国际、国内或者身边的大事。

答：_____

_____

_____

_____

1.1　什么是大数据

信息社会所带来的好处是显而易见的：每个人口袋里都揣有一部手机，每个办公桌上都放着一台计算机，每间办公室内都连接到局域网甚至互联网。半个世纪以来，随着计算机技术全面和深度地融入社会生活,信息爆炸已经积累到了一个开始引发变革的程度。它不仅使世界充斥着比以往更多的信息,而且其增长速度也在加快。信息总量的变化还导致了信息形态的变化——量变引起了质变。

最先经历信息爆炸的学科,如天文学和基因学,创造出了"大数据"(Big Data)这个概念。如今,这个概念几乎应用到了所有人类致力于发展的领域中。

1.1.1 天文学——信息爆炸的起源

综合观察社会各个方面的变化趋势,我们能真正意识到信息爆炸或者说大数据的时代已经到来。以天文学为例,2000 年斯隆数字巡天①项目(图 1-2)启动的时候,位于新墨西哥州的望远镜在短短几周内收集到的数据,就比世界天文学历史上总共收集的数据还要多。到了 2010 年,信息档案已经高达 1.4×2^{42} B。不过,预计 2016 年在智利投入使用的大型视场全景巡天望远镜能在 5 天之内就获得同样多的信息。

图 1-2 美国斯隆数字巡天望远镜

天文学领域发生的变化在社会各个领域都在发生。2003 年,人类第一次破译人体基因密码的时候,辛苦工作了十年才完成了三十亿对碱基对的排序。大约十年之后,世界范围内的基因仪每 15 分钟就可以完成同样的工作。在金融领域,美国股市每天的成交量高达 70 亿股,而其中三分之二的交易都是由建立在数学模型和算法之上的计算机程序自动完成的,这些程序运用海量数据来预测利益和降低风险。

互联网公司更是要被数据淹没了。谷歌公司每天要处理超过 24PB(2^{50}B,拍字节)的数据,这意味着其每天的数据处理量是美国国家图书馆所有纸质出版物所含数据量的上千倍。Facebook(脸书)这个创立不过十来年的公司,每天更新的照片量超过 1000 万张,每天人们在网站上单击"喜欢"(Like)按钮或者写评论大约有三十亿次,这就为 Facebook 公司挖掘用户喜好提供了大量的数据线索。与此同时,谷歌子公司 YouTube②每月接待多达 8 亿的访客,平均每一秒钟就会有一段长度在一小时以上的视频上传。推特(Twitter)③上的信息量几乎每年翻一番,每天都会发布超过 4 亿条微博。

---

① **斯隆数字巡天**(Sloan Digital Sky Survey,SDSS):使用位于新墨西哥州阿帕奇山顶天文台的 2.5m 口径望远镜进行的红移巡天项目。以阿尔弗雷德·斯隆的名字命名,计划观测 25% 的天空,获取超过一百万个天体的多色测光资料和光谱数据。2006 年,斯隆数字巡天进入了名为 SDSS-Ⅱ 的新阶段,进一步探索银河系的结构和组成,而斯隆超新星巡天计划搜寻Ⅰa型超新星爆发,以测量宇宙学尺度上的距离。

② YouTube 是世界上最大的视频网站,于 2005 年 2 月 15 日注册,早期总部位于加利福尼亚州的圣布鲁诺。2006 年 11 月,Google 公司以 16.5 亿美元收购了 YouTube,并把它当作一间子公司来经营。

③ Twitter(推特)是一家美国社交网络及微博客服务的网站,是全球互联网上访问量最大的 10 个网站之一,是微博客的典型应用,其消息也被称作"推文(Tweet)"。Twitter 被形容为"互联网的短信服务"。

从科学研究到医疗保险,从银行业到互联网,各个不同的领域都在讲述着一个类似的故事,那就是爆发式增长的数据量。这种增长超过了人们创造机器的速度,甚至超过了人们的想象。

我们周围到底有多少数据？增长的速度有多快？许多人试图测量出一个确切的数字。尽管测量的对象和方法有所不同,但他们都获得了不同程度的成功。南加利福尼亚大学安嫩伯格通信学院的马丁·希尔伯特进行了一个比较全面的研究,他试图得出人类所创造、存储和传播的一切信息的确切数目。他的研究范围不仅包括书籍、图画、电子邮件、照片、音乐、视频(模拟和数字),还包括电子游戏、电话、汽车导航和信件。马丁·希尔伯特还以收视率和收听率为基础,对电视、电台这些广播媒体进行了研究。

据他估算,仅在 2007 年,人类存储的数据就超过了 $300EB$($2^{60}B$,艾字节)。下面这个比喻应该可以帮助人们更容易地理解这意味着什么：一部完整的数字电影可以压缩成一个 GB 的文件,而一个艾字节相当于 10 亿 GB,一个泽字节(ZB,$2^{70}B$)则相当于 1024EB。总之,这是一个非常庞大的数量。

有趣的是,在 2007 年的数据中,只有 7% 是存储在报纸、书籍、图片等媒介上的模拟数据,其余全部是数字数据。

模拟数据也称为模拟量,相对于数字量而言,指的是取值范围是连续的变量或者数值,例如声音、图像、温度、压力等。模拟数据一般采用模拟信号,例如用一系列连续变化的电磁波或电压信号来表示。数字数据也称为数字量,相对于模拟量而言,指的是取值范围是离散的变量或者数值。数字数据则采用数字信号,例如用一系列断续变化的电压脉冲(如用恒定的正电压表示二进制数 1,用恒定的负电压表示二进制数 0)或光脉冲来表示。

但在不久之前,情况却完全不是这样的。虽然 1960 年就有了"信息时代"和"数字村镇"的概念,在 2000 年的时候,数字存储信息仍只占全球数据量的四分之一,当时,另外四分之三的信息都存储在报纸、胶片、黑胶唱片和盒式磁带这类媒介上。

早期数字信息的数量并不多。对于长期在网上冲浪和购书的人来说,那只是一个微小的部分。事实上,在 1986 年的时候,世界上约 40% 的计算能力都在袖珍计算器上运行,那时候,所有个人计算机的处理能力之和还没有所有袖珍计算器处理能力之和高。但是因为数字数据的快速增长,整个局势很快就颠倒过来了。按照希尔伯特的说法,数字数据的数量每三年多就会翻一倍。相反,模拟数据的数量则基本上没有增加。

到 2013 年,世界上存储的数据达到约 1.2ZB,其中非数字数据只占不到 2%。这样大的数据量意味着什么？如果把这些数据全部记在书中,这些书可以覆盖整个美国 52 次。如果将其存储在只读光盘上,这些光盘可以堆成 5 堆,每一堆都可以伸到月球。

公元前 3 世纪,埃及的托勒密二世竭力收集了当时所有的书写作品,所以伟大的亚历山大图书馆①(图 1-3)可以代表世界上所有的知识量。亚历山大图书馆藏书丰富,有据可考的超过 50 000 卷(纸草卷),包括《荷马史诗》、《几何原本》等。但是,当数字数据洪流席

---

① 亚历山大图书馆建成之时正是中国战国时代的末期,此时百家争鸣,较有影响的十大家(儒、道、墨、法、名、阴阳、纵横、杂、农、小说)多有著述,且已出现《诗经》、《楚辞》、《离骚》等文学作品,虽没有像亚历山大图书馆一样的集中式藏书中心,但也占据了世界知识量的相当份额。

卷世界之后,每个地球人都可以获得大量的数据信息,相当于当时亚历山大图书馆存储的数据总量的 320 倍之多。

　　事情真的在快速发展。人类存储信息量的增长速度比世界经济的增长速度快 4 倍,而计算机数据处理能力的增长速度则比世界经济的增长速度快 9 倍。难怪人们会抱怨信息过量,因为每个人都受到了这种极速发展的冲击。

　　历史学家伊丽莎白·爱森斯坦发现,1453—1503 年,这 50 年之间大约印刷了 800 万本书籍,比 1200 年之前君士坦丁堡建立以来整个欧洲所有的手抄书还要多。换言之,欧洲的信息存储量花了 50 年才增长了一倍(当时的欧洲还占据了世界上相当部分的信息存储份额),而如今大约每三年就能增长一倍。

　　这种增长意味着什么呢? 彼特·诺维格是谷歌的人工智能专家,也曾任职于美国宇航局喷气推进实验室,他喜欢把这种增长与图画进行类比。首先,他要我们想想来自法国拉斯科洞穴壁画①上的标志性的马(图 1-4)。这些画可以追溯到一万七千年之前的旧石器时代。然后,再想想毕加索画的马,看起来和那些洞穴壁画没有多大的差别。事实上,毕加索看到那些洞穴壁画的时候就曾开玩笑说:“自那以后,我们就再也没有创造出什么东西了。”

图 1-3　举世闻名的古代文化中心——亚历山大　　　　图 1-4　拉斯科洞穴壁画
　　　　图书馆,毁于 3 世纪末的战火

　　回想一下壁画上的那匹马。当时要画一幅马需要花费很久的时间,而现在不需要那么久了。这就是一种改变,虽然改变的可能不是最核心的部分——毕竟这仍然是一幅马的图像。但是诺维格说,想象一下,现在我们能每秒播放 24 幅不同形态的马的图片,这就是一种由量变导致的质变:一部电影与一幅静态的画有本质上的区别! 大数据也一样,量变导致质变。物理学和生物学都告诉我们,当我们改变规模时,事物的状态有时也会发生改变。

---

　　① **法国拉斯科洞穴壁画**:1940 年,法国西南部道尔多尼州乡村的 4 个儿童带着狗在追捉野兔。突然野兔不见了,紧追的狗也不见了。孩子们这才发现兔和狗跑进一个山洞,他们带着手电筒和绳索也进入洞里,结果发现一个原始人庞大的画廊。它由一条长长的、宽狭不等的通道组成,其中有一个外形不规则的圆厅最为壮观,洞顶画有 65 头大型动物形象,有从 2m 到 3m 长的野马、野牛、鹿,有 4 头巨大公牛,最长的约 5m 以上,真是惊世的杰作。这就是同阿尔塔米拉洞齐名的拉斯科洞窟壁画。它被誉为“史前的卢浮宫”。

以纳米技术为例。纳米技术专注于把东西变小而不是变大。其原理就是当事物到达分子级别时，它的物理性质就会发生改变。一旦你知道这些新的性质，就可以用同样的原料来做以前无法做的事情。铜本来是用来导电的物质，但它一旦到达纳米级别就不能在磁场中导电了。银离子具有抗菌性，但当它以分子形式存在的时候，这种性质会消失。一旦到达纳米级别，金属可以变得柔软，陶土可以具有弹性。同样，当我们增加所利用的数据量时，也就可以做很多在小数据量的基础上无法完成的事情。

有时候，我们认为约束自己生活的那些限制，对于世间万物都有着同样的约束力。事实上，尽管规律相同，但是我们能够感受到的约束，很可能只对我们这样尺度的事物起作用。对于人类来说，唯一一个最重要的物理定律便是万有引力定律。这个定律无时无刻不在控制着我们。但对于细小的昆虫来说，重力是无关紧要的。对它们而言，物理宇宙中有效的约束是表面张力，这个张力可以让它们在水上自由行走而不会掉下去。但人类对于表面张力毫不在意。

大数据的科学价值和社会价值正是体现在这里。一方面，对大数据的掌握程度可以转化为经济价值的来源。另一方面，大数据已经撼动了世界的方方面面，从商业科技到医疗、政府、教育、经济、人文以及社会的其他各个领域。尽管我们还处在大数据时代的初期，但我们的日常生活已经离不开它了。

1.1.2 大数据的定义

所谓大数据，狭义上可以定义为：用现有的一般技术难以管理的大量数据的集合。对大量数据进行分析，并从中获得有用观点，这种做法在一部分研究机构和大企业中，过去就已经存在了。现在的大数据和过去相比，主要有三点区别：第一，随着社交媒体和传感器网络等的发展，在我们身边正产生出大量且多样的数据；第二，随着硬件和软件技术的发展，数据的存储、处理成本大幅下降；第三，随着云计算的兴起，大数据的存储、处理环境已经没有必要自行搭建。

所谓"用现有的一般技术难以管理"，例如是指用目前在企业数据库占据主流地位的关系型数据库无法进行管理的、具有复杂结构的数据。或者也可以说，是指由于数据量的增大，导致对数据的查询（Query）响应时间超出允许范围的庞大数据。

研究机构 Gartner 给出了这样的定义："大数据"是需要新处理模式才能具有更强的决策力、洞察发现力和流程优化能力的海量、高增长率和多样化的信息资产。

麦肯锡[①]说："大数据指的是所涉及的数据集规模已经超过了传统数据库软件获取、存储、管理和分析的能力。这是一个被故意设计成主观性的定义，并且是一个关于多大的数据集才能被认为是大数据的可变定义，即并不定义大于一个特定数字的 TB 才叫大数

---

① **麦肯锡公司**：世界级领先的全球管理咨询公司。自 1926 年成立以来，公司的使命就是帮助领先的企业机构实现显著、持久的经营业绩改善，打造能够吸引、培育和激励杰出人才的优秀组织机构。

麦肯锡在全球 52 个国家有 94 个分公司。在过去十年中，麦肯锡在大中华区完成了八百多个项目，涉及公司整体与业务单元战略、企业金融、营销/销售与渠道、组织架构、制造/采购/供应链、技术、产品研发等领域。

麦肯锡的经验是：关键是找那些企业的领导们，他们能够认识到公司必须不断变革以适应环境变化，并且愿意接受外部的建议，这些建议在帮助他们决定做何种变革和怎样变革方面大有裨益。

据。因为随着技术的不断发展,符合大数据标准的数据集容量也会增长;并且定义随不同的行业也有变化,这依赖于在一个特定行业通常使用何种软件和数据集有多大。因此,大数据在今天不同行业中的范围可以从几十 TB 到几 PB。"

随着"大数据"的出现,数据仓库、数据安全、数据分析、数据挖掘等围绕大数据商业价值的利用正逐渐成为行业人士争相追捧的利润焦点,在全球引领了又一轮数据技术革新的浪潮。

1.1.3　用 3V 描述大数据特征

从字面来看,"大数据"这个词可能会让人觉得只是容量非常大的数据集合而已。但容量只不过是大数据特征的一个方面,如果只拘泥于数据量,就无法深入理解当前围绕大数据所进行的讨论。因为"用现有的一般技术难以管理"这样的状况,并不仅仅是由于数据量增大这一个因素所造成的。

IBM 说:"可以用三个特征相结合来定义大数据:数量(Volume,或称容量)、种类(Variety,或称多样性)和速度(Velocity),或者是简单的 3V,即庞大数量、极快速度和种类丰富的数据",如图 1-5 所示。

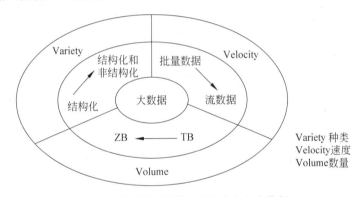

图 1-5　按数量、种类和速度来定义大数据

1. Volume(数量)

用现有技术无法管理的数据量,从现状来看,基本上是指从几十 TB 到几 PB 这样的数量级。当然,随着技术的进步,这个数值也会不断变化。

如今,存储的数据数量正在急剧增长中,我们存储所有事物,包括:环境数据、财务数据、医疗数据、监控数据等。有关数据量的对话已从 TB 级别转向 PB 级别,并且不可避免地会转向 ZB 级别。可是,随着可供企业使用的数据量不断增长,可处理、理解和分析的数据的比例却不断下降。

2. Variety(种类、多样性)

随着传感器、智能设备以及社交协作技术的激增,企业中的数据也变得更加复杂,因为它不仅包含传统的关系型数据,还包含来自网页、互联网日志文件(包括单击流数据)、搜索索引、社交媒体论坛、电子邮件、文档、主动和被动系统的传感器数据等原始、半结构化和非结构化数据。

种类表示所有的数据类型。其中,爆发式增长的一些数据,如互联网上的文本数据、位置信息、传感器数据、视频等,用企业中主流的关系型数据库是很难存储的,它们都属于非结构化数据。

当然,在这些数据中,有一些是过去就一直存在并保存下来的。和过去不同的是,除了存储,还需要对这些大数据进行分析,并从中获得有用的信息。例如监控摄像机中的视频数据。近年来,超市、便利店等零售企业几乎都配备了监控摄像机,最初目的是为了防范盗窃,但现在也出现了使用监控摄像机的视频数据来分析顾客购买行为的案例。

例如,美国高级文具制造商万宝龙(Montblane)过去是凭经验和直觉来决定商品陈列布局的,现在尝试利用监控摄像头对顾客在店内的行为进行分析。通过分析监控摄像机的数据,将最想卖出去的商品移动到最容易吸引顾客目光的位置,使得销售额提高了 20%。

美国移动运营商 T-Mobile 也在其全美 1000 家店中安装了带视频分析功能的监控摄像机,可以统计来店人数,还可以追踪顾客在店内的行动路线、在展台前停留的时间,甚至是试用了哪一款手机、试用了多长时间等,对顾客在店内的购买行为进行分析。

3. Velocity(速度)

数据产生和更新的频率,也是衡量大数据的一个重要特征。就像我们收集和存储的数据量和种类发生了变化一样,生成和需要处理数据的速度也在变化。不要将速度的概念限定为与数据存储相关的增长速率,应动态地将此定义应用到数据,即数据流动的速度。有效处理大数据需要在数据变化的过程中对它的数量和种类执行分析,而不只是在它静止后执行分析。

例如,遍布全国的便利店在 24 小时内产生的 POS 机数据,电商网站中由用户访问所产生的网站点击流数据,高峰时达到每秒近万条的微信短文,全国公路上安装的交通堵塞探测传感器和路面状况传感器(可检测结冰、积雪等路面状态)等,每天都在产生着庞大的数据。

IBM 在 3V 的基础上又归纳总结了第 4 个 V——Veracity(真实和准确)。"只有真实而准确的数据才能让对数据的管控和治理真正有意义。随着社交数据、企业内容、交易与应用数据等新数据源的兴起,传统数据源的局限性被打破,企业愈发需要有效的信息治理以确保其真实性及安全性。"

IDC(互联网数据中心)说:"大数据是一个貌似不知道从哪里冒出来的大的动力。但是实际上,大数据并不是新生事物。然而,它确实正在进入主流,并得到重大关注,这是有原因的。廉价的存储、传感器和数据采集技术的快速发展、通过云和虚拟化存储设施增加的信息链路,以及创新软件和分析工具,正在驱动着大数据。大数据不是一个'事物',而是一个跨多个信息技术领域的动力/活动。大数据技术描述了新一代的技术和架构,其被设计用于:通过使用高速(Velocity)的采集、发现和/或分析,从超大容量(Volume)的多样(Variety)数据中经济地提取价值(Value)。"

这个定义除了揭示大数据传统的 3V 基本特征,即 Volume(大数据量)、Variety(多样性)和 Velocity(高速),还增添了一个新特征:Value(价值)。

大数据实现的主要价值可以基于下面三个评价准则中的一个或多个进行评判。

(1) 它提供了更有用的信息吗?

(2) 它改进了信息的精确性吗?

(3) 它改进了响应的及时性吗?

总之,大数据是一个动态的定义,不同行业根据其应用的不同有着不同的理解,其衡量标准也在随着技术的进步而改变。

1.1.4　广义的大数据

狭义上,大数据的定义着眼点于数据的性质上,我们在广义层面上再为大数据下一个定义(图 1-6)。

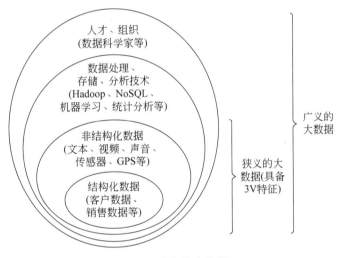

图 1-6　广义的大数据

"所谓大数据,是一个综合性概念,它包括因具备 3V(Volume/Variety/Velocity)特征而难以进行管理的数据,对这些数据进行存储、处理、分析的技术,以及能够通过分析这些数据获得实用意义和观点的人才和组织。"

"存储、处理、分析的技术",指的是用于大规模数据分布式处理的框架 Hadoop、具备良好扩展性的 NoSQL 数据库,以及机器学习和统计分析等;"能够通过分析这些数据获得实用意义和观点的人才和组织",指的是目前十分紧俏的"数据科学家"这类人才,以及能够对大数据进行有效运用的组织。

1.2　大数据变革思维

如今,人们不再认为数据是静止和陈旧的。但在以前,一旦完成了收集数据的目的之后,数据就会被认为已经没有用处了。比方说,在飞机降落之后,票价数据就没有用了(对谷歌而言,则是一个检索命令完成之后)。譬如某城市的公交车因为价格不依赖于起点和终点,所以能够反映重要通勤信息的数据被工作人员"自作主张"地丢弃了——设计人员如果没有大数据的理念,就会丢失掉很多有价值的数据。

数据已经成为一种商业资本,一项重要的经济投入,可以创造新的经济利益。事实上,一旦思维转变过来,数据就能被巧妙地用来激发新产品和新型服务。数据的奥妙只为谦逊、愿意聆听且掌握了聆听手段的人所知。

最初,大数据这个概念是指需要处理的信息量过大,已经超出了一般计算机在处理数据时所能使用的内存量,因此工程师们必须改进处理数据的工具。这导致了新的处理技术的诞生,例如谷歌的 MapReduce 和开源 Hadoop 平台。这些技术使得人们可以处理的数据量大大增加。更重要的是,这些数据不再需要用传统的数据库表格来整齐地排列,这些都是传统数据库结构化查询语言(SQL)的要求,而非关系型数据库(NoSQL)就不再有这些要求。一些可以消除僵化的层次结构和一致性的技术也出现了。同时,因为互联网公司可以收集大量有价值的数据,而且有利用这些数据的强烈的利益驱动力,所以互联网公司顺理成章地成为最新处理技术的领衔实践者。

今天,大数据是人们获得新的认知、创造新的价值的源泉,大数据还是改变市场、组织机构,以及政府与公民关系的方法。大数据时代对人们的生活,以及与世界交流的方式都提出了挑战。

1.3 大数据的结构类型

大数据具有多种形式,从高度结构化的财务数据,到文本文件、多媒体文件和基因定位图的任何数据,都可以称为大数据。数据量大是大数据的一致特征。由于数据自身的复杂性,作为一个必然的结果,处理大数据的首选方法就是在并行计算的环境中进行大规模并行处理(Massively Parallel Processing,MPP),这使得同时发生的并行摄取、并行数据装载和分析成为可能。实际上,大多数的大数据都是非结构化或半结构化的,这需要不同的技术和工具来处理和分析。

大数据最突出的特征是它的结构。图 1-7 显示了几种不同数据结构类型数据的增长趋势,由图可知,未来数据增长的 $80\%\sim90\%$ 将来自于不是结构化的数据类型(半、准和非结构化)。

虽然图 1-7 显示了 4 种不同的、相分离的数据类型,实际上,有时这些数据类型是可以被混合在一起的。例如,有一个传统的关系数据库管理系统保存着一个软件支持呼叫中心的通话日志,这里有典型的结构化数据,比如日期/时间戳、机器类型、问题类型、操作系统,这些都是在线支持人员通过图形用户界面上的下拉式菜单输入的。另外,还有非结构化数据或半结构化数据,比如自由形式的通话日志信息,这些可能来自包含问题的电子邮件,或者技术问题和解决方案的实际通话描述。另一种可能是与结构化数据有关的实际通话的语音日志或者音频文字实录。即使是现在,大多数分析人员还无法分析这种通话日志历史数据库中的最普通和高度结构化的数据,因为挖掘文本信息是一项强度很大的工作,并且无法简单地实现自动化。

人们通常最熟悉结构化数据的分析,然而,半结构化数据(XML)、"准"结构化数据(网站地址字符串)和非结构化数据代表了不同的挑战,需要不同的技术来分析。

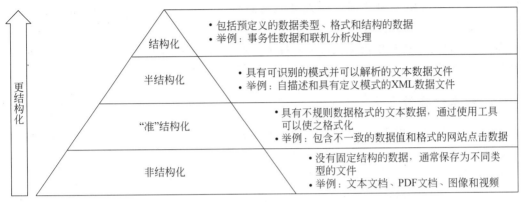

图 1-7　数据增长日益趋向非结构化

1.4　大数据的发展

如果仅仅是从数据量的角度来看,大数据在过去就已经存在了。例如,波音的喷气发动机每 30min 就会产生 10TB 的运行信息数据,安装有 4 台发动机的大型客机,每次飞越大西洋就会产生 640TB 的数据。世界各地每天有超过 2.5 万架的飞机在工作,可见其数据量是何等庞大。生物技术领域中的基因组分析,以及以 NASA(美国国家航空航天局)为中心的太空开发领域,从很早就开始使用十分昂贵的高端超级计算机来对庞大的数据进行分析和处理了。

现在和过去的区别之一,就是大数据已经不仅产生于特定领域中,而且产生于人们每天的日常生活中,Facebook、推特、领英(LinkedIn)、微信、QQ 等社交媒体上的文本数据就是最好的例子。而且,尽管我们无法得到全部数据,但大部分数据可以通过公开的 API(应用程序编程接口)相对容易地进行采集。在 B2C(商家对顾客)企业中,使用文本挖掘和情感分析等技术,就可以分析消费者对于自家产品的评价。

1.4.1　硬件性价比提高与软件技术进步

随着计算机性价比的提高,磁盘价格的下降,利用通用服务器对大量数据进行高速处理的软件技术 Hadoop 的诞生,以及云计算的兴起,甚至已经无须自行搭建这样的大规模环境——上述这些因素,大幅降低了大数据存储和处理的门槛。因此,过去只有像NASA 这样的研究机构以及屈指可数的几家特大企业才能做到的对大量数据的深入分析,现在只要极小的成本和时间就可以完成。无论是刚刚创业的公司还是存在多年的公司,也无论是中小企业还是大企业,都可以对大数据进行充分的利用。

1. 计算机性价比的提高

承担数据处理任务的计算机,其处理能力遵循摩尔定律,一直在不断进化。所谓摩尔定律,是美国英特尔公司共同创始人之一的高登·摩尔(Gordon Moore,1929—)于1965年提出的一个观点,即"半导体芯片的集成度,大约每18个月会翻一番"。从家电卖场中所陈列的计算机规格指标就可以一目了然地看出,现在以同样的价格能够买到的计算机,其处理能力已经和过去不可同日而语了。

2. 磁盘价格的下降

除了CPU性能的提高,硬盘等存储器(数据的存储装置)的价格也明显下降。2000年的硬盘驱动器平均每GB容量的单价约为16～19美元,而现在却只有7美分(换算成人民币,就相当于4～5角钱的样子),相当于下降到了10年前的1/230～1/270。

变化的不仅是价格,存储器在重量方面也产生了巨大的进步。1982年,日立最早开发的超1GB级硬盘驱动器(容量为1.2GB),重量约为250磅(约合113kg)。而现在,32GB的微型SD卡重量却只有0.5g左右,技术进步的速度相当惊人。

3. 大规模数据分布式处理技术Hadoop的诞生

Hadoop是一种可以在通用服务器上运行的开源分布式处理技术,它的诞生成为目前大数据浪潮的第一推动力。如果只是结构化数据不断增长,用传统的关系型数据库和数据仓库,或者是其衍生技术,就可以进行存储和处理了,但这样的技术无法对非结构化数据进行处理。Hadoop的最大特征,就是能够对大量非结构化数据进行高速处理。

1.4.2 云计算的普及

大数据的处理环境现在在很多情况下并不一定要自行搭建了。例如,使用亚马逊的云计算服务EC2(Elastic Compute Cloud)和S3(Simple Storage Service),就可以在无须自行搭建大规模数据处理环境的前提下,以按用量付费的方式,来使用由计算机集群组成的计算处理环境和大规模数据存储环境了。此外,在EC2和S3上还利用预先配置的Hadoop工作环境提供了EMR(Elastic Map Reduce)服务。利用这样的云计算环境,即使是资金不太充裕的创业型公司,也可以进行大数据的分析了。

实际上,在美国,新的IT创业公司如雨后春笋般不断出现,它们通过利用亚马逊的云计算环境,对大数据进行处理,从而催生出新型的服务。这些公司如网络广告公司Razorfish、提供预测航班起飞晚点等"航班预报"服务的FlightCaster、对消费电子产品价格走势进行预测的Decide.com等。

1.4.3 大数据作为BI的进化形式

认识大数据,还需要理解BI(Business Intelligence,商业智能)的潮流和大数据之间的关系。对企业内外所存储的数据进行组织性、系统性的集中、整理和分析,从而获得对各种商务决策有价值的知识和观点,这样的概念、技术及行为称为 BI。大数据作为 BI 的进化形式,充分利用后不仅能够高效地预测未来,也能够提高预测的准确率。

BI 这个概念,是 1989 年由时任美国高德纳(Gartner)咨询公司的分析师 Howard Dresner 所提出的。Dresner 当时提出的观点是,应该将过去 100% 依赖信息系统部门来完成的销售分析、客户分析等业务,通过让作为数据使用者的管理人员以及一般商务人员等最终用户来亲自参与,从而实现决策的迅速化以及生产效率的提高。

BI 的主要目的是分析从过去到现在发生了什么、为什么会发生,并做出报告。也就是说,是将过去和现在进行可视化的一种方式。例如,过去一年中商品 A 的销售额如何,它在各个门店中的销售额又分别如何。

然而,现在的商业环境变化十分剧烈。对于企业今后的活动来说,在将过去和现在进行可视化的基础上,预测出接下来会发生什么显得更为重要。也就是说,从看到现在到预测未来,BI 也正在经历着不断的进化。

要对未来进行预测,从庞大的数据中发现有价值的规则和模式的数据挖掘(Data Mining)是一种非常有用的手段。为了让数据挖掘的执行更加高效,就要使用能够从大量数据中自动学习知识和有用规则的机器学习技术。从特性上来说,机器学习对数据的要求是越多越好。也就是说,它和大数据可谓是天生一对。一直以来,机器学习的瓶颈在于如何存储并高效处理学习所需的大量数据。然而,随着硬盘单价的大幅下降、Hadoop 的诞生,以及云计算的普及,这些问题正逐步得以解决。现实中,对大数据应用机器学习的实例正在不断涌现。

1.4.4 从交易数据分析到交互数据分析

对从像“卖出了一件商品”、“一位客户解除了合同”这样的交易数据中得到的“点”信息进行统计还不够,我们想要得到的是“为什么卖出了这件商品”、“为什么这个客户离开了”这样的上下文(背景)信息。而这样的信息,需要从与客户之间产生的交互数据这种“线”信息中来探索。以非结构化数据为中心的大数据分析需求的不断高涨,也正是这种趋势的一个反映。

例如,像亚马逊这样运营电商网站的企业,可以通过网站的点击量数据,追踪用户在网站内的行为,从而对用户从访问网站到最终购买商品的行为路线进行分析。这种点击量数据,正是表现客户与公司网站之间相互作用的一种交互数据。

举个例子,如果知道通过点击站内广告最终购买产品的客户比例较高,那么针对其他客户,就可以根据其过去的点击记录来展示他可能感兴趣的商品广告,从而提高其最终购买商品的概率。或者,如果知道很多用户都会从某一个特定的页面离开网站,就可以下功夫来改善这个页面的可用性。通过交互数据分析所得到的价值是非常大的。

对于消费品公司来说,可以通过客户的会员数据、购物记录、呼叫中心通话记录等数据来寻找客户解约的原因。最近,随着“社交化 CRM”呼声的高涨,越来越多的企业都开始利用微信、Twitter 等社交媒体来提供客户支持服务了。上述这些都是表现与客户之间交流的交互数据,只要推进对这些交互数据的分析,就可以越来越清晰地掌握客户离开的原因。

一般来说,网络上的数据比真实世界中的数据更加容易收集,因此来自网络的交互数据也得到了越来越多的利用。不过,今后随着传感器等物态探测技术的发展和普及,在真实世界中对交互数据的利用也将不断推进。

例如,在超市中,可以将由植入购物车中的 IC 标签收集到的顾客行动路线数据和 POS 等销售数据相结合,从而分析出顾客买或不买某种商品的理由,这样的应用现在已经开始出现了。或者,也可以像前面讲过的那样,通过分析监控摄像机的视频资料,来分析店内顾客的行为。以前也并不是没有对店内的购买行为进行分析的方法,不过,那种分析大多是由调查员肉眼观察并记录的,这种记录是非数字化的,成本很高,而且收集到的数据也比较有限。

进一步讲,今后更为重要的是对连接网络世界和真实世界的交互数据进行分析。在市场营销的世界中,O2O(Online to Offline,线上与线下的结合)已经逐步成为一个热门的关键词。所谓 O2O,就是指网络上的信息(在线)对真实世界(线下)的购买行为产生的影响。举例来说,很多人在准备购买一种商品时会先到评论网站去查询商品的价格和评价,然后再到实体店去购买该商品。

在 O2O 中,网络上的哪些信息会对实际来店顾客的消费行为产生关联,对这种线索的分析,即对交互数据的分析,显得尤为重要。

【延伸阅读】

得数据者得天下

我们的衣食住行都与大数据有关,每天的生活都离不开大数据,每个人都被大数据裹挟着。大数据提高了我们的生活品质,为每个人提供创新平台和机会。

大数据通过数据整合分析和深度挖掘,发现规律,创造价值,进而建立起物理世界到数字世界到网络世界的无缝链接。大数据时代,线上与线下,虚拟与现实、软件与硬件、跨界融合,将重塑我们的认知和实践模式,开启一场新的产业突进与经济转型。

国家行政学院常务副院长马建堂说,大数据其实就是海量的、非结构化的、电子形态存在的数据,通过数据分析,能产生价值,带来商机的数据。

而《大数据时代》的作者维克多·舍恩伯格这样定义大数据,"大数据是人们在大规模数据的基础上可以做到的事情,而这些事情在小规模数据的基础上无法完成。"

大数据是"21 世纪的石油和金矿"

工业和信息化部部长苗圩在为《大数据领导干部读本》作序时形容大数据为"21 世纪的石油和金矿",是一个国家提升综合竞争力的又一关键资源。

而马建堂在致辞中也指出,大数据可以大幅提升人类认识和改造世界的能力,正以前所未有的速度颠覆着人类探索世界的方法,焕发出变革经济社会的巨大力量。"得数据者得天下"已成为全球普遍共识。

"从资源的角度看,大数据是'未来的石油';从国家治理的角度看,大数据可以提升治理效率、重构治理模式,将掀起一场国家治理革命;从经济增长角度看,大数据是全球经济低迷环境下的产业亮点;从国家安全角度看,大数据能成为大国之间博弈和较量的利器。"马建堂在《大数据领导干部读本》序言中这样界定大数据的战略意义。

总之,国家竞争焦点因大数据而改变,国家间竞争将从资本、土地、人口、资源转向对大数据的争夺,全球竞争版图将分成数据强国和数据弱国两大新阵营。

苗圩在《大数据领导干部读本》序言中说,数据强国主要表现为拥有数据的规模、活跃程度及解释、处置、运用的能力。数字主权将成为继边防、海防、空防之后另一大国博弈的空间。谁掌握了数据的主动权和主导权,谁就能赢得未来。新一轮的大国竞争,并不只是在硝烟弥漫的战场,更是通过大数据增强对整个世界局势的影响力和主导权。

大数据可促进国家治理变革

专家们普遍认为,大数据的渗透力远超人们想象,它正改变甚至颠覆我们所处的时代,将对经济社会发展、企业经营和政府治理等方方面面产生深远影响。

的确,大数据不仅是一场技术革命,还是一场管理革命。它提升人们的认知能力,是促进国家治理变革的基础性力量。在国家治理领域,打造阳光政府、责任政府、智慧政府建设上都离不开大数据,大数据为解决以往的"顽疾"和"痛点"提供强大支撑;大数据还能将精准医疗、个性化教育、社会监管、舆情检测预警等以往无法实现的环节变得简单、可操作。

中国行政体制改革研究会副会长周文彰认同大数据是一场治理革命。他说:"大数据将通过全息数据呈现,使政府从'主观主义'、'经验主义'的模糊治理方式,迈向'实事求是''数据驱动'的精准治理方式。在大数据条件下,'人在干、云在算、天在看',数据驱动的'精准治理体系''智慧决策体系''阳光权力平台'都将逐渐成为现实。"

马建堂在为《大数据领导干部读本》作序时也说,对于决策者而言,大数据能实现整个苍穹尽收眼底,可以解决"坐井观天""一叶障目""瞎子摸象"和"城门失火,殃及池鱼"问题。另外,大数据是人类认识世界和改造世界能力的升华,它能提升人类"一叶知秋""运筹帷幄,决胜千里"的能力。

专家们认为,大数据时代开辟了政府治理现代化的新途径:大数据助力决策科学化,公共服务个性化、精准化;实现信息共享融合,推动治理结构变革,从一元主导到多元合作;大数据催生社会发展和商业模式变革,加速产业融合。

中国具备数据强国潜力　2020 年数据规模将位居第一

2015 年是中国建设制造强国和网络强国承前启后的关键之年。今后的中国,大数据将充当越来越重要的角色,中国也具备成为数据强国的优势条件。

马建堂说,近年来,党中央、国务院高度重视大数据的创新发展,准确把握大融合、大变革的发展趋势,制定发布了《中国制造 2025》和"互联网+"行动计划,出台了《关于促进大数据发展的行动纲要》,为我国大数据的发展指明了方向,可以看作是大数据发展"顶层设计"和"战略部署",具有划时代的深远影响。

工信部正在构建大数据产业链,推动公共数据资源开放共享,将大数据打造成经济提质增效的新引擎。

另外,中国是人口大国、制造业大国、互联网大国、物联网大国,这些都是最活跃的数据生产主体,未来几年成为数据大国也是逻辑上的必然结果。中国成为数据强国的潜力极为突出,2010年中国数据占全球比例为10%,2013年占比为13%,2020年占比将达18%。届时,中国的数据规模将超过美国,位居世界第一。专家指出,中国许多应用领域已与主要发达国家处于同一起跑线上,具备了厚积薄发、登高望远的条件,在新一轮国际竞争和大国博弈中具有超越的潜在优势。中国应顺应时代发展趋势,抓住大数据发展带来的契机,拥抱大数据,充分利用大数据提升国家治理能力和国际竞争力。

资料来源:数据科学家网

【实验与思考】

了解大数据及其在线支持

1. 实验目的

(1)熟悉大数据技术的基本概念和主要内容;

(2)通过因特网搜索与浏览,了解网络环境中主流的数据科学专业网站,掌握通过专业网站不断丰富大数据最新知识的学习方法,尝试通过专业网站的辅助与支持来开展大数据技术应用实践。

2. 工具/准备工作

在开始本实验之前,请认真阅读课程的相关内容。

需要准备一台带有浏览器,能够访问因特网的计算机。

3. 实验内容与步骤

1)概念理解

(1)请结合合查阅相关文献资料,为"大数据"给出一个权威性的定义。

答:
_____

_____

_____

这个定义的来源是:_____

(2)请具体描述大数据的3V。

答:

① Volume(数量):_____

② Variety(多样性):_____

③ Velocity(速度):_____

（3）请结合查阅相关文献资料，简单阐述"促进大数据发展"的主要因素。

答：

① _____

_____

② _____

_____

③ _____

_____

2）延伸阅读

参考本章的"延伸阅读"，请阐述为什么文章说"得数据者得天下"。

答：_____

_____

_____

_____

_____

3）网络搜索和浏览

看看哪些网站在支持大数据技术或者数据科学的技术工作？请在表 1-1 中记录你的搜索结果。

表 1-1　数据科学专业网站实验记录

网站名称	网　　址	主要内容描述

提示：一些大数据或者数据科学的专业网站：

http://www. thebigdata. cn/（中国大数据）

http://www. shujukexuejia. cn/（数据科学家）

http://www. 51bdtime. com/（大数据时代）

你习惯使用的网络搜索引擎是：_____

你在本次搜索中使用的关键词主要是：_____

_____

请记录：在本实验中你感觉比较重要的两个大数据或者数据科学专业网站是：

（1）网站名称：＿＿＿＿＿＿＿＿＿＿＿＿＿＿＿＿＿＿＿＿＿＿＿＿

（2）网站名称：＿＿＿＿＿＿＿＿＿＿＿＿＿＿＿＿＿＿＿＿＿＿＿＿

请分析：你认为各大数据专业网站当前的技术热点（例如从培训项目中得知）。

（1）名称：＿＿＿＿＿＿＿＿＿＿＿＿＿＿＿＿＿＿＿＿＿＿＿＿＿＿＿

技术热点：＿＿＿＿＿＿＿＿＿＿＿＿＿＿＿＿＿＿＿＿＿＿＿＿＿＿

＿＿＿＿＿＿＿＿＿＿＿＿＿＿＿＿＿＿＿＿＿＿＿＿＿＿＿＿＿＿＿

＿＿＿＿＿＿＿＿＿＿＿＿＿＿＿＿＿＿＿＿＿＿＿＿＿＿＿＿＿＿＿

（2）名称：＿＿＿＿＿＿＿＿＿＿＿＿＿＿＿＿＿＿＿＿＿＿＿＿＿＿＿

技术热点：＿＿＿＿＿＿＿＿＿＿＿＿＿＿＿＿＿＿＿＿＿＿＿＿＿＿

＿＿＿＿＿＿＿＿＿＿＿＿＿＿＿＿＿＿＿＿＿＿＿＿＿＿＿＿＿＿＿

＿＿＿＿＿＿＿＿＿＿＿＿＿＿＿＿＿＿＿＿＿＿＿＿＿＿＿＿＿＿＿

（3）名称：＿＿＿＿＿＿＿＿＿＿＿＿＿＿＿＿＿＿＿＿＿＿＿＿＿＿＿

技术热点：＿＿＿＿＿＿＿＿＿＿＿＿＿＿＿＿＿＿＿＿＿＿＿＿＿＿

＿＿＿＿＿＿＿＿＿＿＿＿＿＿＿＿＿＿＿＿＿＿＿＿＿＿＿＿＿＿＿

＿＿＿＿＿＿＿＿＿＿＿＿＿＿＿＿＿＿＿＿＿＿＿＿＿＿＿＿＿＿＿

4. 实验总结

5. 实验评价（教师）

大数据的可视化

【导读案例】

南丁格尔"极区图"

弗洛伦斯·南丁格尔(1820年5月12日—1910年8月13日,图2-1)是世界上第一个真正意义上的女护士,被誉为现代护理业之母,"5·12国际护士节"就是为了纪念她,这一天是南丁格尔的生日。除了在医学和护理界的辉煌成就,实际上,南丁格尔还是一名优秀的统计学家——她是英国皇家统计学会的第一位女性会员,也是美国统计学会的会员。据说南丁格尔早期大部分声望都来自其对数据清楚且准确的表达。

南丁格尔生活的时代各个医院的统计资料非常不精确,也不一致,她认为医学统计资料有助于改进医疗护理的方法和措施。于是,在她编著的各类书籍、报告等材料中使用了大量的统计图表,其中最为著名的就是极区图(Polar Area Chart),也叫南丁格尔玫瑰图(图2-2)。

图2-1　南丁格尔

南丁格尔发现,战斗中阵亡的士兵数量少于因为受伤却缺乏治疗的士兵。为了挽救更多的士兵,她画了这张《东部军队(战士)死亡原因示意图》(1858年)。

这张图描述了1854年4月—1856年3月期间士兵死亡情况,右图是1854年4月—1855年3月,左图是1855年4月—1856年3月,用蓝、红、黑三种颜色表示三种不同的情况,蓝色代表可预防和可缓解的疾病治疗不及时造成的死亡、红色代表战场阵亡、黑色代表其他死亡原因。图表各扇区角度相同,用半径及扇区面积来表示死亡人数,可以清晰地看出每个月因各种原因死亡的人数。显然,1854—1855年,因医疗条件而造成的死亡人数远远大于战死沙场的人数,这种情况直到1856年年初才得到缓解。南丁格尔的这张图表以及其他图表"生动有力地说明了在战地开展医疗救护和促进伤兵医疗工作的必要性,打动了当局者,增加了战地医院,改善了军队医院的条件,为挽救士兵生命做出了巨大贡献"。

南丁格尔的"极区图"是统计学家对利用图形来展示数据进行的早期探索,南丁格尔的贡献充分说明了数据可视化的价值,特别是在公共领域的价值。

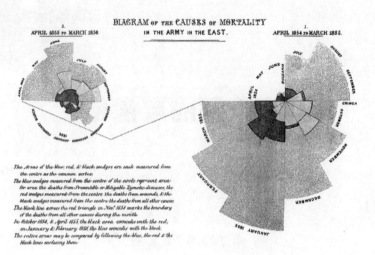

图 2-2　南丁格尔"极区图"

图 2-3 是社交网站(Facebook vs. 推特)对比信息图,是一张典型的南丁格尔玫瑰图(极区图)的导读案例。极区图在数据统计类信息图表中是常见到的一类图表形式。

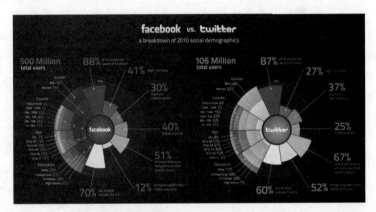

图 2-3　极区图: Facebook vs. 推特

阅读上文,请思考、分析并简单记录:

(1) 你看到过且印象深刻的数据可视化的案例。

答: _____

_____

_____

(2) 你此前知道南丁格尔吗? 你此前是否知道南丁格尔玫瑰图?

答: _____

_____

_____

_____

（3）发展大数据可视化,传统的数据或信息的表示方式是否还有意义？请简述你的看法。

答：_____

_____

_____

_____

（4）请简单记述你所知道的上一周发生的国际、国内或者身边的大事。

答：_____

_____

_____

_____

_____

2.1　数据与可视化

数据是什么？大部分人会含糊地回答说,数据是一种类似电子表格的东西,或者一大堆数字。有点儿技术背景的人会提及数据库或者数据仓库。然而,这些回答只说明了获取数据的格式和存储数据的方式,并未说明数据的本质是什么,以及特定的数据集代表着什么。

数据不仅仅是数字,要想把数据可视化,就必须知道它表达的是什么。事实上,数据是现实世界的一个快照,会传递给我们大量的信息。一个数据点可以包含时间、地点、人物、事件、起因等因素,因此,一个数字不再只是沧海一粟。可是,从一个数据点中提取信息并不像一张照片那么简单。你可以猜到照片里发生的事情,但如果对数据心存侥幸,认为它非常精确,并和周围的事物紧密相关,就有可能曲解真实的数据。你需要观察数据产生的来龙去脉,并把数据集作为一个整体来理解。关注全貌,比只注意到局部时更容易做出准确的判断。

通常在实施记录时,由于成本太高或者缺少人力,或二者皆有,人们不大可能记录下一切,而是只能获取零碎的信息,然后寻找其中的模式和关联,凭经验猜测数据所表达的含义,数据是对现实世界的简化和抽象表达。当你可视化数据的时候,其实是在将对现实世界的抽象表达可视化,或至少是将它的一些细微方面可视化。可视化是对数据的一种抽象表达,所以,最后你得到的是一个抽象的抽象。这并不是说可视化模糊了你的视角。恰恰相反,可视化能帮助人们从一个个独立的数据点中解脱出来,换一个不同的角度去探索它们。

数据和它所代表的事物之间的关联既是把数据可视化的关键,也是全面分析数据的关键,同样还是深层次理解数据的关键。计算机可以把数字批量转换成不同的形状和颜色,但是必须建立起数据和现实世界的联系,以便使用图表的人能够从中得到有价值的信息。数据会因其可变性和不确定性而变得复杂,但放入一个合适的背景信息中,就会变得容易理解了。

2.1.1 数据的可变性

本节以美国国家公路交通安全管理局发布的公路交通事故数据为例,来了解数据的可变性。

从 2001 年到 2010 年,根据美国国家公路交通安全管理局发布的数据,全美共发生了363 839 起致命的公路交通事故。这个总数代表着那部分逝去的生命,把所有注意力放在这个数字上(图 2-4),能让你深思,甚至反省自己的一生。

然而,除了安全驾驶之外,从这个数据中你还学到了什么? 美国国家公路交通安全管理局提供的数据具体到了每一起事故及其发生的时间和地点,可以从中了解到更多的信息。

如果在地图中画出 2001—2010 年间全美国发生的每一起致命的交通事故,用一个点代表一起事故,就可以看到事故多集中发生在大城市和高速公路主干道上,而人烟稀少的地方和道路几乎没有事故发生过。这样,这幅图除了告诉我们对交通事故不能掉以轻心之外,还告诉了我们关于美国公路网络的情况。

观察这些年里发生的交通事故,人们会把关注焦点切换到这些具体的事故上。图 2-5 显示了每年发生的交通事故数,所表达的内容与简单告诉你一个总数完全不同。虽然每年仍会发生成千上万起交通事故,但通过观察可以看到,2006—2010 年间事故显著呈下降趋势。

图 2-4 2001—2010 年全美公路致命交通事故总数

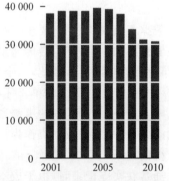

图 2-5 每年的致命交通事故数

从图 2-6 可以看出,交通事故发生的季节性周期很明显。夏季是事故多发期,因为此时外出旅游的人较多。而在冬季,开车出门旅行的人相对较少,事故就会少很多。每年都是如此。同时,还可以看到 2006—2010 年呈下降趋势。

如果比较那些年的具体月份,还有一些变化。例如,在 2001 年,8 月份的事故最多,9月份相对回落。从 2002 年到 2004 年每年都是这样。然而,从 2005 年到 2007 年,每年 7月份的事故最多。从 2008 年到 2010 年又变成了 8 月份。另一方面,因为每年 2 月份的天数最少,事故数也就最少,只有 2008 年例外。因此,这里存在着不同季节的变化和季节内的变化。

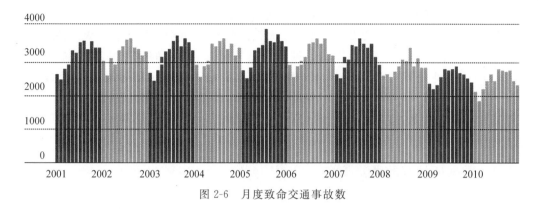

图 2-6　月度致命交通事故数

我们还可以更加详细地观察每日的交通事故数,例如看出高峰和低谷模式,可以看出周循环周期,就是周末比周中事故多,每周的高峰日在周五、周六和周日间的波动。可以继续增加数据的粒度,即观察每小时的数据。

重要的是,查看这些数据比查看平均数、中位数和总数更有价值,那些测量值只是告诉了你一小部分信息。大多数时候,总数或数值只是告诉了你分布的中间在哪里,而未能显示出你做决定或讲述时应该关注的细节。

一个独立的离群值可能是需要修正或特别注意的。也许在你的体系中随着时间推移发生的变化预示有好事(或坏事)将要发生。周期性或规律性的事件可以帮助你为将来做好准备,但面对那么多的变化,它往往就失效了,这时应该退回到整体和分布的粒度来进行观察。

2.1.2　数据的不确定性

数据具有不确定性。通常,大部分数据都是估算的,并不精确。分析师会研究一个样本,并据此猜测整体的情况。每天你都在做这样的事情,你会基于自己的知识和见闻来猜测,尽管大多数的时候你确定猜测是正确的,但仍然存在着不确定性。

例如,笔记本上的电池寿命估计会按小时增量跳动;地铁预告说下一班车将会在10min 内到达,但实际上是 11min,预计在周一送达的一份快件往往周三才到。

如果数据是一系列平均数和中位数,或者是基于一个样本群体的一些估算,就应该时时考虑其存在的不确定性。当人们基于类似全国人口或世界人口的预测数做影响广泛的重大决定时,这一点尤为重要,因为一个很小的误差也可能会导致巨大的差异。

换个角度,想象一下你有一罐彩虹糖(图 2-7),没法看清罐子里的情况,你想猜猜每种颜色的彩虹糖各有多少颗。如果你把一罐彩虹糖统统倒在桌子上,一颗颗数过去,就不用估算了,你已经得到了总数。但是你只能抓一把,然后基于手里的彩虹糖推测整罐的情况。这一把越大估计值就越接近整罐的情况,也就越容易猜测。相反,

图 2-7　彩虹糖

如果只能拿出一颗彩虹糖,那几乎就无法推测罐子里的情况。

只拿一颗彩虹糖,误差会很大。而拿一大把彩虹糖,误差会小很多。如果把整罐都数一遍,误差就是零。当有数百万颗彩虹糖装在上千个大小不同的罐子里时,分布各不相同,每一把的大小也不一样,估算就会变得更复杂了。接下来,把彩虹糖换成人,把罐子换成城、镇和县,把那一把彩虹糖换成随机分布的调查,误差的含义就有分量多了。

如果不考虑数据的真实含义,很容易产生误解。要始终考虑到不确定性和可变性。这也就到了背景信息发挥作用的时候了。

2.1.3 数据所依存的背景信息

仰望夜空,满天繁星看上去就像平面上的一个个点。你感觉不到视觉深度,会觉得星星都离你一样远,很容易就能把星空直接搬到纸面上,于是星座也就不难想象了,把一个个点连接起来即可。然而,实际上不同的星星与你的距离可能相差许多光年。假如你能飞得比星星还远,星座看起来又会是什么样子呢?

如果切换到显示实际距离的模式,星星的位置转移了,原先容易辨别的星座几乎认不出了。从新的视角出发,数据看起来就不同了。这就是背景信息的作用。背景信息可以完全改变你对某一个数据集的看法,它能帮助你确定数据代表着什么以及如何解释。在确切了解了数据的含义之后,你的理解会帮你找出有趣的信息,从而带来有价值的可视化效果。

使用数据而不了解除数值本身之外的任何信息,就好比拿断章取义的片段作为文章的主要论点引用一样。这样做或许没有问题,但却可能完全误解说话人的意思。你必须首先了解何人、如何、何事、何时、何地以及何因,即元数据,或者说关于数据的数据,然后才能了解数据的本质是什么。

何人(who):"谁收集了数据"和"数据是关于谁的"同样重要。

如何(how):大致了解怎样获取感兴趣的数据。如果数据是你收集的,那一切都好,但如果数据只是从网上获取到的,这样,你不需要知道每种数据集背后精确的统计模型,但要小心小样本,样本小,误差率就高,也要小心不合适的假设,比如包含不一致或不相关信息的指数或排名等。

何事(what):还要知道自己的数据是关于什么的,应该知道围绕在数字周围的信息是什么。可以跟学科专家交流,阅读论文及相关文件。

何时(when):数据大都以某种方式与时间关联。数据可能是一个时间序列,或者是特定时期的一组快照。不论是哪一种,都必须清楚知道数据是什么时候采集的。由于只能得到旧数据,于是很多人便把旧数据当成现在的对付一下,这是一种常见的错误。事在变,人在变,地点也在变,数据自然也会变。

何地(where):正如事情会随着时间变化,它们也会随着城市、地区和国家的不同而变化:例如,不要将来自少数几个国家的数据推及整个世界。同样的道理也适用于数字定位。来自推特或Facebook之类网站的数据能够概括网站用户的行为,但未必适用于物理世界。

为何(why):最后,必须了解收集数据的原因,通常这是为了检查一下数据是否存在偏颇。有时人们收集甚至捏造数据只是为了应付某项议程,应当警惕这种情况。

首要任务是竭尽所能地了解自己的数据,这样,数据分析和可视化会因此而增色。可视化通常被认为是一种图形设计或破解计算机科学问题的练习,但是最好的作品往往来源于数据。要可视化数据,必须理解数据是什么,它代表了现实世界中的什么,以及应该在什么样的背景信息中解释它。

在不同的粒度上,数据会呈现出不同的形状和大小,并带有不确定性,这意味着总数、平均数和中位数只是数据点的一小部分。数据是曲折的、旋转的,也是波动的、个性化的,甚至是富有诗意的。因此,可以看到多种形式的可视化数据。

2.1.4　打造最好的可视化效果

当然存在计算机不需要人为干涉就能单独处理数据的例子。例如,当要处理数十亿条搜索查询的时候,要想人为地找出与查询结果相匹配的文本广告是根本不可能的。同样,计算机系统非常善于自动定价,并在百万多个交易中快速判断出哪些具有欺骗性。

但是,人类可以根据数据做出更好的决策。事实上,我们拥有的数据越多,从数据中提取出具有实践意义的见解就显得越重要。可视化和数据是相伴而生的,将这些数据可视化,可能是指导我们行动的最强大的机制之一。

可视化可以将事实融入数据,并引起情感反应,它可以将大量数据压缩成便于使用的知识。因此,可视化不仅是一种传递大量信息的有效途径,它还和大脑直接联系在一起,并能触动情感,引起化学反应。可视化可能是传递数据信息最有效的方法之一。研究表明,不仅可视化本身很重要,何时、何地、以何种形式呈现对可视化来说也至关重要。

通过设置正确的场景,选择恰当的颜色甚至选择一天中合适的时间,可视化可以更有效地传达隐藏在大量数据中的真知灼见。科学证据证明了在传递信息时环境和传输的重要性。

2.2　数据与图形

假设你是第一次来到华盛顿特区——美利坚合众国的首都,你很兴奋,激动地想参观白宫和所有的纪念碑、博物馆。从一个地方赶到另一个地方,为此,你需要利用当地的交通系统——地铁(图 2-8)。这看上去挺简单,但问题是:你如果没有地图,不知道怎么走,那么,即使遇上个好心人热情指点,要弄清楚搭哪条线路,在哪个站上车、下车,简直就是一场噩梦。不过,幸运的是,华盛顿地铁图(图 2-9)可以传达这些数据信息。

地图上每条线路的所有站点都按照顺序用不同颜色标记出来,还可以在上面看到线路交叉的站点。这样一来,要知道在哪里换乘就很容易了。可以说,突然之间弄清楚如何搭乘地铁变成了轻而易举的事情。地铁图呈献的

图 2-8　华盛顿地铁

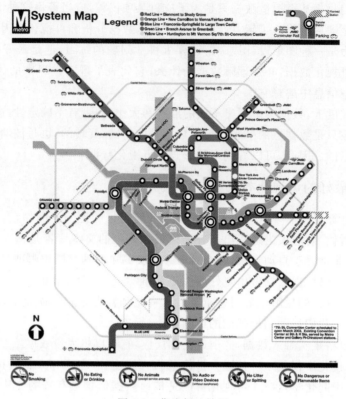

图 2-9 华盛顿地铁图

不仅是数据信息,更是清晰的认知。

你不仅知道了该搭乘哪条线路,还大概知道到达目的地需要花多长时间。无须多想,就能知道到达目的地有 8 站,每站之间大概需要几分钟,因而可以计算出从你所在的位置到"航空航天博物馆"要花上二十多分钟。除此之外,地铁图上的路线不仅标注了名字或终点站,还用了红、黄、蓝、绿、橙不用的颜色来帮助你辨认。每条线路用的是不同的颜色,如此一来,不管是在地图上还是地铁外的墙壁上,只要想查找地铁线路,都能通过颜色快速辨别。

将信息可视化能有效地抓住人们的注意力。有的信息如果通过单纯的数字和文字来传达,可能需要花费数分钟甚至几小时,甚至可能无法传达;但是通过颜色、布局、标记和其他元素的融合,图形却能够在几秒钟之内就把这些信息传达给我们。

通过仔细阅读华盛顿地铁图,理清了头绪,你发现其实华盛顿特区只有 86 个地铁站。日本东京地铁系统包括东京地铁公司(Tokyo Metro)和都营地铁公司(the Toei)两大地铁运营系统,一共有 274 个站。算上东京更大片区的所有铁路系统,东京一共有 882 个车站(图 2-10)。要是没有地图,人们将很难了解这么多的站台信息。

2.2.1 数据与走势

在使用电子表格软件处理数据时会发现,要从填满数字的单元格中发现走势是困难

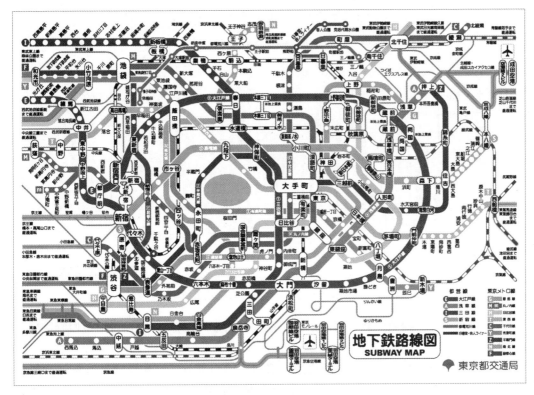

图 2-10　东京地铁图

的。这就是诸如微软电子表格软件（Microsoft Excel）和苹果电子表格软件（Apple Numbers）这类程序内置图表生成功能的原因之一。一般来说，人们在看一个折线图、饼状图或条形图的时候，更容易发现事物的变化走势，见图 2-11。

人们在制定决策的时候了解事物的变化走势至关重要。不管是讨论销售数据还是健康数据，一个简单的数据点通常不足以告诉我们事情的整个变化走势。

投资者常常要试着评估一个公司的业绩，一种方法就是及时查看公司在某一特定时刻的数据。比方说，管理团队在评估某一特定季度的销售业绩和利润时，若没有将之前几个季度的情况考虑进去的话，他们可能会总结说公司运营状况良好。但实际上，投资者没有从数据中看出公司每个季度的业绩增幅都在减少。表面上看公司的销售业绩和利润似乎还不错，而事实上如果不想办法来增加销量，公司甚至很快就会走向破产。

管理者或投资者在了解公司业务发展趋势的时候，内部环境信息是重要指标之一。管理者和投资者同时也需要了解外部环境，因为外部环境能让他们了解自己的公司相对于其他公司运营情况如何。

在不了解公司外部运营环境时，如果某个季度销售业绩下滑，管理者就有可能会错误地认为公司的运营情况不好。可事实上，销售业绩下滑的原因可能是由大的行业问题引起的，例如，房地产行业受房屋修建量减少的影响，航空业受出行减少的影响等。

外部环境是指同行业的其他公司在同一段时间内的运营情况。不了解外部环境，管理者就很难洞悉究竟是什么导致了公司的业务受损。即使管理者了解了内部环境和外部

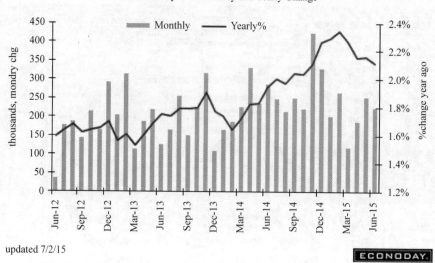

图 2-11　美国 2015 年 7 月非农就业人口走势

环境,但要想仅通过抽象的数字来看出端倪还是很困难的,而图形可以帮助他们解决这一问题。

大卫·麦克坎德莱斯说:"可视化是压缩知识的一种方式。"减少数据量是一种压缩方式,如采用速记、简写的方式来表示一个词或者一组词。但是,数据经过压缩之后,虽然更容易存储,却让人难以理解。然而,图片不仅可以容纳大量信息,还是一种便于理解的表现方式。在大数据里,这样的图片就叫做"可视化"。

地铁图、饼状图和条形图都是可视化的表现方式。乍一看,可视化似乎很简单。但由于种种原因,要理解起来并不容易。首先,它很难满足人们希望将所有数据相互衔接并出现在同一个地方的愿望。

其次,内部环境和外部环境的数据信息可能存储在两个不同的地方。行业数据可能存储在市场调查报告之中,而公司的具体销售数据则存储在公司的数据库中。而且,这两种数据的存储模式也有细微的差别。公司的销售数据可能是按天更新存储的,而可用的行业数据可能只有季度数据。

最后,数据信息不统一的表达方式也使我们难以理解数据真正想传达的信息。但是,通过获取所有这些数据信息,并将之绘制成图表,数据就不再是简单的数据了,它变成了知识。可视化是一种压缩知识的形式,因为看似简单的图片却包含大量结构化或非结构化的数据信息。它用不同的线条、颜色将这些信息进行压缩,然后快速、有效地传达出数据表示的含义。

2.2.2　视觉信息的科学解释

在数据可视化领域,爱德华·塔夫特被誉为"数据界的列奥纳多·达·芬奇"。他的一大贡献就是:聚焦于将每一个数据都作成图示物——无一例外。塔夫特的信息图形不仅能传达信息,甚至被很多人看作是艺术品。塔夫特指出,可视化不仅能作为商业工具发挥作用,还能以一种视觉上引人入胜的方式传达数据信息。

通常情况下,人们的视觉能吸纳多少信息呢?根据美国宾夕法尼亚大学医学院的研究人员估计,人类视网膜"视觉输入(信息)的速度可以和以太网的传输速度相媲美"。在研究中,研究者将一只取自豚鼠的完好视网膜和一台叫做"多电极阵列"的设备连接起来,该设备可以测量神经节细胞中的电脉冲峰值。神经节细胞将信息从视网膜传达到大脑。基于这一研究,科学家们能够估算出所有神经节细胞传递信息的速度。其中一只豚鼠视网膜含有大概 1 00 000 个神经节细胞,然后,相应地,科学家们就能够计算出人类视网膜中的细胞每秒能传递多少数据。人类视网膜中大约包含 1 000 000 个神经节细胞,算上所有的细胞,人类视网膜能以大约每秒 10 兆的速度传达信息。

丹麦的著名科学作家陶·诺瑞钱德证明了人们通过视觉接收的信息比其他任何一种感官都多。如果人们通过视觉接收信息的速度和计算机网络相当,那么通过触觉接收信息的速度就只有它的 1/10。人们的嗅觉和听觉接收信息的速度更慢,大约是触觉接收速度的 1/10。同样,人们通过味蕾接收信息的速度也很慢。

换句话说,人们通过视觉接收信息的速度比其他感官接收信息的速度快了 10～100 倍。因此,可视化能传达庞大的信息量也就容易理解了。如果包含大量数据的信息被压缩成了充满知识的图片,那人们接收这些信息的速度会更快。但这并不是可视化数据表示法如此强大的唯一原因。另一个原因是人们喜欢分享,尤其喜欢分享图片。

2.2.3　图片和分享的力量

人们喜欢照片(图片)的主要原因之一,是现在拍照很容易(图 2-12)。数码相机、智能手机和便宜的存储设备使人们可以拍摄多得数不清的数码照片。现在,几乎每部智能手机都有内置摄像头。这就意味着不但可以随意拍照,还可以轻松地上传或分享这些照片。这种轻松、自在的拍摄和分享图片的过程充满了乐趣和价值,自然想要分享它们。

图 2-12　Facebook

和照片一样,如今制作信息图也要比以前容易得多。公司制作这类信息图的动机也很多。公司的营销人员发现,一个拥有有限信息资源的营销人员该做些什么来让搜索更加吸引人呢?答案是制作一张信息图。信息图可以吸纳广泛的数据资源,使这些数据相互吻合,甚至编造一个引人入胜的故事。博主和记者们想方设法地在自己的文章中加进类似的图片,因为读者喜欢看图片,同时也乐于分享这些图片。

最有效的信息图还是被不断重复分享的图片。其中有一些图片在网上疯传,它们在社交网站如 Facebook、推特、领英、微信以及我们传统但实用的邮件里,被分享了数千次甚至上百万次。由于信息图制作需求的增加,帮助制作这类图形的公司和服务也随之增多。

2.3　公共数据集

公共数据集是指可以公开获取的政府或政府相关部门经常搜集的数据。人口普查是收集数据的一种形式,1790 年美国人口普查局首次进行美国人口普查,这次人口普查使美国政府获取了大量与美国人口相关的信息,其中包括人口的组成及其地理分布。这些数据对于人们了解人口变化、国家兴衰以及战胜婴儿死亡率与其他流行病的进程尤为重要。参见图 2-13。

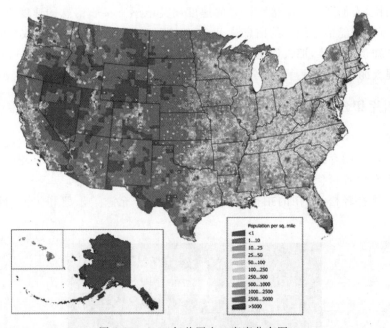

图 2-13　2014 年美国人口密度分布图

一直以来,很多著名的可视化信息中所使用的公共数据都是通过新颖、吸引人的方式来呈现的。一些可视化图片表明,恰当的图片可以非常有效地传达信息。例如,1854 年伦敦爆发霍乱,10 天内有 500 人死去,但比死亡更加让人恐慌的是"未知",人们不知道霍乱的源头和感染分布。只有流行病专家约翰·斯诺意识到,源头来自市政供水。约翰在地图上用黑杠标注死亡案例,最终地图"开口说话"(图 2-14),形象地解释了大街水龙头是传染源,被污染的井水是霍乱传播的罪魁祸首。这张信息图还使公众意识到城市下水系统的重要性并采取切实行动。

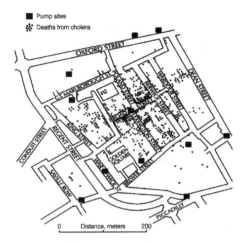

图 2-14　1854 年伦敦爆发霍乱

2.4　实时可视化

很多信息图提供的信息从本质上看是静态的。通常制作信息图需要花费很长的时间和精力：它需要数据，需要展示有趣的故事，还需要以图标将数据以一种吸引人的方式呈现出来。但是工作到这里还没结束。图表只有经过发布、加工、分享和查看之后才具有真正的价值。当然，到那时，数据已经成了几周或几个月前的旧数据了。那么，在展示可视化数据时要怎样在吸引人的同时又保证其时效性呢？

数据要具有实时性价值，必须满足以下三个条件。

（1）数据本身必须要有价值；

（2）必须有足够的存储空间和计算机处理能力来存储和分析数据；

（3）必须要有一种巧妙的方法及时将数据可视化，而不用花费几天或几周的时间。

想了解数百万人是如何看待实时性事件，并将他们的想法以可视化的形式展示出来看似遥不可及，但其实很容易达成。

在过去的几十年，美国总统选举过程中的投票民意测试，需要测试者打电话或亲自询问每个选民的意见。通过将少数选民的投票和统计抽样方法结合起来，民意测试者就能预测选举的结果，并总结出人们对重要政治事件的看法。但今天，大数据正改变着我们的调查方法。

捕捉和存储数据只是像推特这样的公司所面临的大数据挑战中的一部分。为了分析这些数据，公司开发了推特数据流，即支持每秒发送 5000 条或更多推文的功能。在特殊时期，如总统选举辩论期间，用户发送的推文更多，大约每秒两万条。然后公司又要分析这些推文所使用的语言，找出通用词汇，最后将所有的数据以可视化的形式呈现出来。

要处理数量庞大且具有时效性的数据很困难，但并不是不可能。推特为大家熟知的数据流人口配备了编程接口。像推特一样，Gnip 公司也开始提供类似的渠道。其他公司（如 BrightContext）提供实时情感分析工具。在 2012 年总统选举辩论期间，《华盛顿邮报》在观众观看辩论的时候使用 BrightContext 的实时情感模式来调查和绘制情感图表。实时调查公司 Topsy 将大约两千亿条推文编入了索引,为推特的政治索引提供了被称为 Twindex 的技术支持。Vizzuality 公司专门绘制地理空间数据,并为《华尔街日报》选举图提供技术支持。

与电话投票耗时长且每场面谈通常要花费大约二十美元相比,上述公司所采用的实时调查只需花费几个计算周期,并且没有规模限制。另外,它还可以将收集到的数据及时进行可视化处理。

但信息实时可视化并不只是在网上不停地展示实时信息而已。"谷歌眼镜"(图 2-15)被《时代周刊》称为 2012 年最好的发明。"它被制成一副眼镜的形状,增强了现实感,使之成为人们日常生活的一部分。"将来,人们不仅可以在计算机和手机上看可视化呈现的数据,还能边四处走动边设想或理解这个物质世界。

图 2-15　谷歌眼镜

2.5　挑战图像的多变性

麻省理工学院和哈佛大学的科学家们在他们所著的一篇名为《为什么现实生活中识别可视物体这么困难?》的论文中说道:"我们可以轻松识别可视物体,这种轻松正是计算机识别的难处。主要挑战就是图像的多变性——例如物体的位置、大小、方位、姿势、亮度等,任何一个物体都可以在视网膜上投射下无数个不同的图像。"简单说来,图像变化多端,因此很难分辨不同的图片是否包含相同的人或物。而且,图案识别也更加困难;尽管要在一个句子中找出"总统"这个单词很容易,在上百万个句子中找出它来也相对简单,但要在图片中找出拥有"总统"这个头衔的人却困难重重。

让某个人描述一张图片的特征很容易,但要描述上百万张图片该怎么办呢?为了解决图片特征问题,像亚马逊和 Facebook 这样的公司开始向众包市场①,如 oDesk 平台和亚马逊土耳其机器人②寻求帮助。在这些市场中,满足特定条件的版主在通过了某项测试之后便有权使用图片,并对这些图片进行描绘和过滤。如今的计算机比较擅长帮人们制作可视化效果。而在将来,随着像谷歌眼镜这样的产品不断演变,它们能更好地帮人们理解实时的可视化信息。

2.6　数据可视化的运用

人类对图形的理解能力非常独到,往往能够从图形当中发现数据的一些规律,而这些规律用常规的方法是很难发现的。在大数据时代,数据量变得非常大,而且非常烦琐,要想发现数据中包含的信息或者知识,可视化是最有效的途径之一(图 2-16)。

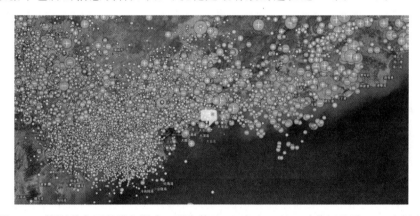

图 2-16　深圳受大面积雷电影响。图为某日 18 时至 31 日 0 时共记录到 9119 次闪电

数据可视化要根据数据的特性,如时间信息和空间信息等,找到合适的可视化方式,例如图表(Chart)、图(Diagram)和地图(Map)等,将数据直观地展现出来,以帮助人们理解数据,同时找出包含在海量数据中的规律或者信息。数据可视化是大数据生命周期管理的最后一步,也是最重要的一步。

数据可视化起源于图形学、计算机图形学、人工智能、科学可视化以及用户界面等领域的相互促进和发展,是当前计算机科学的一个重要研究方向,它是利用计算机对抽象信息进行直观地表示,以利于快速检索信息和增强认知能力。

数据可视化系统并不是为了展示用户的已知数据之间的规律,而是为了帮助用户通

---

① **众包**(Crowdsourcing)指的是一个公司或机构把过去由员工执行的工作任务,以自由自愿的形式外包给非特定的(而且通常是大型的)大众网络的做法。众包的任务通常是由个人来承担,但如果涉及需要多人协作完成的任务,也有可能以依靠开源的个体生产的形式出现。众包植根于一个平等主义原则:每个人都拥有对别人有价值的知识或才华。众包作为桥梁将"我"和"他人"联系起来。

② **亚马逊土耳其机器人**(Amazon Mechanical Turk)是一个 Web 服务应用程序接口(API),开发商通过它将人的智能与远程过程调用(RPC)整合,用来完成计算机很难完成但人工智能容易执行的任务,如写产品描述等。

过认知数据有新的发现,发现这些数据所反映的实质。如图 2-17 所示,CLARITY 成像技术使科学家们不需要切片就能够看穿整个大脑。

斯坦福大学生物工程和精神病学负责人 Karl Deisseroth 说:"以分子水平和全局范围观察整个大脑系统,曾经一直都是生物学领域一个无法实现的重大目标。"也就是说,用户在使用信息可视化系统之前往往没有明确的目标。信息可视化系统在探索性任务(例如包含大数据量信息)中有突出的表现,它可以帮助用户从大量的数据空间中找到关注的信息来

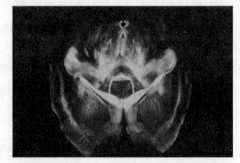

图 2-17　CLARITY 成像技术

进行详细的分析。因此,数据可视化主要应用于下面几种情况。

(1) 当存在相似的底层结构,相似的数据可以进行归类时。

(2) 当用户处理自己不熟悉的数据内容时。

(3) 当用户对系统的认知有限时,并且喜欢用扩展性的认知方法时。

(4) 当用户难以了解底层信息时。

(5) 当数据更适合感知时。

2.6.1　可视化对认知的帮助

科学可视化(Scientific Visualization)是科学之中的一个跨学科研究与应用领域,主要关注的是三维现象的可视化,如建筑学、气象学、医学或生物学方面的各种系统。重点在于对体、面以及光源等的逼真渲染,或许甚至还包括某种动态(时间)成分。科学可视化侧重于利用计算机图形学来创建视觉图像,从而帮助人们理解那些采取错综复杂而又往往规模庞大的数字呈现形式的科学概念或结果。

图 2-18　500hPa 高度场的三维显示

对于科学可视化来说,三维是必要的,因为典型问题涉及连续的变量、体积和表面积(内/外、左/右和上/下)(图 2-18)。然而,对于信息可视化来说,典型问题包含更多的分类变量和股票价格、医疗记录或社会关系之类数据中模式、趋势、聚类、异类和空白的发现。

人的眼睛是人们感知世界的最主要途径,因此,数据可视化提供了一种感性的认知方式,是提高人们感知能力的重要途径。可视化可以扩大人们的感知,增加人们对海量数据分析的一系列的想法和分析经验,从而对人们的感知和学习提供参考或者帮助。

通常为了交互式操纵从大得多的数据集中可能提取出大量条目($10^2 \sim 10^6$),信息可视化提供紧凑的图形表示和用户界面,有时称其为视觉数据挖掘,它使用巨大的视觉带宽和非凡的人类感知系统,使用户能够对模式、条目分组或单个条目有所发现、做出决定

或提出解释。它甚至可能允许用户回答他们不知道他们具有的问题。

感知心理学家、统计学家和平面设计师提供关于呈现静态信息的宝贵指南,但动态显示的机会远远超出用户界面设计人员当前的智慧。人类具有非凡的感知能力,它们在当前的大多数界面设计中远未被充分利用。用户能够快速地浏览、识别和回忆图像,能够察觉大小、颜色、形状、移动或质地的微妙变化。在图形用户界面中呈现的核心信息大部分仍旧是文字导向的(虽然已用吸引人的图标和优雅的插图增强),倘若探索更视觉化的方法,吸引人的新机会就会出现。

有些用户抵制视觉方法,偏爱强有力的文本方法,诸如多菜单和多分面元数据搜索中的数字查询预览。他们的选择可能是恰当的,因为这些文本工具使用紧凑的呈现,这种呈现有丰富的、有意义的信息且令人欣慰地熟悉。成功的信息可视化工具必须不止是"酷",它们还必须为实际任务提供可测量的好处。它们必须被构建来满足在各种平台上工作、使得包括残疾用户的所有预期用户均能访问的普遍可用性原则。

2.6.2　7 个数据类型

按任务分类的数据类型包括 7 个基本数据类型和 7 个基本任务。基本数据类型是一维、二维、三维或多维的,接着是三种结构化更强的数据类型:时态的、树的和网络的。这种简化对于描述已被开发的可视化和表示用户所遇到的问题类别的特征是有用的。例如,对于时态数据,用户处理事件和间隔,他们的问题关心的是之前、之后或之中。对于树状结构的数据,用户处理内部节点上的标签和叶节点的值。他们的问题是关于路径、级次和子树的。例如:

(1) **1D 线性数据**。线性数据类型是一维的,它们包括程序源代码、文本文档、字典和按字母顺序的名字列表,所有这一切均能按顺序方式组织。对程序源代码来说,1 个像素/字符的大量压缩产生单个显示器上有数以万计源程序代码行的紧凑显示。属性,诸如最近修改日期或作者名,可能被用于颜色编码。界面设计问题包括使用什么颜色、大小和布局以及给用户提供什么概览、滚动或选择方法。用户的任务可能是查找条目的数量、查看有某些属性(例如,从先前版本以来被改变的程序行)的条目。

(2) **2D 地图数据**。平面数据包括地理图、平面布置图和报纸版面。集合中的每个条目覆盖整个区域的某个部分,每个条目都有任务域属性(诸如名字、所有者和值)和界面域特征(诸如形状、大小、颜色和不透明度,见图 2-19)。

很多系统采用多层方法来处理地图数据,但每层都是二维的。用户任务包括查找邻近条目、包含某些条目的区域和两个条目之间的路径,以及执行 7 个基本任务。例如地理信息系统,它是一个庞大的研究和商用领域(图 2-20)。

(3) **3D 世界数据**。现实世界的对象,诸如分子、人体和建筑物,具有体积和与其他条目的复杂关系。计算机辅助的医学影像、建筑制图、机械设计、化学结构建模和科学仿真被构建来处理这些复杂的三维关系。用户的任务通常是处理连续变量,诸如温度或密度。结果经常被表示为体积和表面积,用户关注左/右、上/下和内/外的关系。在三维应用程序中,当观察对象时,用户必须处理查看对象时它们的位置和方向,必须处理遮挡与导航的潜在问题,见图 2-21。

图 2-19　可视化技术呈现的 2016 年英国公投脱欧

（英国脱欧公投各地的投票率，颜色越深的投票率越高，圈中所在是英国的主要城市。

这个图说明：小地方的投票意愿，比精英所在的大城市强烈）

图 2-20　某时刻 QQ 同时在线人数

图 2-21　3D 世界的信息可视化

使用增强的三维技术的解决方案，诸如概览、地标、远距传物、多视图和有形用户界面，正在设法进入研究原型和商业系统中。成功的例子包括帮助医生计划手术的声波图医学影像和使购房者了解建成的房屋看上去将是什么样子的建筑的走查或飞越。三维的计算机图形和计算机辅助设计工具的例子很多，但三维的信息可视化工作仍是有争议的。一些虚拟环境研究人员和商业图表制作者已经寻求用三维结构呈现信息，但这些设计似乎需要更多的导航步骤且使结果更难以解释。

除了 1D 线性数据、2D 地图数据和 3D 世界数据之外，还有多维数据、时态数据、树数据、网络数据等数据类型。

2.6.3　7 个基本任务

分析数据可视化的第二个框架包含用户通常执行的 7 个基本任务。

（1）**概览任务**。用户能够获得整个集合的概览。概览策略包括每个数据类型的缩小视图,这种视图允许用户查看整个集合,加上邻接的细节视图。概览可能包含可移动的视图域框,用户用它来控制细节视图的内容,允许缩放因子在 3～30 之间。重复有中间视图的这种策略使用户能够达到更大的缩放因子。另一种流行的方法是鱼眼策略,其变形放大一个或更多的显示区域,但几何缩放因子必须被限制在 5 左右,或针对可使用的上下文必须使用不同的表示等级。因为大多数查询语言工具都使集合概览的获取很困难,所以适当概览策略的规定是评价此类界面的有用标准。

(2) **缩放任务**。用户能够在感兴趣的条目上放大。用户通常对集合的某部分感兴趣,他们需要工具使他们能够控制缩放焦点和缩放因子。平滑的缩放有助于用户保持他们的位置感和上下文。用户能够通过移动缩放条控件或通过调整视图域框的大小一次在一个维度上缩放。令人满意的放大方式,是先指向一个位置,然后发布一个缩放命令,通常是通过按下鼠标按键来实现。缩放在针对小显示器的应用程序中特别重要。

(3) **过滤任务**。用户能够滤掉不感兴趣的条目。应用于集合中条目的动态查询构成信息可视化的关键思想之一。当用户控制显示的内容时,他们能够通过去除不想要的条目而快速集中他们的兴趣。通过滑块或按钮能快速执行显示更新,允许用户跨显示器动态突出显示感兴趣的条目。

(4) **按需细化任务**。用户能够选择一个条目或一个组来获得细节。一旦集合被修剪到只有几十个条目,浏览该组或单个条目的细节就应该是容易的。通常的方法是仅在条目上单击,然后在单独或弹出的窗口中查看细节。按需细化窗口可能包含更多信息的链接。

(5) **关联任务**。用户能够关联集合内的条目或组。与文本显示相比,视觉显示的吸引力在于它们利用人类处理视觉信息的非凡感知能力。在视觉显示之内,有机会按接近性、包容性、连线或颜色编码来显示关系。突出显示技术能够被用于引起对有数千条目的域中某些条目的注意。指向视觉显示能够允许快速选择,且反馈是明显的。当用户在视觉显示上执行动作时,眼、手、脑似乎流畅、快速地工作。然而,设计用于确定哪个关系是显而易见的这样的用户界面动作仍是一个挑战。用户也许还想把多种可视化技术结合在一起,这些技术是紧耦合的,以至于一个视图中的动作会触发其他所有耦合视图中的立即改变。工具正在被开发以允许用户确定他们需要什么可视化技术和如何控制可视化技术之间的交互。

(6) **历史任务**。用户能够保存动作历史以支持撤销、回放和逐步细化。单个用户动作产生想得到结果的情况是罕有的。信息探索本来就是一个有很多步骤的过程,所以保存动作的历史并允许用户追溯他们的步骤是重要的。然而,大多数产品未适当处理这种需求。在给信息检索系统建模方面,设计人员将做得更好,这种系统通常保留搜索序列,以便这些搜索能够被组合或细化。

(7) **提取任务**。用户能够允许子集和查询参数的提取。一旦用户获得了他们想要的条目或条目集合,对他们有用的是,他们能够提取该集合并保存它、通过电子邮件发送它或把它插入统计或呈现的软件包中。他们可能还想发布那些数据,以便其他人用可视化工具的简化版本来查看。

2.6.4　数据可视化的挑战

按任务分类的数据类型有助于组织人们对问题范围的理解,但为了创建成功的工具,信息可视化的研究人员仍有很多挑战需要去面对。

(1) 导入和清理数据。决定如何组织输入数据以获得期望的结果,它所需要的思考和工作经常比预期的多。使数据有正确的格式、滤掉不正确的条目、使属性值规格化和处理丢失的数据也是繁重的任务。

(2) 把视觉表示与文本标签结合在一起。视觉表示是强有力的,但有意义的文本标签起到很重要的作用。标签应该是可见的,不应遮盖显示或使用户困惑。屏幕提示和偏心标签等用户控制的方法经常能够提供帮助。

(3) 查找相关信息。经常需要多个信息源来做出有意义的判断。专利律师想要看到相关的专利、基因组学研究人员想要看到基因簇在细胞过程的各个阶段如何一致地工作,等等。在发现过程中对意义的追寻需要对丰富的相关信息源进行快速访问,这需要对来自多个源的数据进行整合。

(4) 查看大量数据。信息可视化的一般挑战是处理大量的数据。很多创新的原型仅能处理几千个条目,或者当处理数量更大的条目时难以保持实时交互性。显示数百万条目的动态可视化证明,信息可视化尚未接近于达到人类视觉能力的极限,用户控制的聚合机制将进一步突破性能极限。较大的显示器能够有帮助,因为额外的像素使用户能够看到更多的细节同时保持合理的概览。

(5) 集成数据挖掘。信息可视化和数据挖掘起源于两条独立的研究路线。信息可视化的研究人员相信让用户的视觉系统引导他们形成假设的重要性,而数据挖掘的研究人员则相信能够依赖统计算法和机器学习来发现有趣的模式。一些消费者的购买模式,诸如商品选择之间的相关性,适当可视化就会突显出来。然而,统计试验有助于发现在产品购买的顾客需要或人口统计的连接方面的更微妙趋势。研究人员正在逐渐把这两种方法结合在一起。就其客观本性来说,统计汇总是有吸引力的,但它们能够隐藏异常值或不连续性(像冰点或沸点)。另一方面,数据挖掘可能把用户指到数据的更有趣部分,然后它们能够在视觉上被检查。

(6) 与分析推理技术集成。为了支持评估、计划和决策,视觉分析领域强调信息可视化与分析推理工具的集成。业务与智能分析师使用来自搜索和可视化的数据和洞察力作为支持或否认有竞争性的假设的证据。他们还需要工具来快速产生他们分析的概要和与决策者交流他们的推理,决策者可能需要追溯证据的起源。

(7) 与他人协同。发现是一个复杂的过程,它依赖于知道要寻找什么、通过与他人协同来验证假设、注意异常和使其他人相信发现的意义。因为对社交过程的支持对信息可视化是至关重要的,所以软件工具应该使记录当前状态、带注释和数据把它发送给同事或张贴到网站上更容易。

(8) 实现普遍可用性。当可视化工具打算被公众使用时,必须使该工具可被多种多样的用户使用而不管他们的生活背景、工作背景、学习背景或技术背景如何,但它仍是对设计人员的巨大挑战。

（9）评估。信息可视化系统是十分复杂的。分析很少是一个孤立的短期过程,用户可能需要长期地从不同视角查看相同的数据。他们或许还能阐述和回答他们在查看可视化之前未预料会有的问题(使得难以使用典型的实证研究技术),而受试者被征募来短期从事所承担的任务。虽然最后发现能够产生巨大的影响,但它们极少发生且不太可能在研究过程中被观察到。基于洞察力的研究是第一步。案例研究报告在其自然环境中完成真实任务的用户。他们能够描述发现、用户之间的协同、数据清理的挫折和数据探索的兴奋,并且他们能报告使用频率和获得的收益。案例研究的不足是,它们非常耗费时间且可能不是可重复的或可应用于其他领域。

【延伸阅读】

以往人们如何谈论互联网思维

时下,"互联网思维"正轰轰烈烈地颠覆着各行各业的传统生态。事实上,早在 1994 年,互联网时代的多数境况就在凯文·凯利(图 2-22)的书《新经济,新规则》中被预测过。有人形容这是一本"值得每年一看的书"。Esquire 摘取了书中每一章的要义,邀你一起看看近二十年互联网思维的十大法则。

图 2-22　凯文·凯利(Kevin Kelly)

法则一:相信集群的力量。

网络经济依赖的是简易信息连接成集群时所产生的伟大力量。

单一功能的元件,以适合的方式连接起来,会产生奇妙的效果。

法则二:回报递增:赢家与赢家相连。

工业经济的规模效应对经济来说是线性的,投入低、产出低,投入高,产出也高;并且,在工业经济中,成功往往会自我设限,遵循回报递减的原理。在网络经济中,成功是自我增强的,新加入的成员会提升网络本身的价值,而网络自身价值的升高又反过来吸引更多的成员,从而形成了一条优势的螺旋曲线。互联网经济的价值是指数级别的增长,小投入与小投入之间相互增强,效益和效益之间像滚雪球一样越滚越大。更确切地说,网络价值随着成员关系的激增而成倍增加。许多网络代理商和竞争者在一起共同创造了网络的价值。尽管回报递增所产生的利益会有相当一部分由某一组织占有,但利益的价值却是存在于更大范围的网络之中。

硅谷的发展与成长就是典型的例子。像硅谷一样的高新技术园区本身就是人才、资源和机会紧密联系的网络。它的成功不是其中一家公司的成功，而是整个关系网络的成功。一些技术人才调侃说，自己在硅谷虽然频频跳槽，身边拼车的小伙伴却一次也没换过。也有人说，他们一早醒来，第一个想到的不是"我为某家公司卖命"，而是"我为整个硅谷工作"。

法则三：普及效应。

在网络里，把握的机会越多，新的机会就能越快地出现。普及效应的概念就是要创造由某种由尽可能多的系统和标准来管理它的事物。一个事物接触的网越多，它的价值就越高。无论是一个发明，一家公司或者一项技术，随着它参与的系统数量呈线性增加，它的价值呈指数增加。

举一个传统的例子：第一台电报机的发明哪怕耗费几百万美金，也是不值钱的。但第二台一旦卖出，就意味着一个信息网络的构建。随着电报机进入千家万户，你只要花一台电报机的钱，就可以融入千千万万台电报机所建构的网络关系之中，这就是网络普及效应的价值所在。

法则四：追随免费之道。

网络经济遵循一个悖论：最好的东西越来越便宜。其中的道理很简单：只要消费者订制的基本服务趋近免费，他们很快会订制附加服务和高端服务。

你可以想象下面的过程：普通电话业务几乎不要钱。那么，消费者的每个房间都会安装电话线。然后，你的汽车也会安装电话线，接着使用移动电话，再然后，你的每个家人都会使用移动电话。然后，消费者又会订制接听电话服务、电话转接、呼叫等待、来电显示、传真和调制解调器。接下来，所有的电器和其他物体都会联网……总之，"唯有慷慨才能在网络中胜出。"

法则五：要想自身繁荣，先培育自身所在的网络。

这个法则可以分为如下几个部分。

（1）网络价值最大化：令多元主体平等参与网络；不要执着于你认为的最优标准，而采用其他人的标准来发挥网络效应的杠杆作用。

（2）激活你的产品和服务：无论什么时候做科技决策，如果你选择更多的连接、更开放的系统、应用更广的标准，那么你总是正确的。

（3）寻找最大公约数：最有价值的发明不是性能最优越的，而是那些在最广泛客户基础上性能最优越的（性能与普及兼优）。

（4）利用好那些根深蒂固的标准。在一些伟大的故事中，公司的向前发展都是先掌握一个网络，然后利用它根深蒂固的标准来改造一个已经存在的网络。这个过程被称为"内部转化"。

（5）重视推广传播，在产品推广初期不要忽视推广人员的作用。

法则六：激流勇退或寻找另一个山峰。

经济学家迈克尔·波特（Michael Porter）调查了10个国家的100个行业后发现创新的源泉通常都来自于"局外人"或其他相对局外人——一个行业的龙头公司进入另一个新

的行业。

在新经济中,外面的风景显得更为重要,因为完美不再是独奏表演。成功是一个相互依赖的过程,包括一个由供应商、顾客、甚至竞争对手组成的网络。

在山顶退回并不是反对完美,而是反对短视。

(作者还警告说,这山头望向那山头,看起来很近,实际距离却很远,有可能需要经历难以想象的低谷。)

法则七:创立中间市场。

幽默的管理大师汤姆·彼得斯常说,美国 CEO 时刻面临着"八分之一秒的噩梦":"想想亚洲、拉美、东欧吧!那里的人聪明、反应快、又廉价,而且他们离你这么近,只需八分之一秒就能联系上!"八分之一秒是任何信号从地球一端抵达另一端所需的最长时间。这个玩笑实际上在说,距离已成为伪命题,全球化趋势势在必行。

随着电子环境的不断延展,地域的影响力减弱,空间的影响力增加。经济渗透进各个网络媒介,传统的交易市场转换成为概念性的虚拟市场。这种市场依托赛博空间存在,它的优势不在于非地理的虚拟性,而是更多地根植于它们无限地吸纳连接与关系的能力。网络经济推动了中间市场的形成。网络中成员之间连接越多,可成为中介的节点就越多。网络中的任何对象都充当了其他对象的中介。在中间市场中,海量的信息被筛选、分类、索引。

法则八:在失衡中寻找持续性。

改变意为快速的变化,尽管有时候是惊人的。流变更像是印度教中的湿婆神,它是一股充满破坏与新生的力量。流变推翻既有事物,为更多创新的诞生提供温床。这种动态或许会被看作复合再生,它源于混乱的边缘。

同流变的道理一样,创新也是一种颠覆,永恒的创新即持续的颠覆。运转良好的网络希望达到一个目标,那就是保持永恒的失衡状态。

真正的创新要足够与众不同,同时具有危险性。它可能差一点儿就被视为荒唐事。它在灾难的边缘,但从不会越界。它可以以任何形态呈现,但唯独不会是和谐的。

在创新的时候要遵循一条法则:保留核心价值,让其他部分随时处于变动状态。

法则九:(对话)关系比产能更重要。

互联网经济的核心是增进联系。不应将技术视为管理信息,而应当将其视为关系的中介。现在,生产者和消费者的角色是重叠的,所以有了产销(Prosuming)这个词。客户正在变成用户,购买你产品和服务的同时也在为它们的改进做贡献。

对话是个理解网络经济不错的模型。这种你来我往首先始于两个人,之后扩展到其他人,随着对话变得愈加多元和多样,它就会吸引越来越多的人参与其中。最终,随着世界中越来越多的非生命造物被连接起来(比如,组织之间的对话、技术和物品意义上的交流等),对话的次数、时长和频次也会随着互动的增加而增加。对话这种互动关系的基石是信任。

法则十:机遇优于效率。

效率是针对机器人而言的,但机遇是为人而准备的。每个连接都意味着一个机遇,如果我们把世界越来越多地连接到网络的节点上,我们就相当于在这个神奇的组合游戏中增添了数十亿可用的新组件。可能性的数量会像爆炸一样激增。此外,网络能使已经抓住的机会和已经创造出的发明加速传播,这些机会和发明被散播到网络和地球的每一个角落,引发出更多建构于他们之上的新的机遇。

技术永远无法根治社会的弊端与不公,技术只能为我们做一件事,就是捕捉更多的机遇。寻求机遇、创造更多新的机遇,比优化已有的东西能使你收获更多。一直以来的商业理念都是,发现问题,然后去解决它。但是,那些被发现了的问题通常都是一些已经停止了运作的存在(譬如目标清晰但执行不力,甚至是"物流速度慢"等琐碎的细节)。这个时候,耗费人力和时间去改善"平庸的不足",会让你在竞争激烈的全球舞台失去立足之地。

资料来源:Kevin Kelly,编译:杨奕,编辑:杜强,部分编译参考了《新经济,新规则》,电子工业出版社,2014

【实验与思考】

绘制南丁格尔极区图

1. 实验目的

(1)熟悉大数据可视化的基本概念和主要内容;
(2)通过绘制南丁格尔极区图,尝试了解大数据可视化的设计与表现技术。

2. 工具/准备工作

在开始本实验之前,请认真阅读课程的相关内容。
需要准备一台带有浏览器,能够访问因特网的计算机。

3. 实验内容与步骤

(1)请结合查阅相关文献资料,简述:什么是数据可视化?数据可视化系统的主要目的是什么?

答:_____

_____

_____

_____

(2)请结合查阅相关文献资料,简述:数据可视化的7个数据类型是什么?

答:_____

_____

_____

_____

_____

（3）请结合查阅相关文献资料,简述:数据可视化的 7 项基本任务是什么?

答: _____

_____

_____

_____

南丁格尔极区图是数据统计类信息图表中常见到的一类图表形式,下面来了解这类图表的常见绘制方法。

【设计分析】

最终的效果图如图 2-23 所示。

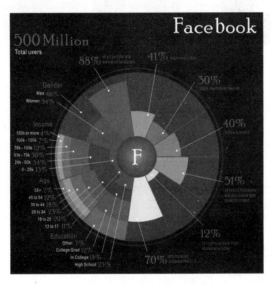

图 2-23　Facebook 极区图

（1）图表中包括性别、年龄、教育、收入等 11 个分类的对比信息指标,每个指标占用的圆周的角度相同,即任一指标的扇区角度为($360°/11 = 32.723°$)。在 CorelDraw 中,其表现为"角度相同,半径不等的扇区图"。

（2）在 Gender、Income、Age、Education 4 个指标中,又被分别划成几个不同的区段。在 CorelDraw 中,同一扇区图中不同的区段由"角度相同,半径不等的扇区图"依次叠加而成。

【绘图步骤】

此信息图的绘制,主要应用 CorelDraw 软件中的"旋转"和"分层叠加"两个功能。Facebook 极区信息图在 CorelDraw 中的具体绘制步骤如下。

步骤 1:绘制定位圆环和背景圆,以及 11 等分扇形。

步骤 2~3:依次绘制 11 个指标对应的不同长度的扇区图。

步骤 4~6:依次绘制 4 个指标中的不同区段的扇区图(图 2-24)。

读者也可尝试用自己熟悉的其他作图软件工具绘制此图。

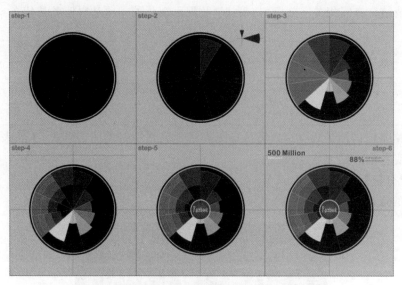

图 2-24 绘制极区图的步骤 1～6

4.实验总结

_____

_____

_____

_____

5.实验评价(教师)

_____

_____

大数据的商业规则

大数据企业的缩影——谷歌

谷歌(Google Inc.)创建于1998年9月,是美国的一家跨国科技企业(图3-1),致力于互联网搜索、云计算、广告技术等领域,开发并提供大量基于互联网的产品与服务,主要利润来自于AdWords等广告服务。

谷歌由在斯坦福大学攻读理工博士的拉里·佩奇和谢尔盖·布林共同创建,因此两人也被称为"Google Guys"。创始之初,Google官方的公司使命为"集成全球范围的信息,使人人皆可访问并从中受益"。谷歌公司的总部称为"Googleplex",位于美国加州圣克拉拉县的芒廷维尤。2011年4月,佩奇接替施密特担任首席执行官。2014年5月21日,市场研究公司明略行公布,谷歌取代苹果

图3-1　Google总部

成为全球最具价值的商业品牌。2015年3月28日,谷歌和强生达成战略合作,联合开发能够做外科手术的机器人;10月20日,谷歌表示已向羽扇智(Mobvoi Inc.)展开投资;12月谷歌位列《全球最具创新力企业报告》前三名。

谷歌搜索引擎就是大数据的缩影,这是一个用来在互联网上搜索信息的简单快捷的工具,使用户能够访问一个包含超过80亿个网址的索引。谷歌坚持不懈地对其搜索功能进行革新,始终保持着自己在搜索领域的领先地位。据调查结果显示,仅一个月内,谷歌处理的搜索请求就会高达122亿次。

除了存储搜索结果中出现的网站链接外,谷歌还存储人们的所有搜索行为,这就使谷歌能以惊人的洞察力掌握搜索行为的时间、内容以及它们是如何进行的。这些对数据的洞察力意味着谷歌可以优化其广告,使之从网络流量中获益,这是其他公司所不能企及的。另外,谷歌不仅可以追踪人的行为,还可以预测人们接下来会采取怎样的行动。换句话说,在你行动之前,谷歌就已经知道你在寻找什么了。这种对大量的人机数据进行捕捉、存储和分析,并根据这些数据做出预测的能力,就是我们所说的大数据。

阅读上文,请思考、分析并简单记录。

(1)谷歌是一家国际化的重要的大数据企业。请通过网络搜索,了解谷歌企业开展

的重要技术和业务,并请扼要记录。

答:_____

_____

_____

(2) 在谷歌琳琅满目的先进技术中,你特别感兴趣的有哪些?

答:_____

_____

_____

(3) 除了谷歌,你还知道哪些重量级的国际化大数据企业?

答:_____

_____

_____

(4) 请简单描述你所知道的上一周内发生的国际、国内或者身边的大事。

答:_____

_____

_____

_____

_____

3.1　大数据的跨界年度

《纽约时报》把 2012 年称为"大数据的跨界年度"。大数据之所以会在 2012 年进入主流大众的视野,缘于三种趋势的合力。

第一,许多高端消费公司加大了对大数据的应用。

社交网络巨擘 Facebook 使用大数据来追踪用户。通过识别你熟悉的其他人,Facebook 可以给出好友推荐建议。用户的好友数目越多,他与 Facebook 的黏度就越高。好友越多同时也就意味着用户分享的照片越多、发布的状态更新越频繁、玩的游戏也越多样化。

商业社交网站领英(LinkedIn)①则使用大数据为求职者和招聘单位之间建立关联。

---

① 领英(LinkedIn)创建于 2002 年,2003 年 5 月 5 日网站正式上线。总部坐落于美国加州硅谷,领英公司在全球 27 个城市设立了分部及办事处。领英致力于向全球职场人士提供沟通平台,并协助他们事半功倍,发挥所长。作为全球最大的职业社交网站,领英会员人数在世界范围内已超过 3 亿,每个《财富》世界 500 强公司均有高管加入,其更长远的愿景则是为全球 33 亿劳动力创造商业机会,进而创建世界首个经济图谱。

有了领英,猎头公司就不再需要对潜在雇员进行意向访问。只需一个简单的搜索,他们就可以找到潜在雇员,并与他们进行联系。同样,求职者也可以通过联系网站上的其他人,将自己推销给潜在的负责招聘的经理。领英的首席执行官杰夫·韦纳曾谈到该网站的未来发展及其经济图表——一个能实时识别"经济机会趋势"的全球经济数字图表。实现该图表及其预测能力时所面临的挑战就是一个大数据问题。

第二,Facebook 与领英两家公司都是在 2012 年上市的。

Facebook 在纳斯达克上市,领英在纽约证券交易所上市。从表面上来看,谷歌和这两家公司都是消费品公司,而实质上,它们是名副其实的大数据企业。除了这两家公司以外,Splunk 公司(一家为大中型企业提供运营智能的大数据企业)也在 2012 年完成了上市。这些企业的公开上市使华尔街对大数据业务的兴趣日渐浓厚。

因此,硅谷的风险投资家们开始前赴后继地为大数据企业提供资金,硅谷甚至有望在未来几年取代华尔街。作为 Facebook 的早期投资者,Accel Partners 投资机构在 2011年年末宣布为大数据提供一亿美元的投资,2012 年年初,Accel Partners 支出了第一笔投资。著名的风险投资公司安德森·霍洛维茨、Greylock 公司也针对这一领域进行了大量的投资。

第三,商业用户,例如亚马逊、Facebook、领英和其他以数据为核心的消费产品,也开始期待以一种同样便捷的方式来获得大数据的使用体验。

既然互联网零售商亚马逊可以为用户推荐一些阅读书目、电影和产品,为什么这些产品所在的企业却做不到呢? 比如,为什么汽车租赁公司不能明智地决定将哪一辆车提供给租车人呢? 毕竟,该公司拥有客户的租车历史和现有可用车辆库存记录。随着新技术的出现,公司不仅能够了解到特定市场的公开信息,还能了解到有关会议、重大事项及其他可能会影响市场需求的信息。通过将内部供应链与外部市场数据相结合,公司可以更加精确地预测出可用的车辆类型和可用时间。

类似地,通过将这些内部数据和外部数据相结合,零售商每天都可以利用这种混合式数据确定产品价格和摆放位置。通过考虑从产品供应到消费者的购物习惯这一系列事件的数据(包括哪种产品卖得比较好),零售商就可以提升消费者的平均购买量,从而获得更高的利润。

3.2　谷歌的大数据行动

谷歌的规模使其得以实施一系列大数据方法,而这些方法是大多数企业根本不曾具备的。谷歌的优势之一是其拥有一支软件工程师队伍,这些工程师能为该公司提供前所未有的大数据技术。多年来,谷歌还不得不处理大量的非结构化数据,例如网页、图片等,它不同于传统的结构化数据,例如写有姓名和地址的表格。

谷歌的另一个优势是它的基础设施(图 3-2)。就谷歌搜索引擎本身的设计而言,数不胜数的服务器保证了谷歌搜索引擎之间的无缝连接。如果出现更多的处理或存储信息需求,抑或某台服务器崩溃时,谷歌的工程师们只需添加服务器就能保证搜索引擎的正常运行。据估计,谷歌的服务器总数超过 100 万个。

图 3-2　谷歌的机房

谷歌在设计软件的时候一直没有忘记自己所拥有的强大的基础设施。MapReduce 和 Google File System 就是两个典型的例子。《连线》杂志在 2012 年暑期的报道称,这两种技术"重塑了谷歌建立搜索索引的方式"。

许多公司现在都开始接受 Hadoop 开源代码——MapReduce 和 Google File System 开发的一个开源衍生产品。Hadoop 能够在多台计算机上实施分布式大数据处理。当其他公司刚刚开始利用 Hadoop 开源代码时,谷歌在多年前就已经开始大数据技术的应用了。事实上,当其他公司开始接受 Hadoop 开源代码时,谷歌已经将重点转移到其他新技术上了,这在同行中占据了绝对优势。这些新技术包括内容索引系统 Caffeine、映射关系系统 Pregel 以及量化数据查询系统 Dremel。

如今,谷歌正在进一步开放数据处理领域,并将其和更多第三方共享,例如,它最近刚刚推出的 BigQuery 服务。该项服务允许使用者对超大量数据集进行交互式分析,其中"超大量"意味着数十亿行的数据。BigQuery 就是基于云的数据分析需求。此前,许多第三方企业只能通过购买昂贵的安装软件来建立自己的基础设施,才能进行大数据分析。随着 BigQuery 这一类服务的推出,企业可以对大型数据集进行分析,而无须巨大的前期投资。

除此以外,谷歌还拥有大量的机器数据,这些数据是人们在谷歌网站进行搜索及经过其网络时所产生的。每当用户输入一个搜索请求时,谷歌就会知道他在寻找什么,所有人类在互联网上的行为都会留下"足迹",而谷歌具备绝佳的技术对这些"足迹"进行捕捉和分析。

不仅如此,除搜索之外,谷歌还有许多获取数据的途径。企业会安装"谷歌分析"(Google Analytics)之类的产品来追踪访问者在其站点的"足迹",而谷歌也可获得这些数据。利用"谷歌广告联盟"（Google Adsense），网站还会将来自谷歌广告客户网的广告展示在其各自的站点上，因此，谷歌不仅可以洞察自己网站上广告的展示效果，对其他广告发布站点的展示效果也一览无余。

将所有这些数据集合在一起，可以看到：企业不仅可以从最好的技术中获益，同样还可以从最好的信息中获益。在信息技术方面，许多企业可谓耗资巨大，然而谷歌所进行的庞大投入和所获得的巨大成功，却罕有企业能望其项背。

3.3　亚马逊的大数据行动

互联网零售商亚马逊（Amazon，图 3-3）同时也是一个推行大数据的大型技术公司，它已经采取一些积极的举措，很可能成为谷歌数据驱动领域的最大竞争伙伴。分析者预测，截至 2015 年，亚马逊营收将超过 1000 亿美元，即将超过沃尔玛，成为世界最大的零售商。如同谷歌一样，亚马逊也要处理海量数据，只不过它处理的数据带有更强的电商倾向。每次，当消费者们在亚马逊网站上搜索想看的电视节目或想买的产品时，亚马逊就会增加对该消费者的了解。基于消费者的搜索行为和产品购买行为，亚马逊就可以知道接下来应该为消费者推荐什么产品。

图 3-3　互联网零售商——亚马逊

亚马逊的聪明之处还远不止于此。它会在网站上持续不断地测试新的设计方案，从而找出转化率最高的方案。你认为亚马逊网站上的某段页面文字只是碰巧出现的吗？其实，亚马逊整个网站的布局、字体大小、颜色、按钮以及其他所有设计，都是在经过多次审慎测试后的最优结果。

以尝试设计新按钮为例，这种测试的思路如下：首先随机选择少量（例如 5%）的用户，让他们看到新的按钮设计，如果这部分人的点击率高于对照用户，就逐渐提高新按钮覆盖的用户比例，并测试其表现的稳定性；在相当比例用户中，具有稳定性且更佳表现的新设计将会替代原有的设计。对于亚马逊这样的大型企业，即便是千分之一的用户，数量也非常可观。如果他们拿出 10% 的流量用作测试，而每个基础测试桶只需要千分之一的用户量，就意味着亚马逊时时刻刻都可以测试上百个新算法和新设计的效果。国内阿里巴巴集团算法部门也使用类似的思路和技术进行效果测试。

数据驱动的方法并不仅限于以上领域。根据亚马逊一位前任员工的说法，亚马逊的企业文化就是冷冰冰的数据驱动文化。数据会告诉你什么是有效的、什么是无效的，新的商业投资项目必须要有数据支撑。

对数据的长期关注使亚马逊能够以更低的价格提供更好的服务。消费者往往会直接去亚马逊网站搜索商品并进行购买，谷歌之类的搜索引擎则完全被抛诸脑后。争夺消费者控制权这一战争的硝烟还在不断弥漫。如今，苹果、亚马逊、谷歌以及微软，这 4 家公认的巨头不仅在互联网上进行厮杀，还将其争斗延伸至移动领域。

随着消费者把越来越多的时间花费在手机和平板电脑等移动设备上,他们坐在计算机前的时间已经变得越来越少,因此,那些能成功地让消费者购买他们的移动设备的企业,将会在销售和获取消费者行为信息方面具备更大的优势。企业掌握的消费者群体和个体信息越多,它就越能更好地制定内容、广告和产品。

令人难以置信的是,从支撑新兴技术企业的基础设施到消费内容的移动设备,亚马逊的触角已触及更为广阔的领域。亚马逊在几年前就预见了将作为电子商务平台基础结构的服务器和存储基础设施开放给其他人的价值。"亚马逊网络服务"(Amazon Web Service,AWS)是亚马逊公司知名的面向公众的云服务提供者,能为新兴企业和老牌公司提供可扩展的运算资源。虽然 AWS 成立的时间不长,但有分析者估计它每年的销售额超过 15 亿美元。

这种运算资源为企业开展大数据行动铺平了道路。当然,企业依然可以继续投资建立以私有云为形式的自有基础设施,而且很多企业还会这样做。但是如果企业想尽快利用额外的、可扩展的运算资源,它们还可以方便、快捷地在亚马逊的公共云上使用多个服务器。如今亚马逊引领潮流、备受瞩目,靠的不仅是它自己的网站和 Kindle Fire 之类的新移动设备,支持着数千个热门站点的基础设施同样功不可没。AWS 带来的结果是,大数据分析不再需要企业在 IT 上投入固定成本。如今,获取数据、分析数据都能够在云端简单、迅速地完成。换句话说,如今,企业有能力获取和分析大规模的数据——而在过去,它们则会因为无法存储而不得不抛弃它。

3.4 将信息变成一种竞争优势

AWS 类型的服务与 Hadoop 类型的开源技术相结合,意味着企业终于能够尝到信息技术在多年以前向世人所描绘的果实。

数十年来,人们对所谓的"信息技术"的关注一直偏重于其中的"技术"部分,首席信息官(CIO)的职责就是购买和管理服务器、存储设备和网络。而如今,信息以及对信息的分析、存储和预测的能力,正成为一种竞争优势(图 3-4)。

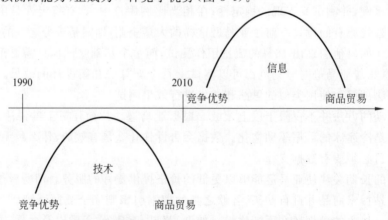

图 3-4 大数据将"信息技术"的焦点从"技术"转变为"信息"

　　信息技术刚刚兴起的时候,较早应用信息技术的企业能够更快地发展,超越他人。微软公司在 20 世纪 90 年代就树立并巩固了它的地位,这不仅得益于它开发了世界上应用最为广泛的操作系统,还在于当时它在公司内部将电子邮件作为标准的沟通机制。事实上,在许多企业仍在犹豫是否采用电子邮件的时候,电子邮件已经成为微软讨论招聘、产品决策、市场战略等事务的标准沟通机制。虽然群发电子邮件的交流在如今已是司空见惯,但在当时,这样的举措让微软较之其他未采用电子邮件的公司具有更多的速度和协作优势。

　　接受大数据并在不同的组织之间民主化地使用数据,将会给企业带来与之相似的优势。诸如谷歌和 Facebook 之类的企业已经从"数据民主"中获益。

　　通过将内部数据分析平台开放给所有跟自己公司相关的分析师、管理者和执行者,谷歌、Faeebook 以及其他一些公司已经让组织中的所有成员都能提出跟商业有关的数据问题、获得答案并迅速行动。正如 Facebook 的前任大数据领导人阿施什·图苏尔所言,新技术已经将我们的话题从"储存什么数据"转化到"我们怎样处理更多的数据"这一话题上了。

　　以 Facebook 为例,它将大数据推广成为内部的服务,这意味着该服务不仅是为工程师设计的,也是为终端用户,即生产线管理人员设计的,他们需要运用"查询"来找出有效的方案。因此,管理者们不再需要花费几天或是几周的时间,来找出网站的哪些改变最有效,或者哪些广告方式的效果最好。他们可以使用内部的大数据服务,而这些服务本身就是为了满足他们的需求而设计的,这使得数据分析的结果很容易在员工之间共享。

　　过去的 20 年是信息技术的时代,接下来的 20 年的主题仍会是信息技术。这些企业能够更快地处理数据,而公共数据资源和内部数据资源一体化将带来独特的视野,使他们能够远远超越竞争对手。正如"大数据创新空间曲线"的创始人和首席技术官安德鲁·罗杰斯所言,"你分析数据的速度越快,它的预测价值就越大。"企业如今正在渐渐远离批量处理数据的方式(即先存储数据,之后再慢慢进行分析处理)而转向实时分析数据来获取竞争优势。

　　对于高管们而言,好消息是:来自于大数据的信息优势不再只属于谷歌、亚马逊之类的大企业。Hadoop 之类的开源技术让其他企业可以拥有同样的优势。无论是老牌财富100 强企业还是新兴初创公司,都能够以合理的价格利用大数据来获得竞争优势。

3.4.1　数据价格下降,数据需求上升

　　与以往相比,大数据带来的颠覆不仅是可以获取和分析更多数据的能力,更重要的是,获取和分析等量数据的价格也正在显著下降。但是价格"蒸蒸日下",需求却蒸蒸日上。这种略带讽刺的关系正如所谓的"杰文斯悖论"①一样。科技进步使储存和分析数据

---

　　①　**杰文斯悖论**:19 世纪经济学家杰文斯在研究煤炭的使用效率时发现,在提高煤的使用效率方面,原本以为效率的提高能满足人们对煤的需求,然而结果是,效率越高,消耗的煤就越多,煤炭总量就会更快枯竭,人们的需求无法得到满足。即技术进步可以提高自然资源的利用效率,但结果是增加而不是减少这种资源的需求,因为效率的改进会导致生产规模扩大。这就带来了一种技术进步、经济发展和环境保护之间的矛盾和悖论。公众对杰文斯悖论可能比较陌生,但事实上,这一悖论,大到对国家的发展,小到对普通民众的生活都有影响。

的方式变得更有效率,与此同时,公司也将对此做出更多的数据分析。简而言之,这就是为什么大数据能够带来商业上的颠覆性变化。

从亚马逊到谷歌,从IBM到惠普和微软,大量的大型技术公司纷纷投身于大数据;而基于大数据解决方案,更多初创型企业如雨后春笋般涌现,提供基于云服务和开源的大数据解决方案。

大公司致力于横向的大数据解决方案,与此同时,小公司则以垂直行业的关键应用为重。有些产品可以优化销售效率,而有些产品则通过将不同渠道的营销业绩与实际的产品使用数据相联系,来为未来营销活动提供建议。这些大数据应用程序意味着小公司不必在内部开发或配备所有大数据技术;在大多数情况下,它们可以利用基于云端的服务来解决数据分析需求。

3.4.2 大数据应用程序的兴起

大数据应用程序在大数据空间掀起了又一轮波浪。投资者相继将大量资金投入到现有的基础设施中,又为Hadoop软件的商业供应商Cloudera等提供了投资。与此同时,企业并没有停留在大数据基础设施上,而是将重点转向了大数据的应用。

从历史上来说,企业必须利用自主生成的脚本文件来分析日志文件(一种由网络设备和IT系统中的服务器生成的文件),相对而言,这是一种人工处理程序。IT管理员不仅要维护服务器、网络工作设备和软件的基础设施,还要建立自己的脚本工具,从而确定因这些系统所引发的问题的根源。这些系统会产生海量的数据;每当用户登录或访问一个文件时,一旦软件出现警告或显示错误,管理者就需要对这些数据进行处理,他们必须弄清楚究竟是怎么一回事。

图3-5 Splunk公司

有了大数据应用程序之后,企业不再需要自己动手创建工具。他们可以利用预先设置的应用程序从而专注于他们的业务经营。比如,利用Splunk公司(图3-5)的软件,可以搜索IT日志,并直观看到有关登录位置和频率的统计,进而轻松地找到基础设施存在的问题。当然,企业的软件主要是安装类软件,也就是说,它必须安装在客户的网站中。基于云端的大数据应用程序承诺,它们不会要求企业安装任何硬件或软件。在某些方面,它们可以被认为是软件即服务(Software as a Service,SaaS)后的下一个合乎逻辑的步骤。软件即服务是通过互联网向客户交付产品的一种新形式,现已经发展得较为完善。十几年前,客户关系管理(CRM)软件服务提供商Salesforce首先推出了"无软件"的概念,这一概念已经成为基于云计算的客户关系管理软件的事实标准,这种软件会帮助企业管理他们的客户列表和客户关系。

通过软件运营服务转化后,软件可以被随时随地地使用,企业几乎不需要对软件进行维护。大数据应用程序把着眼点放在这些软件存储的数据上,从而改变了这些软件公司的性质。换句话说,大数据应用程序具备将技术企业转化为"有价值的信息企业"的潜力。

例如,oPower 公司可以改变能量的消耗方式。通过与 75 家不同的公用事业企业合作,该公司可以追踪约 5000 万美国家庭的能源消耗状况。该公司利用智能电表设备(一种追踪家庭能源使用的设备)中储存的数据,能为消费者提供能源消耗的具体报告。即使能源消耗数据出现一个小小的变动,也会对千家万户造成很大的影响。就像谷歌可以根据消费者在互联网上的行为追踪到海量的数据一样,oPower 公司也拥有大量的能源使用数据。这种数据最终会赋予 oPower 公司以及像 oPower 公司之类的公司截然不同的洞察力。目前,该公司已经开始通过提供能源报告来继续建立其信息资产,这些数据资源和分析产品向我们展示了未来大数据商业的雏形。

然而,大数据应用程序不仅出现在技术世界里。在技术世界之外,企业还在不断研发更多的数据应用程序,这些程序将对人们的日常生活产生重大的影响。举例来说,有些产品会追踪与健康相关的指标并为人们提出建议,从而改善人类的行为。这类产品还能减少肥胖、提高生活质量、降低医疗成本。

3.4.3　实时响应,大数据用户的新要求

过去几年,大数据一直致力于以较低的成本采集、存储和分析数据,而未来几年,数据的访问将会加快。当你在网站上单击按钮,却发现跳出来的是一个等待画面,而你不得不等待交易的完成或报告的生成,这是一个多么令人沮丧的过程。再来对比一下谷歌搜索结果的响应时间:2010 年,谷歌推出了 Google Instant,该产品可以在输入文本的同时就能看到搜索结果。通过引入该功能,一个典型用户在谷歌给出的结果中找到自己需要的页面的时间缩短为以前的 1/5～1/7。当这一程字刚刚被引进时,人们还在怀疑是否能够接受它。如今,短短几年后,人们却难以想象要是没有这种程序生活该怎么继续下去。

数据分析师、经理及行政人员都希望能像谷歌一样用迅捷的洞察力来了解他们的业务。随着大数据用户对便捷性提出的要求越来越高,仅通过采用大数据技术已不能满足他们的需求。持续的竞争优势并非来自于大数据本身,而是更快的洞察信息的能力。Google Instant 这样的程序就向人们演示了"立即获得结果"的强大之处。

3.4.4　企业构建大数据战略

据 IBM 称:"我们每天都在创造大量的数据,大约是 2.5×10^{18} B——仅在过去两年间创造的数据就占世界数据总量的 90%。"据福雷斯特产业分析研究公司估计,企业数据的总量每年以 94% 的增长率飙升。

在这样的高速增长之下,每个企业都需要一个大数据路线图,至少,企业应为获取数据制定一种战略,获取范围应从内部计算机系统的常规机器日志一直到线上的用户交互记录。即使企业当时并不知道这些数据有什么用,他们也要这样做,或许随后他们会突然发现这些数据的作用。正如罗杰斯所言,"数据所创造的价值远远高于最初的预期——千万不要随便将它们抛弃"。

企业还需要制定一个计划来应对数据的指数型增长。照片、即时信息以及电子邮件的数量非常庞大,而由手机、GPS 及其他设备构成的"传感器"所释放出的数据量甚至更

大。在理想情况下,企业应让数据分析贯穿于整个组织,并尽可能地做到实时分析。通过观察谷歌、亚马逊、Facebook 和其他科技主导企业,可以看到大数据之下的种种机会。管理者需要做的就是往自己所在的组织中注入大数据战略。

成功运用大数据的企业往大数据世界中添加了一个更为重要的因素:大数据的所有者。大数据的所有者是指首席数据官(CDO)或主管数据价值的副总裁。如果你不了解数据意味着什么,世界上所有的数据对你来说将毫无价值可言。拥有大数据所有者不仅能帮助企业进行正确的策略定位,还可以引导企业获取所需的洞察力。

谷歌和亚马逊这样的企业应用大数据进行决策已有多年,它们在数据处理上已经取得了不少成果。而现在,你也可以拥有同样的能力。

3.5　大数据营销

行之有效的大数据交流需要同时具备愿景和执行两个方面。愿景意味着诉说故事,让人们从中看到希望,受到鼓舞。执行则是指具体实现的商业价值,并提供数据支撑。

大数据还不能(至少现在还不能)明确产品的作用、购买人群以及产品传递的价值。因此,大数据营销由三个关键部分组成:愿景,价值以及执行。号称“世界上最大的书店”的亚马逊,“终极驾驶汽车”的宝马以及“开发者的好朋友”的谷歌,它们各自都有清晰的愿景。

但是单单愿景明确还不够,公司还必须有伴随着产品价值、作用以及具体购买人群的清晰表述。基于愿景和商业价值,公司能讲述个性化的品牌故事,吸引到它们大费周折才接触到的顾客、报道者、博文作者以及其他产业的成员。他们可以创造有效的博客、信息图表、在线研讨会、案例研究、特征对比以及其他营销材料,从而成功地支持营销活动——既可以帮助宣传,又可以支持销售团队销售产品。和其他形式的营销一样,内容也需要具备高度针对性。

即使这样,公司对自己的产品有了许多认识,但却未能在潜在顾客登录其网站时实现有效转换。通常,公司花费九牛二虎之力增加了网站的访问量,结果到了需要将潜在顾客转换为真正的顾客时,却一再出错。网站设计者可能将按钮放在非最佳位置上,可能为潜在顾客提供了太多可行性选择,或者建立的网站缺乏顾客所需的信息。当顾客想要下载或者购买公司的产品时,就很容易产生各种不便。至于大数据营销,则与传统营销方式没多大关系,其更注重创建一种无障碍的对话。通过开辟大数据对话,我们能将大数据的好处带给更为广泛的人群。

3.5.1　像媒体公司一样思考

大数据本身有助于提升对话。营销人员拥有网站访客的分析数据、故障通知单系统的顾客数据以及实际产品的使用数据,这些数据可以帮助他们理解营销投入如何转换为顾客行为,并由此建立良性循环。

随着杂志、报纸以及书籍等线下渠道广告投入持续下降,在线拓展顾客的新方法正不断涌现。谷歌仍然是在线广告行业的巨无霸,在线广告收入约占其总电子广告收入的

41.3％。同时，如 Facebook、推特以及领英（图3-6）等社会化媒体不仅代表了新型营销渠道，也是新型数据源。现在，营销不仅是指在广告上投入资金，它意味着每个公司必须像一个媒体公司一样思考、行动。它不仅意味着运作广告营销活动以及优化搜索引擎列表，也包含开发内容、分布内容以及衡量结果。大数据应用将源自所有渠道的数据汇集到一起，经过分析，做出下一步行动的预测——帮助营销人员制定更优的决策或者自动执行决策。

图 3-6　领英

3.5.2　营销面对新的机遇与挑战

据产业研究公司高德纳咨询公司称，到 2017 年，首席营销官（CMO）花费在信息技术上的时间将比首席信息官（CIO）还多。营销组织现在更加倾向于自行制定技术决策，IT 部门的参与也越来越少。越来越多的营销人员转而使用基于云端的产品以满足他们的需求。这是因为他们可以多次尝试，如果产品不能发挥效用，就直接抛弃掉。

过去，市场营销费用分为以下三类。

（1）跑市场的人员成本；

（2）创建、运营以及衡量营销活动的成本；

（3）开展这些活动和管理所需的基础设施。

在生产实物产品的公司中，营销人员花钱树立品牌效应，并鼓励消费者采购。消费者采购的场所则包括零售商店、汽车经销店、电影院以及其他实际场所，此外还有网上商城如亚马逊。在出售技术产品的公司中，营销人员往往试图推动潜在客户直接访问他们的网站。例如，一家技术创业公司可能会购买谷歌关键词广告（出现在谷歌网站和所有谷歌出版合作伙伴的网站上的文字广告），希望人们会单击这些广告并访问他们的网站。在网站上，潜在客户可能会试用该公司的产品，或输入其联系信息以下载资料或观看视频，这些活动都有可能促成客户购买该公司的产品。

所有这些活动都会留下包含大量信息的电子记录，记录由此增长了 10 倍。营销人员从众多广告网络和媒体类型中选择了各种广告，他们也可能从客户与公司互动的多种方式中收集到数据。这些互动包括网上聊天会话、电话联系、网站访问量、顾客实际使用的产品的功能，甚至是特定视频的最为流行的某个片段等。从前公司营销系统需要创建和管理营销活动，跟踪业务，向客户收取费用，并提供服务支持的功能，公司通常采用安装企业软件解决方案的形式，但其花费昂贵且难以实施。IT 组织则需要购买硬件、软件和咨询服务，以使全套系统运行，从而支持市场营销、计费和客户服务业务。通过"软件即服务"模型（SaaS，简称为软营模式），基于云计算的产品已经可以运行上述所有活动了。企业不必购买硬件、安装软件、进行维护，便可以在网上获得最新和最优秀的市场营销、客户管理、计费和客户服务的解决方案。

如今，许多公司拥有的大量客户数据都存储在云中，包括企业网站、网站分析、网络广告花费、故障通知单等。很多与公司营销工作相关的内容(如新闻稿、新闻报道、网络研讨会、幻灯片放映以及其他形式的内容)也都在网上。公司在网上提供产品(如在线协作工具或网上支付系统),营销人员就可以通过用户统计和产业信息知道客户或潜在客户浏览过哪项内容。

现在营销人员的挑战和机遇在于将从所有活动中获得的数据汇集起来,使之产生价值。营销人员可以尝试将所有数据输入电子表格中,并做出分析,以确定哪些有效,哪些无用。但是,真正理解数据需要大量的分析。比如,某项新闻发布是否增加了网站访问量?某篇新闻文章是否带来了更多的销售线索?网站访问群体能否归为特定产业部分?什么内容对哪种访客有吸引力?网站上一个按钮移动位置又是否使公司的网站有了更高的顾客转化率?

营销人员的另一个问题是了解客户的价值,尤其是他们可以带来多少盈利。例如,一个客户只花费少量的钱却提出很多支持请求,可能就无利可图。然而,公司很难将故障通知单数据与产品使用数据联系起来,特定客户创造的财政收入信息与获得该客户的成本也不能直接挂钩。

3.5.3 自动化营销

大数据营销要合乎逻辑,不仅要将不同数据源整合到一起,为营销人员提供更佳的仪表盘和解析,还要利用大数据使营销实现自动化。然而,这颇为棘手,因为营销由两个不同的部分组成:创意和投递。

营销的创意部分以设计和内容创造的形式出现。例如,计算机可以显示出红色按钮还是绿色按钮、12 号字体还是 14 号字体可以为公司获得更高的顾客转换率。假如要运作一组潜在的广告,它也能分辨哪些最为有效。如果提供正确的数据,计算机甚至能针对特定的个人信息、文本或图像广告的某些元素进行优化。例如,广告优化系统可以将一条旅游广告个性化,将参观者的城市名称纳入其中:"查找旧金山和纽约之间的最低票价",而非仅仅"查找最低票价"。接着,它就可以确定包含此信息是否会增加转换率。

从理论上来说,个人可以执行这种操作,但对于数以十亿计的人群来说,执行这种自定义根本就不可行,而这正是网络营销的专长。例如,谷歌平均每天服务的广告发布量将近三百亿。大数据系统擅长处理的情况是:大量数据必须迅速处理,迅速发挥作用。

一些解决方案应运而生,它们为客户行为自动建模以提供个性化广告。像 TellApart 公司(一项重新定位应用)这样的解决方案正在将客户数据的自动化分析与基于该数据展示相关广告的功能结合起来。TellApart 公司能识别离开零售商网站的购物者,当他们访问其他网站时,就向他们投递个性化的广告。这种个性化的广告将购物者带回到零售商的网站,通常能促成一笔交易。通过分析购物者的行为,TellApart 公司能够锁定高质量顾客的预期目标,同时排除根本不会购买的人群。

就营销而言,自动化系统主要涉及大规模广告投放和销售线索评分,即基于种种预定因素对潜在客户线索进行评分,比如线索源。这些活动很适合数据挖掘和自动化,因为它们的过程都定义明确,而具体决策有待制定(比如确定一条线索是否有价值)并且结果可以完全自动化(例如选择投放哪种广告)。

大量数据可用于帮助营销人员以及营销系统优化内容创造和投递方式。挑战在于如何使之发挥作用。社会化媒体科学家丹·萨瑞拉已研究了数百万条推文，点"赞"以及分享，并且他还对转发量最多的推文关联词，发博客的最佳时间以及照片、文本、视频和链接的相对重要性进行了定量分析。大数据迎合机器的下一步将是大数据应用程序，将萨瑞拉这样的研究与自动化内容营销活动管理结合起来。

在今后的岁月里，我们将看到智能系统继续发展，遍及营销的方方面面：不仅是为线索评分，还将决定运作哪些营销活动以及何时运作，并且向每位访客呈现个性化的理想网站。营销软件不仅包括帮助人们更好地进行决策的仪表盘而已，借助大数据，营销软件将可以用于运作营销活动并优化营销结果。

3.5.4　为营销创建高容量和高价值的内容

谈到为营销创建内容，大多数公司真正需要创建的内容有两种：高容量和高价值。比如，亚马逊有约 2.48 亿个页面存储在谷歌搜索索引中。这些页面被称为"长尾"。人们并不会经常浏览某个单独的页面，但如果有人搜索某一特定的条目，相关页面就会出现在搜索列表中。消费者搜索产品时，就很有可能看到亚马逊的页面。人类不可能将这些页面通过手动一一创建出来。相反，亚马逊却能为数以百万计的产品清单自动生成网页。创建的页面对单个产品以及类别页面进行描述，其中，类别页面是多种产品的分类。例如，一个耳机的页面上一般列出了所有耳机的类型，附上单独的耳机和耳机的文本介绍。当然，每一页都可以进行测试和优化。

亚马逊的优势在于，它不仅拥有庞大的产品库存（包括其自身的库存和亚马逊合作商户所列的库存），而且也拥有用户生成内容（以商品评论形式存在）的丰富资源库。亚马逊将巨大的大数据源、产品目录以及大量的用户生成内容结合起来。这使得亚马逊不但成为销售商的领导者，也成为优质内容的一个主要来源。除了商品评论，亚马逊还有产品视频、照片（兼由亚马逊提供和用户自备）以及其他形式的内容。亚马逊从两个方面收获这项回报：一是它很可能在搜索引擎的结果中被发现；二是用户认为亚马逊有优质内容（不只是优质产品）就直接登录亚马逊进行产品搜索，从而使顾客更有可能在其网站上购买。

按照传统标准来说，亚马逊并非媒体公司，但它实际上却已转变为媒体公司。就此而言，亚马逊也绝非独树一帜，商务社交网站领英也与其如出一辙。在很短的时间内，"今日领英"（LinkedIn Today）新闻整合服务已经发展成为一个强大的新营销渠道。它将商业社交网站转变为一个权威的内容来源，在这个过程中为网站的用户提供有价值的服务。

过去，当用户想和别人联系或开始搜索新工作时，就会频繁使用领英。"今日领英"新闻整合服务则通过来自网上的新闻和网站用户的更新，使网站更贴近日常生活。通过呈现与用户相关的内容（根据用户兴趣而定），领英比大多数传统媒体网站技高一筹。网站让用户回访的手段是发送每日电子邮件，其中包含最新消息预览。领英已创建了一个大数据内容引擎，而这可以推动新的流量，确保现有用户回访并保持网站的高度吸引力。

3.5.5　内容营销

驱动产品需求和保持良好前景都与内容创作相关：博客文章、信息图表、视频、播客、幻灯片、网络研讨会、案例研究、电子邮件、信息以及其他材料,都是保持内容引擎运行的能源。

内容营销是指把和营销产品一样多的努力投入到为产品创建的内容的营销中去。创建优质内容不再仅仅意味着为特定产品开发案例研究或产品说明书,也包括提供新闻故事、教育材料以及娱乐。

在教育方面,IBM 就有一个网上课程的完整组合。度假租赁网站 Airbnb(图 3-7)创建了 Airbnb TV,以展示其在世界各个城市的房地产,当然,在这个过程中也展示了 Airbnb 本身。你不能再局限于推销产品,还要重视内容营销,所以内容本身也必须引人注目。

图 3-7　Airbnb 服务

3.5.6　内容创作与众包

内容创作似乎是一个艰巨且耗资高昂的任务,但实际并非如此。众包是一种相对简单的方法,它能够将任务进行分配,生成对营销来讲非常重要的非结构化数据:内容。许多公司早已使用众包来为搜索引擎优化(SEO)生成文章,这些文章可以帮助他们在搜索引擎中获得更高的排名。很多人将这样的内容众包与高容量、低价值的内容联系起来。但在今天,高容量、高价值的内容也可能使用众包。众包并不是取代内部内容开发,但它可以将之扩大。现在,各种各样的网站都提供众包服务。亚马逊土耳其机器人(AMT)经常被用于处理内容分类和内容过滤这样的任务,这对计算机而言很难,但对人类来说却很容易。亚马逊自身使用 AMT 来确定产品描述是否与图片相符。其他公司连接 AMT 支持的编程接口,以提供特定垂直服务,如音频和视频转录。

类似 Freelancer.com 和 oDesk.com 这样的网站经常被用来查找软件工程师,或出于搜索引擎优化的目的创造大量低成本文章。而像 99designs 和 Behance 这样的网站则帮助创意专业人士(如平面设计师)展示其作品,内容买家也可以让排队的设计者提供创意作品。同时,跑腿网站跑腿兔(TaskRabbit)这样的公司正在将众包服务应用到线下,例如送外卖、商场内部清洗以及看管宠物等。

专门为网络营销而创造的相对较低价值内容与高价值内容之间的主要区别是后者的权威性。低价值内容往往为搜索引擎提供优质素材,以一篇文章的形式捕捉特定关键词的搜索。相反,高价值内容往往读取或显示更多的专业新闻、教育以及娱乐内容。博客文章、案例研究、思想领导力文章、技术评论、信息图表和视频访谈等都属于这一类。这种内容也正是人们想要分享的类型。此外,如果你的观众知道你拥有新鲜、有趣的内容,那么他们就更有理由频繁回访你的网站,也更有可能对你和你的产品进行持续关注。

这种内容的关键是,它必须具有新闻价值、教育意义或娱乐性,或三者兼具。对于正努力提供这种内容的公司来说,好消息就是众包使之变得比以往任何时候都更容易了。

众包服务可以借由类似 99designs 网站这样的网站形式实现,但并不是必需的。只要你为内容分发网络提供一个网络架构,就可以插入众包服务,生成内容。例如,你可以为自己的网站创建一个博客,编写自己的博客文章;也可以发布贡献者的文章,比如客户和行业专家所撰写的文章。

如果你为自己的网站创建了一个 TV 部分,就可以发布视频,包括自己创作的视频集、源自其他网站(如 YouTube)的视频以及通过众包服务创造的视频。视频制作者可以是自己的员工、承包商或行业专家,他们可以进行自我采访。你也可以以大致相同的方式,对网络研讨会和网络广播进行众包。只需查找为其他网站贡献内容的人,再联系他们,看看他们是否有兴趣加入你的网站即可。使用众包是保持高价值内容生产机器持续运作的有效方式,它只需一个内容策划人或内容经理对这个过程进行管理即可。

3.5.7　用投资回报率评价营销效果

内容创作的另一方面就是分析所有非结构化内容,从而了解它。计算机使用自然语言处理和机器学习算法来理解非结构化文本,如推特每天要处理 5 亿条推文。这种大数据分析被称为"情绪分析"或"意见挖掘"。通过评估人们在线发布的论坛帖子、推文以及其他形式的文本,计算机可以判断消费者关注品牌的正面影响还是负面影响。

然而,尽管出于营销目的的数字媒体得以迅速普及,但是营销测量的投资回报率(ROI)仍然会出现惊人误差。根据一项对 243 位首席营销官和其他高管所做的调查显示,57% 的营销人员制订预算时不采取计算投资回报率的方法。约 68% 的受访者表示,他们基于以往的开支水平制订预算,28% 的受访者表示依靠直觉,而 7% 的受访者表示其营销支出决策不基于任何数据记录。

最先进的营销人员将大数据的力量应用到工作当中——从营销工作中排除不可预测的部分,并继续推动其营销,工作数据化,而其他人将继续依赖于传统的指标(如品牌知名度)或根本没有衡量方法。这意味着两者之间的差距将日益扩大。

营销的核心将仍是创意。最优秀的营销人员将使用大数据优化发送的每封电子邮件、撰写的每一篇博客文章以及制作的每一个视频。最终,营销的每一部分将借助算法变得更好,例如确定合适的营销主题或时间。正如现在华尔街大量的交易都是由金融工程师完成的一样,营销的很大一部分工作也将以相同的方式自动完成。创意将选择整体策略,但金融工程师将负责运作及执行。

当然,优秀的营销不能替代优质的产品。大数据可以帮助你更有效地争取潜在客户,它可以帮助你更好地了解顾客以及他们的消费数额,它还可以帮你优化网站,这样,一旦引起潜在客户的注意,将他们转换为客户的可能性就更大。但是,在这样一个时代,评论以百万条计算,消息像野火一样四处蔓延,单单靠优秀的营销是不够的,提供优质的产品仍然是首要任务。

【延伸阅读】

谷歌联合创始人拉里·佩奇

一夜之间,谷歌替代苹果成了全球市值最大的上市公司。但是不知你有没有意识到这样一个问题,提到苹果我们能想起乔布斯,能议论库克;提到Facebook我们能知道扎克伯格;很多世界级科技公司的创始人我们都很熟悉。但你能说出谷歌的创始人是谁吗?拥有一家体量如此巨大的公司,为何这个创始人的形象在公众面前如此模糊?他又有哪些过人之处,能打造出这样一家全球巨头?这个低调的他,就是谷歌联合创始人拉里·佩奇(Larry Page,图3-8)。

图3-8　谷歌联合创始人拉里·佩奇

讲到拉里·佩奇的低调,有过这样一个故事。几年前,一个负责洛克希德·马丁公司的核聚变项目的工程师无聊地在谷歌某间会议室的沙发上坐着。一个陌生男人走到他面前,蹲下来跟他聊天。他们花了二十分钟聊可持续的巨变反应需要的时间、资金和技术等话题,讨论通过模拟太阳的能量来制造清洁能源的可能性。然后这个工程师意识到自己还不知道对方的名字。询问之后,对方告诉他:我是拉里·佩奇。到这一刻,这个工程师才意识到这个几乎半跪在自己面前的男人就是身价亿万的谷歌联合创始人。"他在报自己名字的时候,完全没有那种责怪我有眼不识泰山的样子。"工程师回忆道。

除了像路人一样出现在自己的公司里。拉里·佩奇还有更多与其他CEO不一样的地方。比如说,他不愿意把时间花在跟公司的投资人在沟通会上讲这讲那,也不喜欢站在聚光灯下介绍公司的新产品。甚至在2013年之后,他就再也没有在公司财报公布后的财务电话会议上出现过。甚至在公司新品的发布会上,你也只能跟着有着丰富狗仔技能的摄影记者在远离人群的角落里,趁他想从门缝中偷偷离开时强行制造"偶遇"。

佩奇尤其不喜欢接受媒体采访。一名苦追他两年多的《纽约时报》记者是这样吐槽的:到现在为止,我只"遇到"过佩奇三次,加起来不到五分钟。其中有一次这名记者在谷歌园区内跟高管聊得正欢,骑自行车经过的佩奇停下来跟他们打招呼,但听到记者的自我介绍以后,他"立刻骑车走开了"。隐遁于公众视线并不意味着他就是一名隐士。在各种机器人技术交流的会议以及TED演讲这类知识分享型的场合,佩奇显得异常活跃。你能看到他忙着跟各种人交流技术,为企业家或者创业者支招解难。

　　硅谷的CEO们通常都是痴迷于各类技术的,但拉里·佩奇跟大家不一样的地方在于,他投入在技术上的精力远远超过了谷歌的核心业务范围,这也在很大程度上反映出了他的个人魅力。他希望把谷歌带向更辽阔的疆域。于是他推动了Alphabet的出现,通过把特别挣钱的谷歌广告业务和无人车、太空旅行、智能城市等目前只烧钱不赚钱的业务拆分开来,他很好地平衡了自己丰富的想象空间和上市公司盈利指标之间的关系。在2012年宣布重组谷歌的时候,他就跟他的创始人小伙伴,也是他在斯坦福大学读博士时的同学谢尔盖·布林说好了,要重新找人找技术,为谷歌(现在称为Alphabet或许更准确一些)瘦身。这样一来,拆分出来的新公司带头人们就会在自己的业务线上拥有更多的自主权。

　　想要理解拉里·佩奇为何会为这些不赚钱的项目如此大动干戈也不难,你只要知道他是怎样的一个好奇宝宝就可以了。一直以来,佩奇都对新奇的事物没有抵抗力。在密歇根大学读书时,他就鼓捣过太阳能汽车、音乐合成器,还建言学校建一条有轨电车。1995年到斯坦福念博士之后,又有了一系列稀奇古怪的想法:能不能让汽车自己行驶起来?能不能用网络超链来让网络搜索更方便。虽然现在看来,这些都不是新鲜事。但是那可是计算机都还没普及的1995年啊!最后,在他的导师Terry Winograd的带领下,佩奇走上了搜索之路。也正是这样才有了后来的谷歌。

　　他的好奇心之大,在谷歌、奥莱利传媒公司以及数码科学共同赞助的邀请制年度大会Sci Foo Camp上表现得最明显。每年,只有受到邀请的人才能参加此大会。这种"非会议(Unconference,议程由参与者推动、创建)"在很大程度上没有什么组织架构。开始时,每一位与会者,既有天文学家、心理学家、物理学家,也有其他领域的精英,把自己感兴趣的事写在一张小卡片上,然后贴在同一面墙上。接下来,这些纸片就成了就科学伦理和人工智能等主题展开热烈讨论的基础。2012年6月,在加利福尼亚州山景城的谷歌园区举办的这种活动上,拉里·佩奇并没有主持会议,也没有发表演讲,而是兴奋地穿梭于各位科学家之间,热烈讨论各种"不着边际"的话题。巴尔的摩太空望远镜科学研究所助理天文学家乔什·皮克说,"我隐约约约记得,当时好像是有个创始人模样的人在人群中来回穿梭。这类活动很少被外人所知,原因很简单:拉里·佩奇这么不喜欢媒体的人,自然不会让新闻媒体来到会场破坏自己的好兴致。

　　在谷歌,佩奇经常会抓着人问各种问题,他的问题包括:这个变压器怎么工作呢?它的动力是怎么输进来的?这个东西的成本包含哪些部分?2012年在财富全球论坛上,佩奇表示他特别喜欢跟着员工往公司的数据中心跑。他常常一人分饰企业家和商人两个角色,不停地思考,这里会有什么商机?另一个他经常思考的问题是,为什么不能把事情做得更大一些?很多从谷歌出来的直接与拉里共事过的人都这样来描述他的管理风格:首先是接受新的技术或者产品理念,然后集中把它们尽可能多地推向不同领域。为什么新版的谷歌不能被用来预测未来生活中可能出现的一切?为什么在已经拥有可以直接购买全世界任何产品的情况下还要单开个账户去买个保险。

　　但企业的成功意味着扩张,最近很多工程师都离开谷歌转投新兴的对手阵营,比如他们选择跳去FB或者优步。佩奇靠自己的魅力留住了一部分人,至少最近的一些迹象表明,通过跟一些年轻人沟通,他开始意识到自己的公司对有企业家精神的年轻人来说正在失去吸引力。正因为如此,他把"现金牛"谷歌的日常管理全权交给了Sundar Pichai。这位新CEO的工作内容不再是研究如何防治癌症或者发送火箭这种新玩意,而是如何维持广告业务继续高速运转,如何在智能机器以及虚拟现实等新兴领域持续创新,同时他也许还需要花费掉几年的时间来克服重重管理困难来理顺新公司的管理制度。至于从这些冗杂的业务中解脱出来的拉里·佩奇,他可以更加自在地放眼于寻找新任千里马以及技术前瞻。当然,为Alphabet的诸多业务寻找合适的CEO是他最急需完成的任务。

梳理佩奇为数不多的公开发言,你会发现他的言论焦点多是关于未来的乐观宣言,以及谷歌帮助人类的迫切愿望。如果被问及当下的一些问题,比如说移动应用对互联网构成了怎样的挑战,或者拦截工具对谷歌业务产生了怎样的影响时,他通常会避重就轻地说,"这个问题人们已经讨论了很长时间"。近来,他更多地谈起了自己的信念,称以盈利为目的的公司可以成为社会公益和变革的驱动力量。2014年在接受采访时,佩奇说,比起非盈利性或者慈善组织,他更愿意把自己的钱留给像马斯克这样的企业家。

2012年第四季度财报中首次披露的核心业务之外的营收数据中,投资者更加清楚地看到了拉里·佩奇的雄心壮志。谷歌将一些非常疯狂而又不太可能实现的项目称为Moonshot,包括无人驾驶汽车、联网气球等。大多数Moonshot项目都还处于早期阶段,还没能产生营收。在2015年,谷歌在这些Moonshot项目上的亏损高达36亿美元。但这个数字跟谷歌的核心业务成本相比起来并不显得那么可怕。根据Alphabet的财报,2015年,谷歌核心业务包括服务器、房地产和人力资源在内的资本支出达到88.5亿美元。

拉里·佩奇最令人称赞的一点是:不管工作多么忙,他都尽可能地让自己的生活正常进行,比如他要开车送孩子们上学,或者带家人一起到当地街头闲逛。在他最后一次登上谷歌I/O的舞台时,他还分享了自己父亲对自己的职业选择的影响,"他会开车带着我和家人,一路穿过全美国,只为了参加机器人技术大会。当我们到达时,他觉得让自己的小儿子参加这个大会是一件非常重要的事,所以他会拉下脸和别人争论大半天,目的只有一个,那就是让一个年龄不足的孩子成功蹭进了大会,而那个孩子便是我。要知道,我的父亲很少和人争论。"

资料来源:腾讯科技,相欣,2013年8月4日

【实验与思考】

大数据营销的优势与核心内涵

1. 实验目的

(1) 深刻理解2012年大数据跨界年度的内涵;

(2) 熟悉世界级大数据企业谷歌、亚马逊、领英等的大数据行动;

(3) 了解大数据营销的主要方法。

2. 工具/准备工作

在开始本实验之前,请认真阅读课程的相关内容。

需要准备一台带有浏览器,能够访问因特网的计算机。

3．实验内容与步骤

（1）为什么说 2012 年是"大数据的跨界年度"？

答：＿＿＿＿＿＿＿＿＿＿＿＿＿＿＿＿＿＿＿＿＿＿＿＿＿＿＿＿＿＿＿＿＿

＿＿＿＿＿＿＿＿＿＿＿＿＿＿＿＿＿＿＿＿＿＿＿＿＿＿＿＿＿＿＿＿＿＿＿＿

＿＿＿＿＿＿＿＿＿＿＿＿＿＿＿＿＿＿＿＿＿＿＿＿＿＿＿＿＿＿＿＿＿＿＿＿

（2）在大数据业务方面,谷歌公司的主要优势有哪些？

答：＿＿＿＿＿＿＿＿＿＿＿＿＿＿＿＿＿＿＿＿＿＿＿＿＿＿＿＿＿＿＿＿＿

＿＿＿＿＿＿＿＿＿＿＿＿＿＿＿＿＿＿＿＿＿＿＿＿＿＿＿＿＿＿＿＿＿＿＿＿

＿＿＿＿＿＿＿＿＿＿＿＿＿＿＿＿＿＿＿＿＿＿＿＿＿＿＿＿＿＿＿＿＿＿＿＿

（3）互联网零售商亚马逊是大数据应用的领先企业,同时也是一个推行大数据的大型技术公司,亚马逊是如何成为世界级大数据技术企业的？

答：＿＿＿＿＿＿＿＿＿＿＿＿＿＿＿＿＿＿＿＿＿＿＿＿＿＿＿＿＿＿＿＿＿

＿＿＿＿＿＿＿＿＿＿＿＿＿＿＿＿＿＿＿＿＿＿＿＿＿＿＿＿＿＿＿＿＿＿＿＿

＿＿＿＿＿＿＿＿＿＿＿＿＿＿＿＿＿＿＿＿＿＿＿＿＿＿＿＿＿＿＿＿＿＿＿＿

（4）请仔细阅读 3.5 节,研究并简述：大数据营销的优势和核心内容是什么？

答：＿＿＿＿＿＿＿＿＿＿＿＿＿＿＿＿＿＿＿＿＿＿＿＿＿＿＿＿＿＿＿＿＿

＿＿＿＿＿＿＿＿＿＿＿＿＿＿＿＿＿＿＿＿＿＿＿＿＿＿＿＿＿＿＿＿＿＿＿＿

＿＿＿＿＿＿＿＿＿＿＿＿＿＿＿＿＿＿＿＿＿＿＿＿＿＿＿＿＿＿＿＿＿＿＿＿

＿＿＿＿＿＿＿＿＿＿＿＿＿＿＿＿＿＿＿＿＿＿＿＿＿＿＿＿＿＿＿＿＿＿＿＿

＿＿＿＿＿＿＿＿＿＿＿＿＿＿＿＿＿＿＿＿＿＿＿＿＿＿＿＿＿＿＿＿＿＿＿＿

＿＿＿＿＿＿＿＿＿＿＿＿＿＿＿＿＿＿＿＿＿＿＿＿＿＿＿＿＿＿＿＿＿＿＿＿

＿＿＿＿＿＿＿＿＿＿＿＿＿＿＿＿＿＿＿＿＿＿＿＿＿＿＿＿＿＿＿＿＿＿＿＿

（5）搜索并浏览商业社交网站领英（LinkedIn）,了解该网站是如何在世界范围内开展职场服务的？ 领英与 Facebook、推特、微信等社交网站有什么不同？

答：＿＿＿＿＿＿＿＿＿＿＿＿＿＿＿＿＿＿＿＿＿＿＿＿＿＿＿＿＿＿＿＿＿

＿＿＿＿＿＿＿＿＿＿＿＿＿＿＿＿＿＿＿＿＿＿＿＿＿＿＿＿＿＿＿＿＿＿＿＿

＿＿＿＿＿＿＿＿＿＿＿＿＿＿＿＿＿＿＿＿＿＿＿＿＿＿＿＿＿＿＿＿＿＿＿＿

＿＿＿＿＿＿＿＿＿＿＿＿＿＿＿＿＿＿＿＿＿＿＿＿＿＿＿＿＿＿＿＿＿＿＿＿

＿＿＿＿＿＿＿＿＿＿＿＿＿＿＿＿＿＿＿＿＿＿＿＿＿＿＿＿＿＿＿＿＿＿＿＿

4. 实验总结

_____

_____

_____

_____

5. 实验评价（教师）

_____

_____

大数据时代的思维变革

【导读案例】

亚马逊推荐系统

虽然亚马逊的故事大多数人都耳熟能详，但只有少数人知道它早期的书评内容最初是由人工完成的。当时，它聘请了一个由二十多名书评家和编辑组成的团队，他们写书评、推荐新书，挑选非常有特色的新书标题放在亚马逊的网页上。这个团队创立了"亚马逊的声音"这个版块，成为当时公司皇冠上的一颗宝石，是其竞争优势的重要来源。《华尔街日报》的一篇文章中热情地称他们为全美最有影响力的书评家，因为他们使得书籍销量猛增。

亚马逊公司的创始人及总裁杰夫·贝索斯决定尝试一个极富创造力的想法：根据客户个人以前的购物喜好，为其推荐相关的书籍。

从一开始，亚马逊就从每一个客户那里收集了大量的数据。比如说，他们购买了什么书籍？哪些书他们只浏览却没有购买？他们浏览了多久？哪些书是他们一起购买的？客户的信息数据量非常大，所以亚马逊必须先用传统的方法对其进行处理，通过样本分析找到客户之间的相似性。但这些推荐信息是非常原始的，就如同你在买一件婴儿用品时，会被淹没在一堆差不多的婴儿用品中一样。詹姆断·马库斯回忆说："推荐信息往往为你提供与你以前购买物品有微小差异的产品，并且循环往复。"

亚马逊的格雷格·林登很快就找到了一个解决方案。他意识到，推荐系统实际上并没有必要把顾客与其他顾客进行对比，这样做其实在技术上也比较烦琐。它需要做的是找到产品之间的关联性。1998年，林登和他的同事申请了著名的"item-to-item"协同过滤技术的专利。方法的转变使技术发生了翻天覆地的变化。

因为估算可以提前进行，所以推荐系统不仅快，而且适用于各种各样的产品。因此，当亚马逊跨界销售除书以外的其他商品时，也可以对电影或烤面包机这些产品进行推荐。由于系统中使用了所有的数据，推荐会更理想。林登回忆道："在组里有句玩笑话，说的是如果系统运作良好，亚马逊应该只推荐你一本书，而这本书就是你将要买的下一本书。"

现在，公司必须决定什么应该出现在网站上。是亚马逊内部书评家写的个人建议和评论，还是由机器生成的个性化推荐和畅销书排行榜？

林登做了一个关于评论家所创造的销售业绩和计算机生成内容所产生的销售业绩的对比测试，结果他发现两者之间相差甚远。他解释说，通过数据推荐产品所增加的销售远远超过书评家的贡献。计算机可能不知道为什么喜欢海明威作品的客户会购买菲茨杰拉德的书。但是这似乎并不重要，重要的是销量。最后，编辑们看到了销售额分析，亚马逊也不得不放弃每次的在线评论，最终，书评组被解散了。林登回忆说："书评团队被打败、被解散，我感到非常难过。但是，数据没有说谎，人工评论的成本是非常高的。"

如今，据说亚马逊销售额的三分之一都来自于它的个性化推荐系统。有了它，亚马逊不仅使很多大型书店和音乐唱片商店歇业，而且当地数百个自认为有自己风格的书商也难免受转型之风的影响。

知道人们为什么对这些信息感兴趣可能是有用的，但这个问题目前并不是很重要。但是，知道"是什么"可以创造点击率，这种洞察力足以重塑很多行业，不只是电子商务。所有行业中的销售人员早就被告知，他们需要了解是什么让客户做出了选择，要把握客户做决定背后的真正原因，因此专业技能和多年的经验受到高度重视。大数据却显示，还有另外一个在某些方面更有用的方法。亚马逊的推荐系统梳理出了有趣的相关关系，但不知道背后的原因——知道是什么就够了，没必要知道为什么。

阅读上文，请思考、分析并简单记录：

(1) 你熟悉亚马逊等电商网站的推荐系统吗？请列举一个这样的实例（你选择购买什么商品，网站又给你推荐了其他什么商品）。

答：_____

_____

_____

(2) 亚马逊书评组和林登推荐系统各自成功的基础是什么？

答：_____

_____

_____

_____

(3) 为什么书评组最终输给了推荐系统？请说说你的观点。

答：_____

_____

_____

(4) 请简单描述你所知道的上一周内发生的国际、国内或者身边的大事。

答：_____

_____

_____

_____

4.1　大数据时代的大挑战

人类使用数据已经有相当长一段时间了,无论是日常进行的大量非正式观察,还是过去几个世纪以来在专业层面上用高级算法进行的量化研究,都与数据有关。

在数字化时代,数据处理变得更加容易、更加快速,人们能够在瞬间处理成千上万的数据。而"大数据"全在于发现和理解信息内容及信息与信息之间的关系。

实际上,大数据的精髓在于我们分析信息时的三个转变,这些转变将改变我们理解和组建社会的方法,这三个转变是相互联系和相互作用的。

第一个转变就是,在大数据时代,我们可以分析更多的数据,有时候甚至可以处理和某个特别现象相关的所有数据,而不再是只依赖于随机采样。19 世纪以来,当面临大量数据时,社会都依赖于采样分析。但是采样分析是信息缺乏时代和信息流通受限制的模拟数据时代的产物。以前我们通常把这看成是理所当然的限制,但高性能数字技术的流行让我们意识到,这其实是一种人为的限制。与局限在小数据范围相比,使用一切数据为我们带来了更高的精确性,也让我们看到了一些以前无法发现的细节——大数据让我们更清楚地看到了样本无法揭示的细节信息。

第二个转变就是,研究数据如此之多,以至于我们不再热衷于追求精确度。当我们测量事物的能力受限时,关注最重要的事情和获取最精确的结果是可取的。直到今天,我们的数字技术依然建立在精准的基础上。我们假设只要电子数据表格把数据排序,数据库引擎就可以找出和我们检索的内容完全一致的检索记录。

这种思维方式适用于掌握"小数据量"的情况,因为需要分析的数据很少,所以我们必须尽可能精准地量化我们的记录。在某些方面,我们已经意识到了差别。例如,一个小商店在晚上打烊的时候要把收银台里的每分钱都数清楚,但是我们不会、也不可能用"分"这个单位去精确度量国民生产总值。随着规模的扩大,对精确度的痴迷将减弱。

达到精确需要有专业的数据库。针对小数据量和特定事情,追求精确性依然是可行的,比如一个人的银行账户上是否有足够的钱开具支票。但是,在这个大数据时代,很多时候,追求精确度已经变得不可行,甚至不受欢迎了。当我们拥有海量即时数据时,绝对的精准不再是我们追求的主要目标。大数据纷繁多样,优劣掺杂,分布在全球多个服务器上。拥有了大数据,我们不再需要对一个现象刨根究底,只要掌握大体的发展方向即可。当然,我们也不是完全放弃了精确度,只是不再沉迷于此。适当忽略微观层面上的精确度会让我们在宏观层面拥有更好的洞察力。

第三个转变即我们不再热衷于寻找因果关系。这是因前两个转变而促成的。寻找因果关系是人类长久以来的习惯,即使确定因果关系很困难而且用途不大,人类还是习惯性地寻找缘由。相反,在大数据时代,我们无须再紧盯事物之间的因果关系,而应该寻找事物之间的相关关系,这会给我们提供非常新颖且有价值的观点。相关关系也许不能准确地告知我们某件事情为何会发生,但是它会提醒我们这件事情正在发生。在许多情况下,这种提醒的帮助已经足够大了。

如果数百万条电子医疗记录显示橙汁和阿司匹林的特定组合可以治疗癌症,那么找出具体的药理机制就没有这种治疗方法本身来得重要。同样,只要我们知道什么时候是买机票的最佳时机,就算不知道机票价格疯狂变动的原因也无所谓了。大数据告诉我们"是什么"而不是"为什么"。在大数据时代,我们不必知道现象背后的原因,我们只要让数据自己发声。我们不再需要在还没有收集数据之前,就把分析建立在早已设立的少量假设的基础之上。让数据发声,我们会注意到很多以前从来没有意识到的联系的存在。

4.2 转变之一: 样本=总体

大数据时代的第一个转变,是要分析与某事物相关的所有数据,而不是依靠分析少量的数据样本。

很长以来,因为记录、储存和分析数据的工具不够好,为了让分析变得简单,人们会把数据量缩减到最少,人们依据少量数据进行分析,而准确分析大量数据一直都是一种挑战。如今,信息技术的条件已经有了非常大的提高,虽然人类可以处理的数据依然是有限的,但是可以处理的数据量已经大大地增加,而且未来会越来越多。

在某些方面,人们依然没有完全意识到自己拥有了能够收集和处理更大规模数据的能力,还是在信息匮乏的假设下做很多事情,假定自己只能收集到少量信息。这是一个自我实现的过程。人们甚至发展了一些使用尽可能少的信息的技术。例如,统计学的一个目的就是用尽可能少的数据来证实尽可能重大的发现。事实上,我们形成了一种习惯,那就是在制度、处理过程和激励机制中尽可能地减少数据的使用。

4.2.1 小数据时代的随机采样

数千年来,政府一直都试图通过收集信息来管理国民,只是到最近,小企业和个人才有可能拥有大规模收集和分类数据的能力,而此前,大规模的计数则是政府的事情。

以人口普查为例。据说古代埃及曾进行过人口普查,《旧约》和《新约》中对此都有所提及。那次由奥古斯都恺撒[①](图 4-1)主导实施的人口普查,提出了"每个人都必须纳税"。

1086 年的《末日审判书》对当时英国的人口、土地和财产做了一个前所未有的全面记载。皇家委员穿越整个国家对每个人、每

图 4-1　奥古斯都恺撒

---

① 盖乌斯·屋大维,全名盖乌斯·尤里乌斯·恺撒·奥古斯都(前 63 年 9 月 23 日—14 年 8 月 19 日),原名盖乌斯·屋大维·图里努斯,罗马帝国的开国君主,元首政制的创始人,统治罗马长达 43 年,是世界历史上最为重要的人物之一。他是恺撒的甥孙,公元前 44 年被恺撒收为养子并指定为继承人,恺撒被刺后登上政治舞台。公元前 1 世纪,他平息了企图分裂罗马共和国的内战,被元老院赐封为"奥古斯都",并改组罗马政府,给罗马世界带来了两个世纪的和平与繁荣。14 年 8 月,在他去世后,罗马元老院决定将他列入"神"的行列。

件事都做了记载,后来这本书用《圣经》中的《末日审判书》命名,因为每个人的生活都被赤裸裸地记载下来的过程就像接受"最后的审判"一样。然而,人口普查是一项耗资且费时的事情,尽管如此,当时收集的信息也只是一个大概情况,实施人口普查的人也知道他们不可能准确记录下每个人的信息。实际上,"人口普查"这个词来源于拉丁语的"censere",本意就是推测、估算。

三百多年前,一个名叫约翰·格朗特的英国缝纫用品商提出了一个很有新意的方法,来推算出鼠疫时期①伦敦的人口数,这种方法就是后来的统计学。这个方法不需要一个人一个人地计算。虽然这个方法比较粗糙,但采用这个方法,人们可以利用少量有用的样本信息来获取人口的整体情况。虽然后来证实他能够得出正确的数据仅仅是因为运气好,但在当时他的方法大受欢迎。样本分析法一直都有较大的漏洞,因此,无论是进行人口普查还是其他大数据类的任务,人们还是一直使用清点这种"野蛮"的方法。

考虑到人口普查的复杂性以及耗时耗费的特点,政府极少进行普查。古罗马在拥有数十万人口的时候每 5 年普查一次。美国宪法规定每 10 年进行一次人口普查,而随着国家人口越来越多,只能以百万计数。但是到 19 世纪为止,即使这样不频繁的人口普查依然很困难,因为数据变化的速度超过了人口普查局统计分析的能力。

中国的人口调查有近四千年的历史,留下了丰富的人口史料。但是,在封建制度下,历代政府都是为了征税、抽丁等才进行人口调查,因而隐瞒匿报人口的现象十分严重,调查统计的口径也很不一致。具有近代意义的人口普查,在 1949 年以前有过两次:①清宣统元年(1909)进行的人口清查;②民国 17 年(1928)国民政府试行的全国人口调查。前者多数省仅调查户数而无人口数,推算出当时中国人口约为 3.7 亿多人,包括边民户数总计约为 4 亿人口。后者只规定调查常住人口,没有规定标准时间。经过三年时间,也只对13 个省进行了调查,其他未调查的省的人数只进行了估算。调查加估算的结果,全国人口约为 4.75 亿人。

新中国建立后,先后于 1953、1964 和 1982 年举行过三次人口普查。1990 年人口普查是第四次全国人口普查。前三次人口普查是不定期进行的,自 1990 年开始改为定期进行。根据《中华人民共和国统计法实施细则》和国务院的决定以及国务院 2010 年颁布的《全国人口普查条例》规定,人口普查每 10 年进行一次,尾数逢 0 的年份为普查年度(图 4-2)。两次普查之间,进行一次简易人口普查。2020 年为第 7 次全国人口普

图 4-2　中国人口普查

① **鼠疫时期**:鼠疫也称黑死病,它第一次袭击英国是在 1348 年,此后断断续续延续了三百多年,当时英国有近 1/3 的人口死于鼠疫。到 1665 年,这场鼠疫肆虐了整个欧洲,几近疯狂。仅伦敦地区就死亡六七万人以上。1665 年的 6 月至 8 月的仅仅三个月内,伦敦的人口就减少了十分之一。到 1665 年 8 月,每周死亡达 2000 人,9 月竟达 8000 人。鼠疫由伦敦向外蔓延,英国王室逃出伦敦,市内的富人也携家带口匆匆出逃,居民纷纷用马车装载着行李,疏散到了乡间。

查时间。

新中国第一次人口普查的标准时间是 1953 年 6 月 30 日 24 时,所谓人口普查的标准时间,就是规定一个时间点,无论普查员入户登记在哪一天进行,登记的人口及其各种特征都是反映那个时间点上的情况。根据上述规定,不管普查员在哪天进行入户登记,普查对象所申报的都应该是标准时间的情况。通过这个标准时间,所有普查员普查登记完成后,经过汇总就可以得到全国人口的总数和各种人口状况的数据。1953 年 11 月 1 日发布了人口普查的主要数据,当时全国人口总数为 601 938 035 人。

第六次人口普查的标准时间是 2010 年 11 月 1 日零时。2011 年 4 月,发布了第六次全国人口普查主要数据。此次人口普查登记的全国总人口为 1 339 724 852 人。比 2000年第五次人口普查相比,10 年增加 7390 万人,增长 5.84%,年平均增长 0.57%,比1990—2000 年年均 1.07%的增长率下降了 0.5 个百分点。

美国在 1880 年进行的人口普查,耗时 8 年才完成数据汇总。因此,他们获得的很多数据都是过时的。1890 年进行的人口普查,预计要花费 13 年的时间来汇总数据。然而,因为税收分摊和国会代表人数确定都是建立在人口的基础上的,必须获得正确且及时的数据。很明显,当人们被数据淹没的时候,已有的数据处理工具已经难以应付了,所以就需要有新技术。后来,美国人口普查局就和美国发明家赫尔曼·霍尔瑞斯(被称为现代自动计算之父)签订了一个协议,用他的穿孔卡片制表机(图 4-3)来完成 1890 年的人口普查。

图 4-3　霍尔瑞斯普查机

经过大量的努力,霍尔瑞斯成功地在一年时间内完成了人口普查的数据汇总工作。这简直就是一个奇迹,它标志着自动处理数据的开端,也为后来 IBM 公司的成立奠定了基础。但是,将其作为收集处理大数据的方法依然过于昂贵。毕竟,每个美国人都必须填一张可制成穿孔卡片的表格,然后再进行统计。这么麻烦的情况下,很难想象如果不足 10 年就要进行一次人口普查应该怎么办。对于一个跨越式发展的国家而言,10 年一次的人口普查的滞后性已经让普查失去了大部分意义。

这就是问题所在,是利用所有的数据还是仅采用一部分呢?最明智的自然是得到有关被分析事物的所有数据,但是当数量无比庞大时,这又不太现实。那如何选择样本呢?有人提出有目的地选择最具代表性的样本是最恰当的方法。1934 年,波兰统计学家耶日·奈曼指出,这只会导致更多更大的漏洞。事实证明,问题的关键是选择样本时的随机性。

统计学家们证明:采样分析的精确性随着采样随机性的增加而大幅提高,但与样本数量的增加关系不大。虽然听起来很不可思议,但事实上,研究表明,当样本数量达到了某个值之后,我们从新个体身上得到的信息会越来越少,就如同经济学中的边际效应递减一样。

认为样本选择的随机性比样本数量更重要，这种观点是非常有见地的。这种观点为我们开辟了一条收集信息的新道路。通过收集随机样本，可以用较少的花费做出高精准度的推断。因此，政府每年都可以用随机采样的方法进行小规模的人口普查，而不是只能每 10 年进行一次。事实上，政府也这样做了。例如，除了 10 年一次的人口大普查，美国人口普查局每年都会用随机采样的方法对经济和人口进行二百多次小规模的调查。当收集和分析数据都不容易时，随机采样就成为应对信息采集困难的办法。

在商业领域，随机采样被用来监管商品质量。这使得监管商品质量和提升商品品质变得更容易，花费也更少。以前，全面的质量监管要求对生产出来的每个产品进行检查，而现在只需从一批商品中随机抽取部分样品进行检查就可以了。本质上来说，随机采样让大数据问题变得更加切实可行。同理，它将客户调查引进了零售行业，将焦点讨论引进了政治界，也将许多人文问题变成了社会科学问题。

随机采样取得了巨大的成功，成为现代社会、现代测量领域的主心骨。但这只是一条捷径，是在不可收集和分析全部数据的情况下的选择，它本身存在许多固有的缺陷。它的成功依赖于采样的绝对随机性，但是实现采样的随机性非常困难。一旦采样过程中存在任何偏见，分析结果就会相去甚远。

在美国总统大选中，以固定电话用户为基础进行投票民调就面临了这样的问题，采样缺乏随机性，因为没有考虑到只使用移动电话的用户——这些用户一般更年轻和更热爱自由，不考虑这些用户，自然就得不到正确的预测。2008 年在奥巴马与麦凯恩之间进行的美国总统大选中，盖洛普咨询公司、皮尤研究中心、美国广播公司和《华盛顿邮报》报社这些主要的民调组织都发现，如果不把移动用户考虑进来，民意测试的结果就会出现三个点的偏差，而一旦考虑进来，偏差就只有一个点。鉴于这次大选的票数差距极其微弱，这已经是非常大的偏差了。

更糟糕的是，随机采样不适合考察子类别的情况。因为一旦继续细分，随机采样结果的错误率会大大增加。因此，当人们想了解更深层次的细分领域的情况时，随机采样的方法就不可取了。在宏观领域起作用的方法在微观领域失去了作用。随机采样就像是模拟照片打印，远看很不错，但是一旦聚焦某个点，就会变得模糊不清。

随机采样也需要严密的安排和执行。人们只能从采样数据中得出事先设计好的问题的结果。所以虽说随机采样是一条捷径，但它并不适用于一切情况，因为这种调查结果缺乏延展性，即调查得出的数据不可以重新分析以实现计划之外的目的。

4.2.2　大数据与乔布斯的癌症治疗

我们来看一下 DNA 分析。由于技术成本大幅下跌以及在医学方面的广阔前景，个人基因排序成为一门新兴产业（图 4-4）。从 2007 年起，硅谷的新兴科技公司 23andMe 就开始分析人类基因，价格仅为几百美元。这可以揭示出人类遗传密码中一些会导致其对某些疾病抵抗力差的特征，如乳腺癌和心脏病。23andMe 希望能通过整合顾客的 DNA 和健康信息，了解到用其他方式不能获取的新信息。公司对某人的一小部分 DNA 进行排序，标注出几十个特定的基因缺陷。这只是该人整个基因密码的样本，还有几十亿个基因碱基对未排序。最后，23andMe 只能回答其标注过的基因组表现出来的问题。发现新标注时,该人的 DNA 必须重新排序,更准确地说,是相关的部分必须重新排列。只研究样本而不是整体,有利有弊:能更快更容易地发现问题,但不能回答事先未考虑到的问题。

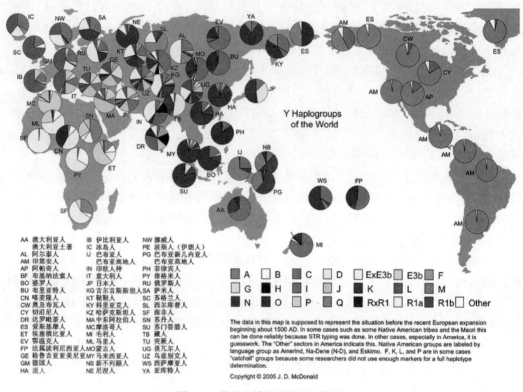

图 4-4　世界民族基因总图(美国)

　　苹果公司的传奇总裁史蒂夫·乔布斯在与癌症斗争的过程中采用了不同的方式,成为世界上第一个对自身所有 DNA 和肿瘤 DNA 进行排序的人。为此,他支付了高达几十万美元的费用,这是 23andMe 报价的几百倍之多。所以,他得到的不是一个只有一系列标记的样本,他得到了包括整个基因密码的数据文档。

　　对于一个普通的癌症患者,医生只能期望他的 DNA 排列同试验中使用的样本足够相似。但是,史蒂夫·乔布斯的医生们能够基于乔布斯的特定基因组成,按所需效果用药。如果癌症病变导致药物失效,医生可以及时更换另一种药。乔布斯曾经开玩笑地说:"我要么是第一个通过这种方式战胜癌症的人,要么就是最后一个因为这种方式死于癌症的人。"虽然他的愿望都没有实现,但是这种获得所有数据而不仅是样本的方法还是将他的生命延长了好几年。

4.2.3　全数据模式:样本=总体

　　采样的目的是用最少的数据得到最多的信息,而当我们可以获得海量数据的时候,它就没有什么意义了。如今,计算和制表不再像过去一样困难。感应器、手机导航、网站点击和微信等被动地收集了大量数据,而计算机可以轻易地对这些数据进行处理。但是,数据处理技术已经发生了翻天覆地的改变,但人们的方法和思维却没有跟上这种改变。

采样忽视细节考察的缺陷现在越来越难以被忽视了。在很多领域,从收集部分数据到收集尽可能多的数据的转变已经发生了。如果可能的话,我们会收集所有的数据,即"样本＝总体"。

"样本＝总体"是指我们能对数据进行深度探讨。在上面提到的有关采样的例子中,用采样的方法分析情况,正确率可达 97％。对于某些事物来说,3％的错误率是可以接受的。但是你无法得到一些微观细节的信息,甚至还会失去对某些特定子类别进行进一步研究的能力。我们不能满足于正态分布一般中庸平凡的景象。生活中有很多事情经常藏匿在细节之中,而采样分析法却无法捕捉到这些细节。

谷歌流感趋势预测(参见第 5 章的"【导读案例】大数据变革公共卫生")不是依赖于随机样本,而是分析了全美国几十亿条互联网检索记录。分析整个数据库,而不是对一个小样本进行分析,能够提高微观层面分析的准确性,甚至能够推测出某个特定城市的流感状况。所以,我们现在经常会放弃样本分析这条捷径,选择收集全面而完整的数据。我们需要足够的数据处理和存储能力,也需要最先进的分析技术。同时,简单廉价的数据收集方法也很重要。过去,这些问题中的任何一个都很棘手。在一个资源有限的时代,要解决这些问题需要付出很高的代价。但是现在,解决这些难题已经变得简单容易得多。曾经只有大公司才能做到的事情,现在绝大部分的公司都可以做到了。

通过使用所有的数据,可以发现如若不然则将会在大量数据中淹没掉的情况。例如,信用卡诈骗是通过观察异常情况来识别的,只有掌握了所有的数据才能做到这一点。在这种情况下,异常值是最有用的信息,可以把它与正常交易情况进行对比。这是一个大数据问题。而且,因为交易是即时的,所以数据分析也应该是即时的。

然而,使用所有的数据并不代表这是一项艰巨的任务。大数据中的"大"不是绝对意义上的大,虽然在大多数情况下是这个意思。谷歌流感趋势预测建立在数亿的数学模型上,而它们又建立在数十亿数据节点的基础之上。完整的人体基因组有约 30 亿个碱基对。但这只是单纯的数据节点的绝对数量,不代表它们就是大数据。大数据是指不用随机分析法这样的捷径,而采用所有数据的方法。谷歌流感趋势和乔布斯的医生们采取的就是大数据的方法。

因为大数据是建立在掌握所有数据,至少是尽可能多的数据的基础上的,所以我们就可以正确地考察细节并进行新的分析。在任何细微的层面,都可以用大数据去论证新的假设。是大数据让我们发现了流感的传播区域和对抗癌症需要针对的那部分 DNA。它让我们能清楚分析微观层面的情况。

当然,有些时候,还是可以使用样本分析法,毕竟我们仍然活在一个资源有限的时代。但是更多时候,利用手中掌握的所有数据成为最好也是可行的选择。

社会科学是被"样本＝总体"撼动得最厉害的学科。随着大数据分析取代了样本分析,社会科学不再单纯依赖于分析实证数据。这门学科过去曾非常依赖样本分析、研究和调查问卷。当记录下来的是人们的平常状态,也就不用担心在做研究和调查问卷时存在的偏见了。现在,我们可以收集过去无法收集到的信息,不管是通过移动电话表现出的关系,还是通过推特信息表现出的感情。更重要的是,我们现在也不再依赖抽样调查了。

我们总是习惯把统计抽样看作文明得以建立的牢固基石,就如同几何学定理和万有引力定律一样。但是统计抽样其实只是为了在技术受限的特定时期,解决当时存在的一些特定问题而产生的,其历史尚不足一百年。如今,技术环境已经有了很大的改善。在大数据时代进行抽样分析就像是在汽车时代骑马一样。在某些特定的情况下,我们依然可以使用样本分析法,但这不再是我们分析数据的主要方式。慢慢地,我们会完全抛弃样本分析。

4.3 转变之二：接受数据的混杂性

大数据时代的第二个转变,是我们乐于接受数据的纷繁复杂,而不再一味追求其精确性。在越来越多的情况下,使用所有可获取的数据变得更为可能,但为此也要付出一定的代价。数据量的大幅增加会造成结果的不准确,与此同时,一些错误的数据也会混进数据库。然而,重点是我们能够努力避免这些问题。我们从不认为这些问题是无法避免的,而且也正在学会接受它们。

4.3.1 允许不精确

对“小数据”而言,最基本、最重要的要求就是减少错误,保证质量。因为收集的信息量比较少,所以必须确保记录下来的数据尽量精确。无论是确定天体的位置还是观测显微镜下物体的大小,为了使结果更加准确,很多科学家都致力于优化测量的工具。在采样的时候,对精确度的要求就更高更苛刻了。因为收集信息的有限意味着细微的错误会被放大,甚至有可能影响整个结果的准确性。

历史上很多时候,人们会把通过测量世界来征服世界视为最大的成就。事实上,对精确度的高要求始于 13 世纪中期的欧洲。那时候,天文学家和学者对时间、空间的研究采取了比以往更为精确的量化方式,用历史学家阿尔弗雷德·克罗斯比的话来说就是“测量现实”。后来,测量方法逐渐被运用到科学观察、解释方法中,体现为一种进行量化研究、记录,并呈现可重复结果的能力。伟大的物理学家开尔文男爵曾说过:“测量就是认知。”这已成为一条至理名言。同时,很多数学家以及后来的精算师和会计师都发展了可以准确收集、记录和管理数据的方法。

然而,在不断涌现的新情况里,允许不精确的出现已经成为一个亮点,而非缺点。因为放松了容错的标准,人们掌握的数据也多了起来,还可以利用这些数据做更多新的事情。这样就不是大量数据优于少量数据那么简单了,而是大量数据创造了更好的结果。

同时,我们需要与各种各样的混乱做斗争。混乱,简单地说就是随着数据的增加,错误率也会相应增加。所以,如果桥梁的压力数据量增加 1000 倍的话,其中的部分读数就可能是错误的,而且随着读数量的增加,错误率可能也会继续增加。在整合来源不同的各类信息的时候,因为它们通常不完全一致,所以也会加大混乱程度。

混乱还可以指格式的不一致性,因为要达到格式一致,就需要在进行数据处理之前仔细地清洗数据,而这在大数据背景下很难做到。例如,I. B. M. 、T. J. Watson Labs、International Business Machines 都可以用来指代 IBM,甚至可能有成千上万种方法称呼 IBM。

当然,在萃取或处理数据的时候,混乱也会发生。因为在进行数据转化的时候,我们是在把它变成另外的事物。比如,假设要测量一个葡萄园的温度①,但是整个葡萄园只有一个温度测量仪,那就必须确保这个测量仪是精确的而且能够一直工作。反过来,如果每100 棵葡萄树就有一个测量仪,有些测试的数据可能会是错误的,可能会更加混乱,但众多的读数合起来就可以提供一个更加准确的结果。因为这里面包含更多的数据,而它不仅能抵消掉错误数据造成的影响,还能提供更多的额外价值。

再来想想增加读数频率的这个事情。如果每隔一分钟就测量一下温度,我们至少还能够保证测量结果是按照时间有序排列的。如果变成每分钟测量十次甚至百次的话,不仅读数可能出错,连时间先后都可能搞混掉。试想,如果信息在网络中流动,那么一条记录很可能在传输过程中被延迟,在其到达的时候已经没有意义了,甚至干脆在奔涌的信息洪流中彻底迷失。虽然我们得到的信息不再那么准确,但收集到的数量庞大的信息让我们放弃严格精确的选择变得更为划算。

可见,为了获得更广泛的数据而牺牲了精确性,也因此看到了很多如若不然无法被关注到的细节。或者,为了高频率而放弃了精确性,结果观察到了一些本可能被错过的变化。虽然如果我们能够下足够多的工夫,这些错误是可以避免的,但在很多情况下,与致力于避免错误相比,对错误的包容会带给我们更多好处。

"大数据"通常用概率说话。我们可以在大量数据对计算机其他领域进步的重要性上看到类似的变化。我们都知道,如摩尔定律所预测的,过去一段时间里计算机的数据处理能力得到了很大的提高。摩尔定律认为,每块芯片上晶体管的数量每两年就会翻一倍。这使得计算机运行更快速了,存储空间更大了。大家没有意识到的是,驱动各类系统的算法也进步了,有报告显示,在很多领域这些算法带来的进步还要胜过芯片的进步。然而,社会从"大数据"中所能得到的,并非来自运行更快的芯片或更好的算法,而是更多的数据。

由于象棋的规则家喻户晓,且走子限制良多,在过去的几十年里,象棋算法的变化很小。计算机象棋程序总是步步为赢是由于对残局掌握得更好了,而之所以能做到这一点也只是因为往系统里加入了更多的数据。实际上,当棋盘上只剩下 6 枚棋子或更少的时候,这个残局得到了全面的分析,并且接下来所有可能的走法(样本=总体)都被制入了一个庞大的数据表格。这个数据表格如果不压缩的话,会有 1TB 那么多。所以,计算机在这些重要的象棋残局中表现得完美无缺和不可战胜。

大数据在多大程度上优于算法,这个问题在自然语言处理上表现得很明显(这是关于

---

① 温度是葡萄生长发育的重要因素。葡萄是温带植物,对热量要求高,但不同发育阶段对温度的要求不同。当气温升到 10℃以上时,欧洲品种先开始萌芽。新梢生长的最适温度为 25～30℃;开花期的最适温度为 20～28℃,品种间稍有差异,夜间最低温不低于 14℃,否则授粉受精不良;浆果生长不低于 20℃,低于 20℃,浆果生长缓慢,成熟期推迟;果实成熟期为 25～30℃,当低于 14℃时不能正常成熟,成熟期的昼夜温差应大于 10℃,这样有利于糖分的积累和品质的提高。生长期温度高于 40℃,对葡萄会造成伤害。零下 5℃以下低温根部会受冻。葡萄的生长发育还受大于10℃以上活动积温的影响。不同成熟期的品种对活动积温的要求不同。在露地条件下,寒冷地区由于活动积温量低,晚熟和极晚熟品种不能正常成熟,只能栽植早熟和中熟品种。在温室条件下可不受此限制。

计算机如何学习和领悟我们在日常生活中使用语言的学科方向）。2000 年,微软研究中心的米歇尔·班科和埃里克·布里尔一直在寻求改进 Word 程序中语法检查的方法。但是他们不能确定是努力改进现有的算法、研发新的方法,还是添加更加细腻精致的特点更有效。所以,在实施这些措施之前,他们决定往现有的算法中添加更多的数据,看看会有什么不同的变化。很多对计算机学习算法的研究都建立在百万字左右的语料库基础上。最后,他们决定往 4 种常见的算法中逐渐添加数据,先是一千万字,再到一亿字,最后到十亿。

结果有点儿令人吃惊。他们发现,随着数据的增多,4 种算法的表现都大幅提高了。当数据只有 500 万的时候,有一种简单的算法表现得很差,但当数据达 10 亿的时候,它变成了表现最好的,准确率从原来的 75％提高到了 95％以上。与之相反的,在少量数据情况下运行得最好的算法,当加入更多的数据时,也会像其他的算法一样有所提高,但是却变成了在大量数据条件下运行得最不好的。它的准确率会从 86％提高到 94％。

后来,班科和布里尔在他们发表的研究论文中写到,"如此一来,我们得重新衡量一下更多的人力物力是应该消耗在算法发展上还是在语料库发展上。"

4.3.2　大数据的简单算法与小数据的复杂算法

20 世纪 40 年代,计算机由真空管制成,要占据整个房间这么大的空间。而机器翻译也只是计算机开发人员的一个想法。在冷战时期,美国掌握了大量关于前苏联的各种资料,但缺少翻译这些资料的人员。所以,计算机翻译也成了亟待解决的问题。

最初,计算机研发人员打算将语法规则和双语词典结合在一起。1954 年,IBM 以计算机中的 250 个词语和 6 条语法规则为基础,将 60 个俄语词组翻译成了英语,结果振奋人心。IBM 701 通过穿孔卡片读取了一句话,并将其译成了"我们通过语言来交流思想"。在庆祝这个成就的发布会上,一篇报道就有提到,这 60 句话翻译得很流畅。这个程序的指挥官利昂·多斯特尔特表示,他相信"在三五年后,机器翻译将会变得很成熟"。

事实证明,计算机翻译最初的成功误导了人们。1966 年,一群机器翻译的研究人员意识到,翻译比他们想象的更困难,他们不得不承认自己的失败。机器翻译不能只是让计算机熟悉常用规则,还必须教会计算机处理特殊的语言情况。毕竟,翻译不只是记忆和复述,也涉及选词,而明确地教会计算机这些非常不现实。

在 20 世纪 80 年代后期,IBM 的研发人员提出了一个新的想法。与单纯教给计算机语言规则和词汇相比,他们试图让计算机自己估算一个词或一个词组适合于用来翻译另一种语言中的一个词和词组的可能性,然后再决定某个词和词组在另一种语言中的对等词和词组。

20 世纪 90 年代,IBM 这个名为 Candide 的项目花费了大概十年的时间,将大约有300 万句之多的加拿大议会资料译成了英语和法语并出版。由于是官方文件,翻译的标准就非常高。用那个时候的标准来看,数据量非常庞大。统计机器学习从诞生之日起,就聪明地把翻译的挑战变成了一个数学问题,而这似乎很有效!计算机翻译能力在短时间内就提高了很多。然而,在这次飞跃之后,IBM 公司尽管投入了很多资金,但取得的成效不大。最终,IBM 公司停止了这个项目。

2006 年,谷歌公司也开始涉足机器翻译。这被当作实现"收集全世界的数据资源,并让人人都可享受这些资源"这个目标的一个步骤。谷歌翻译开始利用一个更大更繁杂的数据库,也就是全球的互联网,而不再只利用两种语言之间的文本翻译。

为了训练计算机,谷歌翻译系统会吸收它能找到的所有翻译。它会从各种各样语言的公司网站上寻找对译文档,还会去寻找联合国和欧盟这些国际组织发布的官方文件和报告的译本。它甚至会吸收速读项目中的书籍翻译。谷歌翻译部的负责人弗朗兹·奥齐是机器翻译界的权威,他指出,"谷歌的翻译系统不会像 Candide 一样只是仔细地翻译 300 万句话,它会掌握用不同语言翻译的质量参差不齐的数十亿页的文档。"不考虑翻译质量的话,上万亿的语料库就相当于 950 亿句英语。

尽管其输入源很混乱,但较其他翻译系统而言,谷歌的翻译质量相对而言还是最好的,而且可翻译的内容更多。到 2012 年年中,谷歌数据库涵盖了六十多种语言,甚至能够接受 14 种语言的语音输入,并有很流利的对等翻译。之所以能做到这些,是因为它将语言视为能够判别可能性的数据,而不是语言本身。如果要将印度语译成加泰罗尼亚语,谷歌就会把英语作为中介语言。因为在翻译的时候它能适当增减词汇,所以谷歌的翻译比其他系统的翻译灵活很多。

谷歌的翻译之所以更好并不是因为它拥有一个更好的算法机制。和微软的班科和布里尔一样,这是因为谷歌翻译增加了很多各种各样的数据。从谷歌的例子来看,它之所以能比 IBM 的 Candide 系统多利用成千上万的数据,是因为它接受了有错误的数据。2006 年,谷歌发布的上万亿的语料库,就是来自于互联网的一些废弃内容。这就是"训练集",可以正确地推算出英语词汇搭配在一起的可能性。

谷歌公司人工智能专家彼得·诺维格在一篇题为《数据的非理性效果》的文章中写道,"大数据基础上的简单算法比小数据基础上的复杂算法更加有效。"他们指出,混杂是关键。

"由于谷歌语料库的内容来自于未经过滤的网页内容,所以会包含一些不完整的句子、拼写错误、语法错误以及其他各种错误。况且,它也没有详细的人工纠错后的注解。但是,谷歌语料库的数据优势完全压倒了缺点。"

4.3.3　纷繁的数据越多越好

通常传统的统计学家都很难容忍错误数据的存在,在收集样本的时候,他们会用一整套的策略来减少错误发生的概率。在结果公布之前,他们也会测试样本是否存在潜在的系统性偏差。这些策略包括根据协议或通过受过专门训练的专家来采集样本。但是,即使只是少量的数据,这些规避错误的策略实施起来还是耗费巨大。尤其是当我们收集所有数据的时候,这就行不通了。不仅是因为耗费巨大,还因为在大规模的基础上保持数据收集标准的一致性不太现实。

大数据时代要求我们重新审视数据精确性的优劣。如果将传统的思维模式运用于数字化、网络化的 21 世纪,就有可能错过重要的信息。

如今,我们已经生活在信息时代。我们掌握的数据库越来越全面,它包括与这些现象相关的大量甚至全部数据。我们不再需要那么担心某个数据点对整套分析的不利影响。

我们要做的就是要接受这些纷繁的数据并从中受益,而不是以高昂的代价消除所有的不确定性。

图 4-5　炼油厂

在华盛顿州布莱恩市的英国石油公司(BP)切里波因特炼油厂(图 4-5)里,无线感应器遍布于整个工厂,形成无形的网络,能够产生大量实时数据。在这里,酷热的恶劣环境和电气设备的存在有时会对感应器读数有所影响,形成错误的数据。但是数据生成的数量之多可以弥补这些小错误。随时监测管道的承压使得 BP 能够了解到,有些种类的原油比其他种类更具有腐蚀性。以前,这都是无法发现也无法防止的。

有时候,当我们掌握了大量新型数据时,精确性就不那么重要了,我们同样可以掌握事情的发展趋势。大数据不仅让我们不再期待精确性,也让我们无法实现精确性。然而,除了一开始会与我们的直觉相矛盾之外,接受数据的不精确和不完美,反而能够更好地进行预测,也能够更好地理解这个世界。

值得注意的是,错误性并不是大数据本身固有的特性,而是一个急需我们去处理的现实问题,并且有可能长期存在。它只是我们用来测量、记录和交流数据的工具的一个缺陷。如果说哪天技术变得完美无缺了,不精确的问题也就不复存在了。因为拥有更大数据量所能带来的商业利益远远超过增加一点儿精确性,所以通常我们不会再花大力气去提升数据的精确性。这又是一个关注焦点的转变,正如以前,统计学家们总是把他们的兴趣放在提高样本的随机性而不是数量上。如今,大数据给我们带来的利益,让我们能够接受不精确的存在了。

4.3.4　混杂性是标准途径

长期以来,人们一直用分类法和索引法来帮助自己存储和检索数据资源。这样的分级系统通常都不完善。而在"小数据"范围内,这些方法就很有效,但一旦把数据规模增加好几个数量级,这些预设一切都各就各位的系统就会崩溃。

相片分享网站 Flickr[①] 在 2011 年拥有来自大概一亿用户的 60 亿张照片(图 4-6)。根据预先设定好的分类来标注每张照片就没有意义了。恰恰相反,清楚的分类被更混乱却更灵活的机制所取代了。这些机制才能适应改变着的世界。

当我们上传照片到 Flickr 网站的时候,我们会给照片添加标签,也就是使用一组文本标签来编组和搜索这些资源。人们用自己的方式创造和使用标签,所以它是没有标准、没有预先设定的排列和分类,也没有我们所必须遵守的类别规定。任何人都可以输入新的

---

① Flickr,雅虎旗下图片分享网站。由加拿大 Ludicorp 公司开发设计。2004 年 2 月正式发表 Flickr 网站。早期的 Flickr 是一个具有即时交换照片功能的多人聊天室,可供分享照片。后来,研发工作者集中在使用者的上传和归档功能,聊天室渐渐被忽略了。除了许多使用者在 Flickr 上分享他们的私人照片,该服务也可作为网络图片的存放空间,受到许多网络作者喜爱。在 Flickr,人们能够将照片标上标签(Tag)并且以此方式浏览。2013 年 5 月,Flickr 进行了大幅改版,彻底改变了外观和感觉,而且升级了 Android 应用,并增加了存储空间。

图 4-6　Flickr 年度热门图片

标签,标签内容事实上就成为网络资源的分类标准。标签被广泛地应用于 Facebook、博客等社交网络上。因为它们的存在,互联网上的资源变得更加容易找到,特别是像图片、视频和音乐这些无法用关键词搜索的非文本类资源。

当然,有时人们错标的标签会导致资源编组的不准确,这会让习惯了精确性的人们很痛苦。但是,我们用来编组照片集的混乱方法给我们带来了很多好处。比如,我们拥有了更加丰富的标签内容,同时能更深更广地获得各种照片。我们可以通过合并多个搜索标签来过滤需要寻找的照片,这在以前是无法完成的。我们添加标签时所带来的不准确性从某种意义上说明我们能够接受世界的纷繁复杂。这是对更加精确系统的一种对抗。这些精确的系统试图让我们接受一个世界贫乏而规整的惨象——假装世间万物都是整齐地排列的。而事实上现实是纷繁复杂的,天地间存在的事物也远远多于系统所设想的。

互联网上最火的网址都表明,它们欣赏不精确而不会假装精确。当一个人在网站上见到一个 Facebook 的"喜欢"按钮时,可以看到有多少其他人也在点击。当数量不多时,会显示像"63"这种精确的数字。当数量很大时,则只会显示近似值,比方说"4000"。这并不代表系统不知道正确的数据是多少,只是当数量规模变大的时候,确切的数量已经不那么重要了。另外,数据更新得非常快,甚至在刚刚显示出来的时候可能就已经过时了。所以,同样的原理适用于时间的显示。电子邮箱会确切标注在很短时间内收到的信件,比方说"11 分钟之前"。但是,对于已经收到一段时间的信件,则会标注如"两个小时之前"这种不太确切的时间信息。

如今,要想获得大规模数据带来的好处,混乱应该是一种标准途径,而不应该是竭力避免的。

4.3.5　新的数据库设计

传统的关系数据库是为小数据的时代设计的,所以能够也需要仔细策划。在那个时代,人们遇到的问题无比清晰,数据库被设计用来有效地回答这些问题。

传统的数据库引擎要求数据高度精确和准确排列。数据不是单纯地被存储,它往往被划分为包含"域"(字段)的记录,每个域都包含特定种类和特定长度的信息。比方说,某个数值域被设定为 7 位数长,一个 1000 万或者更大的数值就无法被记录。一个人想在某个记录手机号码的域中输入一串汉字是"不被允许"的。想要被允许,则需要改变数据库结构才可以。索引是事先就设定好了的,这也就限制了人们的搜索。增加一个新的索引往往很耗费时间,因为需要改变底层的设计。预设场域显示的是数据的整齐排列。最普遍的数据库查询语言是结构化查询语言(SQL)。

但是,这种数据存储和分析的方法越来越和现实相冲突。我们发现,不精确已经开始渗入数据库设计这个最不能容忍错误的领域。我们现在拥有各种各样、参差不齐的海量数据。很少有数据完全符合预先设定的数据种类。而且,我们想要数据回答的问题,也只有在我们收集和处理数据的过程中才全知道。这些现实条件导致了新的数据库设计的诞生。

近年的大转变是非关系型数据库的出现,它不需要预先设定记录结构,允许处理超大量五花八门的数据。因为包容了结构多样性,这些数据库设计要求更多的处理和存储资源。帕特·赫兰德是来自微软的世界上最权威的数据库设计专家之一,他把这称为一个重大的转变。他分析了被各种各样质量参差不齐的数据所侵蚀的传统数据库设计的核心原则,他认为,处理海量数据会不可避免地导致部分信息的缺失。虽然这本来就是有"损耗性"的,但是能快速得到想要的结果弥补了这个缺陷。

传统数据库的设计要求在不同的时间提供一致的结果。比方说,如果你查询账户结余,它会提供确切的数目;而你几秒钟之后查询的时候,系统应该提供同样的结果,没有任何改变。但是,随着数据数量的大幅增加以及系统用户的增加,这种一致性将越来越难保持。

大的数据库并不是固定在某个地方的,它一般分散在多个硬盘和多台计算机上。为了确保其运行的稳定性和速度,一个记录可能会分开存储在两三个地方。如果一个地方的记录更新了,其他地方的记录则只有同步更新才不会产生错误。传统的系统会一直等到所有地方的记录都更新,然而,当数据广泛地分布在多台服务器上而且服务器每秒钟都会接受成千上万条搜索指令的时候,同步更新就比较不现实了。因此,多样性是一种解决的方法。

最能代表这个转变的,就是 Hadoop 的流行。Hadoop 是与谷歌的 MapReduce 系统相对应的开源式分布系统的基础架构,它非常善于处理超大量的数据。通过把大数据变成小模块,然后分配给其他机器进行分析,它实现了对超大量数据的处理。它预见到硬件可能会瘫痪,所以在内部建立了数据的副本,它还假定数据量之大导致数据在处理之前不可能整齐排列。典型的数据分析需要经过"萃取、转移和下载"这样一个操作流程,但是 Hadoop 不拘泥于这样的方式。相反,它假定了数据量的巨大使得数据完全无法移动,所以人们必须在本地进行数据分析。

Hadoop 的输出结果没有关系型数据库输出结果那么精确,它不能用于卫星发射、开具银行账户明细这种精确度要求很高的任务。但是对于不要求极端精确的任务,它就比其他系统运行得快很多,比如说把顾客分群,然后分别进行不同的营销活动。

信用卡公司 VISA 使用 Hadoop,能够将处理两年内 730 亿单交易所需的时间,从一个月缩减至仅仅 13 分钟。这样大规模处理时间上的缩减足以变革商业了。也许 Hadoop 不适合正规记账,但是当可以允许少量错误的时候它就非常实用。接受混乱,我们就能享受极其有用的服务,这些服务如果使用传统方法和工具是不可能做到的,因为那些方法和工具处理不了这么大规模的数据。

4.3.6　5％的数字数据与95％的非结构化数据

据估计,只有5％的数字数据是结构化的且能适用于传统数据库。如果不接受混乱,剩下95％的非结构化数据都无法被利用,比如网页和视频资源。通过接受不精确性,我们打开了一个从未涉足的世界的窗户。

我们怎么看待使用所有数据和使用部分数据的差别,以及我们怎样选择放松要求并取代严格的精确性,将会对我们与世界的沟通产生深刻的影响。随着大数据技术成为日常生活中的一部分,我们应该开始从一个比以前更大更全面的角度来理解事物,也就是说应该将"样本＝总体"植入我们的思维中。

现在,我们能够容忍模糊和不确定出现在一些过去依赖于清晰和精确的顿域,当然过去可能也只是有清晰的假象和不完全的精确。只要我们能够得到一个事物更完整的概念,我们就能接受模糊和不确定的存在。就像印象派的画风一样(图4-7),近看画中的每一笔都感觉是混乱的,但是退后一步就会发现这是一幅伟大的作品,因为退后一步的时候就能看出画作的整体思路了。

图4-7　印象派画作

相比依赖于小数据和精确性的时代,大数据因为更强调数据的完整性和混杂性,帮助我们进一步接近事实的真相。"部分"和"确切"的吸引力是可以理解的。但是,当我们的视野局限在我们可以分析和能够确定的数据上时,我们对世界的整体理解就可能产生偏差和错误。不仅失去了去尽力收集一切数据的动力,也失去了从各个不同角度来观察事物的权利。所以,局限于狭隘的小数据中,我们可以自豪于对精确性的追求,但是就算我们可以分析得到细节中的细节,也依然会错过事物的全貌。

大数据要求我们有所改变,我们必须能够接受混乱和不确定性。精确性似乎一直是我们生活的支撑,但认为每个问题只有一个答案的想法是站不住脚的。

4.4　转变之三:数据的相关关系

在传统观念下,人们总是致力于找到一切事情发生背后的原因。然而在很多时候,寻找数据间的关联并利用这种关联就足够了。这些思想上的重大转变导致了第三个变革,我们尝试着不再探求难以捉摸的因果关系,转而关注事物的相关关系。

4.4.1　关联物,预测的关键

虽然在小数据世界中相关关系也是有用的,但如今在大数据的背景下,相关关系大放异彩。通过应用相关关系,我们可以比以前更容易、更快捷、更清楚地分析事物。

所谓相关关系,其核心是指量化两个数据值之间的数理关系。相关关系强是指当一个数据值增加时,另一个数据值很有可能也会随之增加。我们已经看到过这种很强的相关关系,比如谷歌流感趋势:在一个特定的地理位置,越多的人通过谷歌搜索特定的词条,该地区就有更多的人患了流感。相反,相关关系弱就意味着当一个数据值增加时,另一个数据值几乎不会发生变化。例如,我们可以寻找关于个人的鞋码和幸福的相关关系,但会发现它们几乎扯不上什么关系。

相关关系通过识别有用的关联物来帮助人们分析一个现象,而不是通过揭示其内部的运作机制。当然,即使是很强的相关关系也不一定能解释每一种情况,比如两个事物看上去行为相似,但很有可能只是巧合。相关关系没有绝对,只有可能性。也就是说,不是亚马逊推荐的每本书都是顾客想买的书。但是,如果相关关系强,一个相关链接成功的概率是很高的。这一点很多人可以证明,他们的书架上有很多书都是因为亚马逊推荐而购买的。

通过找到一个现象的良好的关联物,相关关系可以帮助人们捕捉现在和预测未来。如果 A 和 B 经常一起发生,我们只需要注意到 B 发生了,就可以预测 A 也发生了。这有助于我们捕捉可能和 A 一起发生的事情,即使我们不能直接测量或观察到 A。更重要的是,它还可以帮助我们预测未来可能发生什么。当然,相关关系是无法预知未来的,它们只能预测可能发生的事情。但是,这已经极其珍贵了。

2004 年,沃尔玛对历史交易记录这个庞大的数据库进行了观察,这个数据库记录不仅包括每一个顾客的购物清单以及消费额,还包括购物篮中的物品、具体购买时间,甚至购买当日的天气。沃尔玛公司注意到,每当在季节性飓风来临之箭,不仅手电筒销售量增加了,而且 POP-Tarts 蛋挞(美式含糖早餐零食)的销量也增加了。因此,当季节性风暴来临时,沃尔玛会把库存的蛋挞放在靠近飓风用品的位置,以方便行色匆匆的顾客从而增加销量。

在大数据时代来临前很久,相关关系就已经被证明大有用途。这个观点是 1888 年查尔斯·达尔文的表弟弗朗西斯·高尔顿爵士提出的,因为他注意到人的身高和前臂的长度有关系。相关关系背后的数学计算是直接而又有活力的,这是相关关系的本质特征,也是让相关关系成为最广泛应用的统计计量方法的原因。但是在大数据时代之前,相关关系的应用很少。因为数据很少而且收集数据很费时费力,所以统计学家们喜欢找到一个关联物,然后收集与之相关的数据进行相关关系分析来评测这个关联物的优劣。那么,如何寻找这个关联物呢?

除了仅依靠相关关系,专家们还会使用一些建立在理论基础上的假想来指导自己选择适当的关联物。这些理论就是一些抽象的观点,关于事物是怎样运作的。然后收集与关联物相关的数据来进行相关关系分析,以证明这个关联物是否真的合适。如果不合适,人们通常会固执地再次尝试,因为担心可能是数据收集的错误,而最终却不得不承认一开始的假想甚至假想建立的基础都是有缺陷和必须修改的。这种对假想的反复试验促进了学科的发展。但是这种发展非常缓慢,因为个人以及团体的偏见会蒙蔽人们的双眼,导致人们在设立假想、应用假想和选择关联物的过程中犯错误。总之,这是一个烦琐的过程,只适用于小数据时代。

在大数据时代,通过建立在人的偏见基础上的关联物监测法已经不再可行,因为数据库太大而且需要考虑的领域太复杂。幸运的是,许多迫使人们选择假想分析法的限制条件也逐渐消失了。我们现在拥有如此多的数据,这么好的机器计算能力,因而不再需要人工选择一个关联物或者一小部分相似数据来逐一分析了。复杂的机器分析能为人们辨认出谁是最好的代理,就像在谷歌流感趋势中,计算机把检索词条在5亿个数学模型上进行测试之后,准确地找出了哪些是与流感传播最相关的词条。

人们理解世界不再需要建立在假设的基础上,这个假设是指针对现象建立的有关其产生机制和内在机理的假设。因此,也不需要建立这样一个假设,关于哪些词条可以表示流感在何时何地传播;不需要了解航空公司怎样给机票定价;不需要知道沃尔玛的顾客的烹饪喜好。取而代之的是,可以对大数据进行相关关系分析,从而知道哪些检索词条是最能显示流感的传播的,飞机票的价格是否会飞涨,哪些食物是飓风期间待在家里的人最想吃的。我们用数据驱动的关于大数据的相关关系分析法,取代了基于假想的易出错的方法。大数据的相关关系分析法更准确、更快,而且不易受偏见的影响。

建立在相关关系分析法基础上的预测是大数据的核心。这种预测发生的频率非常高,以至于人们经常忽略了它的创新性。当然,它的应用会越来越多。

大数据相关关系分析的极致,非美国折扣零售商塔吉特(Target)莫属了。该公司使用大数据的相关关系分析已经有多年。《纽约时报》的记者查尔奢·杜西格就在一份报道中阐述了塔吉特公司怎样在完全不和准妈妈对话的前提下,预测一个女性会在什么时候怀孕。基本上来说,就是收集一个人可以收集到的所有数据,然后通过相关关系分析得出事情的真实状况。

对于零售商来说,知道一个顾客是否怀孕是非常重要的。因为这是一对夫妻改变消费观念的开始,也是一对夫妻生活的分水岭。他们会开始光顾以前不会去的商店,渐渐对新的品牌建立忠诚。塔吉特公司的市场专员们向分析部求助,看是否有什么办法能够通过一个人的购物方式发现她是否怀孕。公司的分析团队首先查看了签署婴儿礼物登记簿的女性的消费记录。塔吉特公司注意到,登记簿上的妇女会在怀孕大概第三个月的时候买很多无香乳液。几个月之后,她们会买一些营养品,比如镁、钙、锌。公司最终找出了大概二十多种关联物,这些关联物可以给顾客进行"怀孕趋势"评分。这些相关关系甚至使得零售商能够比较准确地预测预产期,这样就能够在孕期的每个阶段给客户寄送相应的优惠券,这才是塔吉特公司的目的。

在社会环境下寻找关联物只是大数据分析法采取的一种方式。同样有用的一种方法是,通过找出新种类数据之间的相互联系来解决日常需要。比方说,一种称为预测分析法的方法就被广泛地应用于商业领域,它可以预测事件的发生。这可以指一个能发现可能的流行歌曲的算法系统——音乐界广泛采用这种方法来确保它们看好的歌曲真的会流行;也可以指那些用来防止机器失效和建筑倒塌的方法。现在,在机器、发动机和桥梁等基础设施上放置传感器变得越来越平常了,这些传感器被用来记录散发的热量、振幅、承压和发出的声音等。

一个东西要出故障,不会是瞬间的,而是慢慢地出问题的。通过收集所有的数据,可以预先捕捉到事物要出故障的信号,比方说发动机的嗡嗡声、引擎过热都说明它们可能要出故障了。系统把这些异常情况与正常情况进行对比，就会知道什么地方出了毛病。通过尽早地发现异常，系统可以提醒人们在故障之前更换零件或者修复问题。通过找出一个关联物并监控它，就能预测未来。

4.4.2 "是什么"，而不是"为什么"

在小数据时代，相关关系分析和因果分析都不容易，耗费巨大，都要从建立假设开始，然后进行实验——这个假设要么被证实要么被推翻。但是，由于两者都始于假设，这些分析就都有受偏见影响的可能，极易导致错误。与此同时，用来做相关关系分析的数据很难得到。

另一方面，在小数据时代，由于计算机能力的不足，大部分相关关系分析仅限于寻求线性关系。而事实上，实际情况远比人们所想象的要复杂。经过复杂的分析，能够发现数据的"非线性关系"。

多年来，经济学家和政治家一直认为收入水平和幸福感是成正比的。从数据图表上可以看到，虽然统计工具呈现的是一种线性关系，但事实上，它们之间存在一种更复杂的动态关系：例如，对于收入水平在一万美元以下的人来说，一旦收入增加，幸福感会随之提升；但对于收入水平在一万美元以上的人来说，幸福感并不会随着收入水平提高而提升。如果能发现这层关系，我们看到的就应该是一条曲线，而不是统计工具分析出来的直线。

这个发现对决策者来说非常重要。如果只看到线性关系的话，那么政策重心应完全放在增加收入上，因为这样才能增加全民的幸福感。而一旦察觉到这种非线性关系，策略的重心就会变成提高低收入人群的收入水平，因为这样明显更划算。

当相关关系变得更复杂时，一切就更混乱了。比如，各地麻疹疫苗接种率的差别与人们在医疗保健上的花费似乎有关联。但是，哈佛与麻省理工的联合研究小组发现，这种关联不是简单的线性关系，而是一个复杂的曲线图。和预期相同的是，随着人们在医疗上花费的增多，麻疹疫苗接种率的差别会变小；但令人惊讶的是，当增加到一定程度时，这种差别又会变大。发现这种关系对公共卫生官员来说非常重要，但是普通的线性关系分析无法捕捉到这个重要信息。

大数据时代，专家们正在研发能发现并对比分析非线性关系的技术工具。一系列飞速发展的新技术和新软件也从多方面提高了相关关系分析工具发现非因果关系的能力。这些新的分析工具和思路为我们展现了一系列新的视野被有用的预测，我们看到了很多以前不曾注意到的联系，还掌握了以前无法理解的复杂技术和社会动态。但最重要的是，通过去探求"是什么"而不是"为什么"，相关关系帮助人们更好地了解了这个世界。

4.4.3 通过因果关系了解世界

传统情况下，人类是通过因果关系了解世界的。

首先，我们的直接愿望就是了解因果关系。即使无因果联系存在，我们也还是会假定其存在。研究证明，这只是人们的认知方式，与每个人的文化背景、生长环境以及教育水平无关。当我们看到两件事情接连发生的时候，会习惯性地从因果关系的角度来看待它们。看看下面的三句话："弗雷德的父母迟到了;供应商快到了;弗雷德生气了。"

我们读到这里时,可能立马就会想到弗雷德生气并不是因为供应商快到了,而是他父母迟到了的缘故。实际上,我们也不知道到底是什么情况。即便如此,我们还是不禁认为这些假设的因果关系是成立的。

普林斯顿大学心理学专家,同时也是 2002 年诺贝尔经济学奖得主丹尼尔·卡尼曼就是用这个例子证明了人有两种思维模式。第一种是不费力的快速思维,通过这种思维方式几秒钟就能得出结果;另一种是比较费力的慢性思维,对于特定的问题,需要考虑到位。

快速思维模式使人们偏向用因果联系来看待周围的一切,即使这种关系并不存在。这是人们对已有的知识和信仰的执著。在古代,这种快速思维模式是很有用的,它能帮助人们在信息量缺乏却必须快速做出决定的危险情况下化险为夷。但是,通常这种因果关系都是并不存在的。

卡尼曼指出,平时生活中,由于惰性,人们很少慢条斯理地思考问题,所以快速思维模式就占据了上风。因此,人们会经常臆想出一些因果关系,最终导致了对世界的错误理解。

父母经常告诉孩子,天冷时不戴帽子和手套就会感冒。然而,事实上,感冒和穿戴之间却没有直接的联系。有时,我们在某个餐馆用餐后生病了,就会自然而然地觉得这是餐馆食物的问题,以后可能就不再去这家餐馆了。事实上,我们肚子痛也许是因为其他的传染途径,比如和患者握过手之类的。然而,我们的快速思维模式使我们直接将其归于任何我们能在第一时间想起来的因果关系,因此,这经常导致我们做出错误的决定。

与常识相反,经常凭借直觉而来的因果关系并没有帮助人们加深对这个世界的理解。很多时候,这种认知捷径只是给了我们一种自己已经理解的错觉,但实际上,我们因此完全陷入了理解误区之中。就像采样是我们无法处理全部数据时的捷径一样,这种找因果关系的方法也是我们大脑用来避免辛苦思考的捷径。

在小数据时代,很难证明由直觉而来的因果联系是错误的。现在,情况不一样了。将来,大数据之间的相关关系,将经常会用来证明直觉的因果联系是错误的。最终也能表明,统计关系也不蕴含多少真实的因果关系。总之,人们的快速思维模式将会遭受各种各样的现实考验。

为了更好地了解世界,我们会因此更加努力地思考。但是,即使是我们用来发现因果关系的第二种思维方式——慢性思维,也将因为大数据之间的相关关系迎来大的改变。

日常生活中,人们习惯性地用因果关系来考虑事情,所以会认为,因果联系是浅显易寻的。但事实却并非如此。与相关关系不一样,即使用数学这种比较直接的方式,因果联系也很难被轻易证明。我们也不能用标准的等式将因果关系表达清楚。因此,即使我们慢慢思考,想要发现因果关系也是很困难的。因为我们已经习惯了信息的匮乏,故此也习惯了在少量数据的基础上进行推理思考,即使大部分时候很多因素都会削弱特定的因果关系。

就拿狂犬疫苗这个例子来说,1885 年 7 月 6 日,法国化学家路易·巴斯德接诊了一个 9 岁的小孩约瑟夫·梅斯特,他被带有狂犬病毒的狗咬了。那时,巴斯德刚刚研发出狂犬疫苗,也实验验证过效果了。梅斯特的父母就恳求巴斯德给他们的儿子注射一针。巴斯德做了,梅斯特活了下来。发布会上,巴斯德因为把一个小男孩从死神手中救出而大受褒奖。

但真的是因为他吗?事实证明,一般来说,人被狂犬病狗咬后患上狂犬病的概率只有七分之一。即使巴斯德的疫苗有效,这也只适用于七分之一的案例中。无论如何,就算没有狂犬疫苗,这个小男孩活下来的概率还是有 85%。

在这个例子中,大家都认为是注射疫苗救了梅斯特一命。但这里却有两个因果关系值得商榷。第一个是疫苗和狂犬病毒之间的因果关系,第二个就是被带有狂犬病毒的狗咬和患狂犬病之间的因果关系。即便是说疫苗能够医好狂犬病,第二个因果关系也只适用于极少数情况。

不过,科学家已经克服了用实验来证明因果关系的难题。实验是通过是否有诱因这两种情况,分别来观察所产生的结果是不是和真实情况相符,如果相符就说明确实存在因果关系。这个衡量假说的验证情况控制得越严格,你就会发现因果关系越有可能是真实存在的。

因此,与相关关系一样,因果关系被完全证实的可能几乎是没有的,我们只能说,某两者之间很有可能存在因果关系。但两者之间又有不同,证明因果关系的实验要么不切实际,要么违背社会伦理道德。比方说,怎么从 5 亿词条中找出和流感传播最相关的呢?难道真能为了找出被咬和患病之间的因果关系而置成百上千的病人的生命于不顾吗?因为实验会要求把部分病人当成未被咬的"控制组"成员来对待,但是就算给这些病人打了疫苗,又能保证万无一失吗?而且就算这些实验可以操作,操作成本也非常昂贵。

4.4.4 通过相关关系了解世界

不像因果关系,证明相关关系的实验耗资少,费时也少。与之相比,分析相关关系,我们既有数学方法,也有统计学方法,同时,数字工具也能帮我们准确地找出相关关系。

相关关系分析本身意义重大,同时它也为研究因果关系奠定了基础。通过找出可能相关的事物,我们可以在此基础上进行进一步的因果关系分析。如果存在因果关系的话,再进一步找出原因。这种便捷的机制通过实验降低了因果分析的成本。我们也可以从相互联系中找到一些重要的变量,这些变量可以用到验证因果关系的实验中去。

可是,我们必须非常认真。相关关系很有用,不仅是因为它能为我们提供新的视角,而且提供的视角都很清晰。而一旦把因果关系考虑进来,这些视角就有可能被蒙蔽掉。

例如,Kaggle,一家为所有人提供数据挖掘竞赛平台的公司,举办了关于二手车的质量竞赛。二手车经销商将二手车数据提供给参加比赛的统计学家,统计学家们用这些数据建立一个算法系统来预测经销商拍卖的哪些车有可能出现质量问题。相关关系分析表明,橙色的车有质量问题的可能性只有其他车的一半。

当我们读到这里的时候,不禁也会思考其中的原因。难道是因为橙色车的车主更爱车,所以车被保护得更好吗?或是这种颜色的车子在制造方面更精良些吗?还是因为橙色的车更显眼、出车祸的概率更小,所以转手的时候,各方面的性能保持得更好?

马上,我们就陷入了各种各样谜一样的假设中。若要找出相关关系,可以用数学方法,但如果是因果关系,这却是行不通的。所以,没必要一定要找出相关关系背后的原因,当我们知道了"是什么"的时候，"为什么"其实没那么重要了，否则就会催生一些滑稽的想法。比方说上面提到的例子里，是不是应该建议车主把车漆成橙色呢？毕竟，这样就说明车子的质量更过硬啊！

考虑到这些，如果把以确凿数据为基础的相关关系和通过快速思维构想出的因果关系相比的话，前者就更具有说服力。但在越来越多的情况下，快速清晰的相关关系分析甚至比慢速的因果分析更有用和更有效。慢速的因果分析集中体现为通过严格控制的实验来验证的因果关系，而这必然是非常耗时耗力的。

近年来，科学家一直在试图减少这些实验的花费，比如说，通过巧妙地结合相似的调查，做成"类似实验"。这样一来，因果关系的调查成本就降低了，但还是很难与相关关系体现的优越性相抗衡。还有，正如之前提到的，在专家进行因果关系的调查时，相关关系分析本来就会起到帮助的作用。

在大多数情况下，一旦完成了对大数据的相关关系分析，而又不再满足于仅仅知道"是什么"时，我们就会继续向更深层次研究因果关系，找出背后的"为什么"。

因果关系还是有用的，但是它将不再被看成是意义来源的基础。在大数据时代，即使很多情况下，我们依然指望用因果关系来说明我们所发现的相互联系，但是，我们知道因果关系只是一种特殊的相关关系。相反，大数据推动了相关关系分析。相关关系分析通常情况下能取代因果关系起作用，即使在不可取代的情况下，它也能指导因果关系起作用。

【延伸阅读】

美国百亿美元望远镜主镜安装完毕

哈勃太空望远镜（Hubble Space Telescope，HST，图4-8）是以天文学家爱德温·哈勃为名，在轨道上环绕着地球的望远镜，它的位置在地球的大气层之上，因此影像不会受到大气湍流的扰动，视相度绝佳又没有大气散射造成的背景光，还能观测会被臭氧层吸收的紫外线。它于1990年成功发射，弥补了地面观测的不足，帮助天文学家解决了许多天文学上的基本问题，使得人类对天文物理有更多的认识。2013年12月，天文学家利用哈勃太空望远镜在太阳系外发现5颗行星，它们的大气层中都有水存在的迹象，是首次能确定性地测量多个系外行星的大气光谱信号特征与强度，并进行比较。

据国外媒体报道，美国宇航局即将在2018年发射的詹姆斯-韦伯太空望远镜是哈勃望远镜的继承者，这架价值88亿美元的空间望远镜有望揭开宇宙的奥秘，因此它素有"时间机器"的美

图4-8　哈勃太空望远镜

名。这架巨大的空间望远镜于美国当地时间 2016 年 2 月 4 日，由美国宇航局成功完成最后一片镜片的安装，这也成为该望远镜十余载建造史上的一座重要的里程碑。

在位于马里兰州的美国宇航局戈达德航天飞行中心的洁净室内，研究团队使用机械手对韦伯望远镜进行组装。经过机械臂测量，韦伯望远镜的每一片六角形镜片的对角线都大于 4.2 英尺，相当于 1.3 米，这个尺寸大约和咖啡桌一般大小，每片镜片的重量大约重 88 磅，相当于 40 千克（图 4-9）。

图 4-9　韦伯太空望远镜

美国宇航局副局长约翰-格伦费尔德表示，工程师们孜孜不倦地完成了这些不可思议、近乎完美的镜片的安装，人类距离解开宇宙形成奥秘的神秘面纱又近了一步（图 4-10）。

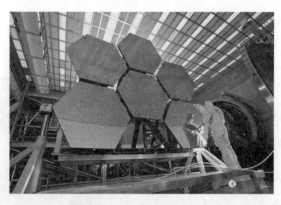

图 4-10　安装镜片

美国宇航局韦伯望远镜的最大特点是它拥有一个网球场大小的 5 层遮阳板，能够将太阳的灼热减弱至一百万分之一。为了保证科学探索的成功，韦伯望远镜的镜片需要精确排列。在极寒条件下，当温度介于零下 406 到零下 343 华氏度时，望远镜的底板位移不得超过 38 纳米，大约是人类毛发直径的千分之一（图 4-11）。

韦伯望远镜预计于 2018 年发射，它将成为世界上规模最大、功能最强的望远镜。它的能力将达到哈勃望远镜的 100 倍，能够观察到宇宙大爆炸后两亿年的场景。一旦完成太空全面部署，18 片基本镜片将和一片直径为 21.3 英尺（6.5 米）的大镜片一道运作。

与目前在地球近地轨道上运行的哈勃望远镜不同，韦伯望远镜的目的地更加遥远。

图 4-11　韦伯望远镜外观

它将被发射到一个被称为 L2 的地方,即日地拉格朗日点 2,该点位于距离地球表面大约 930 000 英里(150 万千米)的高度(图 4-12)。

图 4-12　韦伯望远镜的目的地

　　美国宇航局表示,韦伯太空望远镜是一部拥有红外视觉的强大的时间机器,它能够回到 135 亿年前的宇宙,探索在早期宇宙的黑暗中形成的第一批星球与星系。150 万千米的超远轨道使得它能够保持低温运作,以免其观测受到自身红外线和外界辐射的影响(图 4-13)。

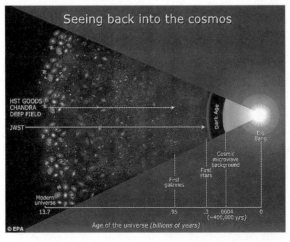

图 4-13　拥有红外视觉的韦伯望远镜

韦伯望远镜拥有许多科技成果,它的总体造价高达 88 亿美元,远远超过了最初 3.5 亿美元,接近 2.33 亿英镑的预算,此事也引起了立法者的关注,堪称是史上最昂贵的空间望远镜(图 4-14)。

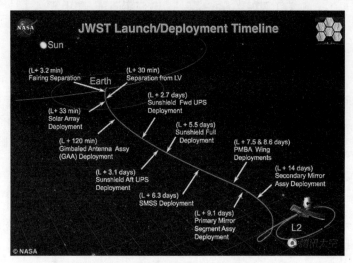

图 4-14 造价昂贵的韦伯望远镜

资料来源:罗辑编译,腾讯太空,2016 年 2 月 7 日

【实验与思考】

深入理解大数据时代的三个思维变革

1. 实验目的

(1) 熟悉大数据时代思维变革的基本概念和主要内容;

(2) 分析理解在传统情况下,人们分析信息、了解世界的主要方法,理解大数据时代,人们思维变革的三大转变。

2. 工具/准备工作

在开始本实验之前,请认真阅读课程的相关内容。

需要准备一台带有浏览器,能够访问因特网的计算机。

3. 实验内容与步骤

(1) 大数据时代人们分析信息、理解世界的三大转变是指什么?

答:

① _____

_____

_____

_____

②

③

（2）请简述，在大数据时代，为什么要"分析与某事物相关的所有数据，而不是依靠分析少量的数据样本"？

答：

（3）请简述，在大数据时代，为什么"我们乐于接受数据的纷繁复杂，而不再一味追求其精确性"？

答：

（4）什么是数据的因果关系？什么是数据的相关关系？

答：

（5）请简述，在大数据时代，为什么"我们不再探求难以捉摸的因果关系，转而关注事物的相关关系"？

答：

4．实验总结

_____

_____

_____

_____

5．实验评价（教师）

_____

_____

大数据促进医疗与健康

【导读案例】

大数据变革公共卫生

2009 年出现了一种新的流感病毒甲型 H1N1,这种流感结合了导致禽流感和猪流感的病毒的特点,在短短几周之内迅速传播开来(图 5-1)。全球的公共卫生机构都担心一场致命的流行病即将来袭。有的评论家甚至警告说,可能会爆发大规模流感,类似于1918 年在西班牙暴发的影响了 5 亿人口并夺走了数千万人性命的大规模流感。更糟糕的是,我们还没有研发出对抗这种新型流感病毒的疫苗。公共卫生专家能做的只是减慢它传播的速度。但要做到这一点,他们必须先知道这种流感出现在哪里。

图 5-1　甲型 H1N1 流感疫情全球流行示意图

美国,和所有其他国家一样,都要求医生在发现新型流感病例时告知疾病控制与预防中心。但由于人们可能患病多日实在受不了了才会去医院,同时这个信息传达回疾控中心也需要时间,因此,通告新流感病例时往往会有一两周的延迟,而且,疾控中心每周只进行一次数据汇总。然而,对于一种飞速传播的疾病,信息滞后两周的后果将是致命的。这种滞后导致公共卫生机构在疫情暴发的关键时期反而无所适从。

在甲型 H1N1 流感暴发的几周前,互联网巨头谷歌公司的工程师们在《自然》杂志上发表了一篇引人注目的论文。它令公共卫生官员们和计算机科学家们感到震惊。文中解释了谷歌为什么能够预测冬季流感的传播:不仅是全美范围的传播,而且可以具体到特定的地区和州。谷歌通过观察人们在网上的搜索记录来完成这个预测,而这种方法以前一直是被忽略的。谷歌保存了多年来所有的搜索记录,而且每天都会收到来自全球超过三十亿条的搜索指令,如此庞大的数据资源足以支撑和帮助它完成这项工作。

谷歌公司把 5000 万条美国人最频繁检索的词条和美国疾控中心在 2003—2008 年间季节性流感传播时期的数据进行了比较。他们希望通过分析人们的搜索记录来判断这些人是否患上了流感,其他公司也曾试图确定这些相关的词条,但是他们缺乏像谷歌公司一样庞大的数据资源、处理能力和统计技术。

虽然谷歌公司的员工猜测,特定的检索词条是为了在网络上得到关于流感的信息,如"哪些是治疗咳嗽和发热的药物",但是找出这些词条并不是重点,他们也不知道哪些词条更重要。更关键的是,他们建立的系统并不依赖于这样的语义理解。他们设立的这个系统唯一关注的就是特定检索词条的使用频率与流感在时间和空间上的传播之间的联系。谷歌公司为了测试这些检索词条,总共处理了 4.5 亿个不同的数学模型。在将得出的预测与 2007 年、2008 年美国疾控中心记录的实际流感病例进行对比后,谷歌公司发现,他们的软件发现了 45 条检索词条的组合,将它们用于一个特定的数学模型后,他们的预测与官方数据的相关性高达 97%。和疾控中心一样,他们也能判断出流感是从哪里传播出来的,而且判断非常及时,不会像疾控中心一样要在流感爆发一两周之后才可以做到。

所以,2009 年甲型 H1N1 流感爆发的时候,与习惯性滞后的官方数据相比,谷歌成为一个更有效、更及时的指标。公共卫生机构的官员获得了非常有价值的数据信息。惊人的是,谷歌公司的方法甚至不需要分发口腔试纸和联系医生——它是建立在大数据的基础之上的。这是当今社会所独有的一种新型能力;以一种前所未有的方式,通过对海量数据进行分析,获得有巨大价值的产品和服务,或深刻的洞见。基于这样的技术理念和数据储备,下一次流感来袭的时候,世界将会拥有一种更好的预测工具,以预防流感的传播。

阅读上文,请思考、分析并简单记录:

(1) 谷歌预测流感主要采用的是什么方法?

答:_____

(2) 谷歌预测流感爆发的方法与传统的医学手段有什么不同?

答:_____

(3) 在现代医学的发展中,你认为大数据还会有哪些用武之地?

答:_____

（4）请简单描述你所知道的上一周内发生的国际、国内或者身边的大事。

答：_____

_____

_____

_____

_____

5.1　大数据与循证医学

循证医学（Evidence-Based Medicine，EBM），意为"遵循证据的医学"，又称实证医学，其核心思想是医疗决策（即病人的处理，治疗指南和医疗政策的制定等）应在现有的最好的临床研究依据基础上做出，同时也重视结合个人的临床经验（图 5-2）。

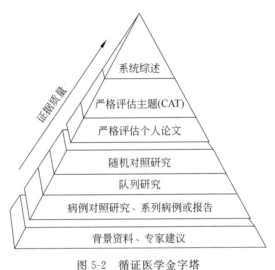

图 5-2　循证医学金字塔

第一位循证医学的创始人科克伦（1909—1988），是英国的内科医生和流行病学家，他1972 年在牛津大学提出了循证医学思想。第二位循证医学的创始人费恩斯坦（1925—　），是美国耶鲁大学的内科学与流行病学教授，他是现代临床流行病学的开山鼻祖之一。第三位循证医学的创始人萨科特（1934—　）也是美国人，他曾经以肾脏病和高血压为研究课题，先在实验室中进行研究，后来又进行临床研究，最后转向临床流行病学的研究。

就实质而言，循证医学的方法与内容来源于临床流行病学。费恩斯坦在美国的《临床药理学与治疗学》杂志上，以"临床生物统计学"为题，从 1970 年到 1981 年的 11 年间，共发表了 57 篇的连载论文，他的论文将数理统计学与逻辑学导入到临床流行病学，系统地构建了临床流行病学的体系，被认为富含极其敏锐的洞察能力，因此为医学界所推崇。

传统医学以个人经验、经验医学为主，即根据非实验性的临床经验、临床资料和对疾病基础知识的理解来诊治病人（图 5-3）。在传统医学下，医生根据自己的实践经验、高年资医师的指导,教科书和医学期刊上零散的研究报告为依据来处理病人。其结果是:一些真正有效的疗法因不为公众所了解而长期未被临床采用;一些实践无效甚至有害的疗法因从理论上推断可能有效而长期广泛使用。

循证医学不同于传统医学。循证医学并非要取代临床技能、临床经验、临床资料和医学专业知识,它只是强调任何医疗决策应建立在最佳科学研究证据基础上。循证医学实践既重视个人临床经验又强调采用现有的、最好的研究证据,两者缺一不可(图5-4)。

图5-3 传统医学是以经验医学为主

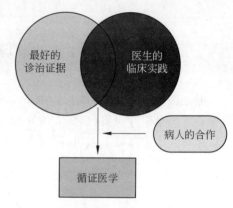

图5-4 循证医学重视个人临床经验,也强调研究证据

1992年,来自安大略麦克马斯特大学的两名内科医生戈登·盖伊特和大卫·萨基特发表了呼吁使用"循证医学"的宣言。他们的核心思想很简单。医学治疗应该基于最好的证据,而且如果有统计数据的话,最好的证据应来自对统计数据的研究。但是,盖伊特和萨基特并非主张医生要完全受制于统计分析,他们只是希望统计数据在医疗诊断中起到更大的作用。

医生应该特别重视统计数据的这种观点,直到今天仍颇受争议。从广义上来说,努力推广循证医学,就是在努力推广大数据分析,事关统计分析对实际决策的影响。对于循证医学的争论在很大程度上是关于统计学是否应该影响实际治疗决策的争论。当然,其中很多研究仍在利用随机试验的威力,只不过现在风险大得多。由于循证医学运动的成功,一些医生在把数据分析结果与医疗诊断相结合方面已经加快了步伐。互联网在信息追溯方面的进步已经促进了一项影响深远的技术的发展,而且利用数据做出决策的过程也达到了前所未有的速度。

5.2 大数据带来的医疗新突破

根据美国疾病控制中心(CDC)的研究,心脏病是美国的第一大致命杀手,每年250万的死亡人数中,约有60万人死于心脏病,而癌症紧随其后(在中国,癌症是第一致命杀手,心血管疾病排名第二)。在25~44岁的美国人群中,1995年,艾滋病是致死的头号原因(现在已降至第6位)。死者中每年仅有2/3的人死于自然原因。那么那些情况不严重但影响深远的疾病又如何呢,比如普通感冒?据统计,美国民众每年总共会得10亿次感冒,平均每人三次。普通感冒是各种鼻病毒引起的,其中大约有 99 种已经排序,种类之多是普通感冒长久以来如此难治的根源所在。

在医疗保健方面的应用,除了分析并指出非自然死亡的原因之外,大数据同样也可以增加医疗保健的机会、提升生活质量、减少因身体素质差造成的时间和生产力损失。

以美国为例,通常一年在医疗保健上要花费 27 万亿美元,即人均 8650 美元。随着人均寿命增长,婴儿出生死亡率降低,更多的人患上了慢性病,并长期受其困扰。如今,因为注射疫苗的小孩增多,所以减少了 5 岁以下小孩儿的死亡数。而除了非洲地区,肥胖症已成为比营养不良更严重的问题。在比尔与美琳达·盖茨基金会以及其他人资助的研究中,科学家发现,虽然世界人口寿命变长,但人们的身体素质却下降了。所有这些都表明我们急需提供更高效的医疗保健,尽可能地帮助人们跟踪并改善身体健康。

5.2.1　量化自我,关注个人健康

谷歌联合创始人谢尔盖·布林的妻子安妮·沃西基(同时也是公司的首席执行官)2006 年创办了 DNA①(图 5-5)测试和数据分析公司 23andMe。公司并非仅限于个人健康信息的收集和分析,而是将眼光放得更远,将大数据应用到了个人遗传学上,至今已分析了超过二十万人的唾液(图 5-6)。

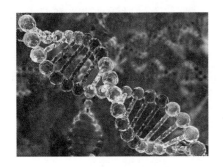

图 5-5　基因 DNA 图片　　　　　　　图 5-6　23andMe 的 DNA 测试

通过分析人们的基因组数据,公司确认了个体的遗传性疾病,如帕金森氏病和肥胖症等遗传倾向。通过收集和分析大量的人体遗传信息数据,该公司不仅希望可以识别个人遗传风险因素以帮助人们增强体质并延年益寿,而且希望能识别更普遍的趋势。通过分析,公司已确定了约一百八十个新的特征,例如所谓的"见光喷嚏反射",即人们从阴暗处移动到阳光明媚的地方时会有打喷嚏的倾向;还有一个特征则与人们对药草、香菜的喜恶有关。

事实上,利用基因组数据来为医疗保健提供更好的洞悉是自 1990 年以来所做努力的合情合理的下一步。人类基因计划(HGP)绘制出总数约有 23 000 组的基因组,而这所有的基因组也最终构成了人类的 DNA。这一项目费时 13 年,耗资 38 亿美元。

值得一提的是,存储人类基因数据并不需要多少空间。有分析显示,人类基因存储空间仅占 20MB,和在 iPod 中存几首歌所占的空间差不多。其实随意挑选两个人,他们的

---

①　DNA:脱氧核糖核酸(Deoxyribonucleic Acid),又称去氧核糖核酸,是一种分子,可组成遗传指令,以引导生物发育与生命机能运作。

DNA 约 99.5％都完全一样。因此,通过参考人类基因组的序列,也许可以只存储那些将此序列转化为个人特有序列所必需的基因信息。

DNA 最初的序列在捕捉的高分辨率图像中显示为一列 DNA 片段。虽然个人的 DNA 信息以及最初的序列形式会占据很大空间,但是,一旦序列转化为 DNA 的 As、Cs、Gs 和 Ts,任何人的基因序列就都可以被高效地存储下来。

数据规模大并不一定能称其为大数据。真正体现大数据能量的是不仅要具备收集数据的能力,还要具备低成本分析数据的能力。虽然,人类最初的基因组序列分析耗资约 38 亿美元,不过,如今只需花大概 99 美元就能在 23andMe 网站上获取自己的 DNA 分析。业内专家认为,基因测序成本在短短 10 年内跌了几个数量级。

当然,仅有 DNA 测序不足以提升人们的健康,也需要在日常生活中做出改变。

5.2.2 可穿戴的个人健康设备

Fitbit 是美国的一家移动电子医疗公司(图 5-7),致力于研发和推广健康乐活产品,从而帮助人们改变生活方式,其目标是通过使保持健康变得有趣来让其变得更简单。2015 年 6 月 19 日 Fitbit 上市,成为纽交所可穿戴设备的第一股。该公司所售的一项设备可以跟踪用户一天的身体活动,还有晚间的睡眠模式。Fitbit 公司还提供一项免费的苹果手机应用程序,可以让用户记录他们的食物和液体摄入量。通过对活动水平和营养摄入的跟踪,用户可以确定哪些有效、哪些无效。营养学家建议,准确记录食物和活动量是控制体重的最重要一环,因为数字明确且具有说服力。Fitbit 公司正在收集关于人们身体状况、个人习惯的大量信息。如此一来,它就能将图表呈现给用户,从而帮助用户直观地了解自己的营养状况和活动水平,而且,它能就可改善的方面提出建议。

图 5-7　Fitbit 设备

耐克公司推出了类似的产品 Nike＋FuelBand,即一条可以戴在手腕上收集每日活动数据的手环。这一设备采用了内置加速传感器来检测和跟踪每日的活动,诸如跑步、散步以及其他体育运动。加上 Nike Plus 网站和手机应用程序的辅助,这一设备令用户可以更加方便地跟踪自己的活动行为、设定目标并改变习惯。耐克公司也为其知名的游戏系统提供训练计划,使用户在家也能健身。使用这一款软件,用户就可以和朋友或其他人在健身区一起训练。这一想法旨在让健身活动更有乐趣、更加轻松,同时也更社交化。

另一款设备是可穿戴技术商身体媒体公司(Body Media)推出的 BodyMedia 臂带,它每分钟可捕捉到五千多个数据点，包括体温、汗液、步伐、卡路里消耗及睡眠质量等。

Strava 公司通过将这些挑战搬到室外，把现实世界的运动和虚拟的比赛结合在一起。公司推出的适用于苹果手机和安卓系统的跑步和骑车程序，为充分利用体育活动的竞技属性而经过了专门的设计。健身爱好者可以通过拍摄各种真实的运动片段来角逐排行榜，比如挑战单车上险坡等，并在 Strava 网站上对他们的情况进行比较。

据出自美国心脏协会的文章《非活动状态的代价》称，65％的成年人不是肥胖就是超重。自 1950 年以来，久坐不动的工作岗位增加了 83％，而仅有 25％的劳动者从事的是身体活动多的工作。美国人平均每周工作 47 个小时，相比 20 年前，每年的工作时间增加了 164 个小时。而肥胖的代价就是，据估计，美国公司每年与健康相关的生产力损失高达 2258 亿美元。因此，类似 Fitbit 和 Nike＋ FuelBand 这样的设备对不断推高医疗保健和个人健康的成本确实有影响。

另一个苹果手机的应用程序可以通过审视面部或检测指尖上脉搏跳动的频率来检查心率。生理反馈应用程序公司 Azumio 的程序被下载了两千多万次，这些程序几乎无所不能，从检测心率到承压水平测试都可以。随着前来体验测量的用户数据不断增加，公司就足以提供更多建设性的保健建议。

Azumio 公司已推出了一款叫"健身达人"的健身应用程序，还有一款叫做"睡眠时间"的应用，它可以通过苹果手机检测睡眠周期。这样的应用程序为大数据和保健相结合提供了有趣的可能性。通过这些应用程序收集到的数据，可以了解正在发生什么以及自己的身体状况走势怎样。比如说，如果心律不齐，就表示健康状况出现了某种问题。通过分析数百万人的健康数据，科学家们可以开发更好的算法来预测我们未来的健康状况。

回溯过去，检测身体健康发展情况需要用到特殊的设备，或是不辞辛苦、花费高额就诊费去医生办公室问诊。新型应用程序最引人瞩目的一面是：它们使得健康信息的检测变得更简单易行。低成本的个人健康检测程序以及相关技术甚至"唤醒"了全民对个人健康的关注。

新应用程序表明，当配备合适的软件时，低价的设备或唾手可得的智能手机可以帮助我们收集到很多健康数据。将这种数据收集能力、低成本的分析、可视化云服务与大数据以及个人健康领域相结合，将在提升健康状况和减低医疗成本方面发挥出巨大的潜力。

就如大数据的其他领域一样，改善医疗和普及医疗的进展前景位于两者的交汇处——相对低价的数据收集感应器的持续增多，如苹果手机和为其定制的医疗附加软件，以及这些感应器生成的大数据量的攀升。通过把病例数字化和能为医生提供更优信息的智能系统相结合，不管是在家还是医诊室，大数据都有望对人们的身体健康产生重大影响。

5.2.3　大数据时代的医疗信息

就算有了这些可穿戴设备与应用程序，人们依然需要去看医生。大量的医疗信息收集工作依然靠纸笔进行。纸笔记录的优势在于方便、快捷、成本低廉。但是，因为纸笔做的记录会分散在多处，这就会导致医疗工作者难以找到患者的关键医疗信息。

2009 年颁布的美国《卫生信息技术促进经济和临床健康法案》（HITECH）旨在促进医疗信息技术的应用，尤其是电子健康档案（EHRs）的推广。法案也在 2015 年给予医疗工作者经济上的激励,鼓励他们采用电子健康档案,同时会对不采用者施以处罚。电子病历(EMRs,图5-8)是纸质记录的电子档,如今许多医生都在使用。相比之下,电子健康档案意图打造病人健康概况的普通档案,这使得它能被医疗工作者轻易接触到。医生还可以使用一些新的APP应用程序,在苹果平板电脑、苹果手机、搭载安卓系统的设备或网页浏览器上收集病人的信息。除了可以收集过去用纸笔记录的信息之外,医生们还将通过这些程序实现从语言转换到文本的听写、收集图像和视频等其他功能。

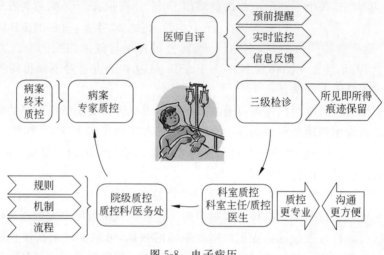

图 5-8　电子病历

　　电子健康档案、DNA测试和新的成像技术在不断产生大量数据。收集和存储这些数据对于医疗工作者而言是一项挑战,也是一个机遇。不同于以往采用的封闭式的医院IT系统,更新、更开放的系统与数字化的病人信息相结合可以带来医疗突破。

　　如此种种分析也会给人们带来别样的见解。比如说,智能系统可以提醒医生使用与自己通常推荐的治疗方式相关的其他治疗方式和程序。这种系统也可以告知那些忙碌无暇的医生某一领域的最新研究成果。这些系统收集、存储的数据量大得惊人。越来越多的病患数据会采用数字化形式存储。不仅是我们填写在健康问卷上或医生记录在表格里的数据,还包括苹果手机和苹果平板电脑等设备以及新的医疗成像系统(比如X光机和超音设备)生成的数字图像。

　　就大数据而言,这意味着未来将会出现更好、更有效的患者看护,更为普及的自我监控以及防护性养生保健,当然也意味着要处理更多的数据。其中的挑战在于,要确保所收集的数据能够为医疗工作者以及个人提供重要的见解。

5.2.4　CellMiner——对抗癌症的新工具

　　所谓PSA,是指前列腺特异抗原。PSA偏高与前列腺癌症紧密相关。即使检查本身并没有显示有癌细胞,而PSA偏高的人通常会被诊断出患有前列腺癌。是否所有PSA高的人都患有癌症,这难以确诊。对此,一方面,患者可以选择不采取任何行动,但是必须得承受病症慢慢加重的心理压力,也许终有一日会遍至全身,而他已无力解决;另一方面,患者可以采取行动,比如进行一系列的治疗,从激素治疗到手术切除,再到完全切除前列腺,但结果也可能更糟。选择对于患者而言,既简单又复杂。

这其中包含两个数据使用方面的重要经验教训。

(1) 数据可以帮助人们看得更深入。数据可以传送更多的相关经验,使得计算机能够预知人们想看的电影、想买的书籍。但是,涉及医药治疗时,通常来说,就如何处理这些见解这一问题,制定决策可不容易。

(2) 数据提供的见解会不断变化发展。这些见解都是基于当时的最佳数据。正如试图通过模式识别出诈骗的诈骗检测系统在基于更多数据时能配备更好的算法并实现系统优化一样,当我们掌握了更多的数据后,对于不同的医疗情况会有不同的推荐方案。

对男性来说,致死的癌症主要是肺癌、前列腺癌、肝癌以及大肠癌,而对于女性来说,致死的癌症主要是肺癌、乳腺癌和大肠癌。抽烟是引起肺癌的首要原因。1946 年抽烟人数占美国人口的 45%,1993 年降至 25%,到了 2010 年降至 19.3%。但是,肺癌患者的 5 年生存率仅为 15%,且这一数字已经维持 40 年未变。尽管如今已经是全民抗癌,但目前仍没有癌症防治的通用方法。很大原因在于癌症并不止一种——目前已发现两百多种不同种类的癌症。

美国国家癌症研究所(NCI)隶属于美国国立卫生研究院,每年用于癌症研究的预算约为五十亿美元。癌症研究所取得的最重大进展就是开发了一些测试,可以检测出某些癌症,比如 2004 年开发的预测结肠癌的简单血液测试。其他进展包括将癌症和某些特定病因联系在一起。比如 1954 年一项研究首次表明吸烟和肺癌有很大关联,1955 年的一项研究则表明男性荷尔蒙睾丸素会促生前列腺癌,而女性雌激素会促生乳腺癌。当然,更大的进展还是在癌症治疗方法上。比如,发现了树突状细胞,这是提取癌症疫苗的基础;还发现了肿瘤通过生成一个血管网,为自己带来生长所需的氧气的过程。

美国国家癌症研究所癌症研究中心(NCI)研制的"细胞矿工"(CellMiner)是一个基于网络形式、涵盖了上千种药物的基因组靶点信息的工具,它为研究人员提供了大量的基因公式和化学复合物数据。这样的技术让癌症研究变得高效。该工具可帮助研究人员用于抗癌药物与其靶点的筛选,极大提高了工作效率。通过药物和基因靶点的海量数据相比较,研究者可更容易地辨别出针对不同的癌细胞具有不同效果的药物。过去,处理这些数据集意味着要处理运作不便的数据库,因而,分析和汇聚数据也就异常艰难。从历史角度来看,想用数据来解答疑问和可以接触到这些数据的人不重叠且有很大代沟。而如"细胞矿工"一样的科技正是缩小这一代沟的工具。研究者们用"细胞矿工"的前身,即一个名为"对比"(COMPARE)的程序来确认一种具备抗癌性的药物,事实证明,它确实有助于治疗一些淋巴瘤。而现在,研究者们使用"细胞矿工"弄清生物标记,以了解治疗方法有望对哪些患者起作用。

图 5-9　装载 NCI-60 细胞系的细胞板

CellMiner 软件以 60 种癌细胞为基础,其 NCI-60 细胞系是目前使用最广泛的用于抗癌药物测试的癌细胞样本群(图 5-9)。用户可以通过它查询到 NCI-60 细胞系中已确认的

22 379 个基因,以及 20 503 个已分析的化合物的数据(包括 102 种已获美国食品和药物监督局批准的药物)。

研究者认为,影响力最大的因素之一是可以更容易地接触到数据。这对于癌症研究者,或是对那些想充分利用大数据的人而言是至关重要的一课——除非收集到的大量数据可以轻易为人所用,否则他们能发挥的作用就很有限。大数据民主化,即开放数据,至关重要。

5.3 医疗信息数字化

医疗领域的循证试验已经有一百多年的历史了。早在 19 世纪 40 年代,奥地利内科医生伊格纳茨·塞麦尔维斯就在维也纳完成了一项关于产科临床的详细的统计研究。塞麦尔维斯在维也纳大学总医院首次注意到,如果住院医生从验尸房出来后马上为产妇接生,产妇死亡的概率更大。当他的同事兼好朋友杰克伯·克莱斯卡死于剖腹产时的热毒症时,塞麦尔维斯得出一个结论:孕妇分娩时的发烧具有传染性。他发现,如果诊所里的医生和护士在给每位病人看病前用含氯石灰水洗手消毒,那么死亡率就会从 12% 下降到 2%。

这一最终产生病理细菌理论的惊人发现遇到了强烈的阻力,塞麦尔维斯也受到其他医生的嘲笑。他主张的一些观点缺乏科学依据,因为他没有充分解释为什么洗手会降低死亡率,医生们不相信病人的死亡是由他们所引起的,他们还抱怨每天洗好几次手会浪费他们宝贵的时间。塞麦尔维斯最终被解雇,后来他精神严重失常,并在精神病院去世,享年 47 岁。

塞麦尔维斯的死是一个悲剧,成千上万产妇不必要的死亡更是一种悲剧,不过都已成为历史,现在的医生当然知道卫生的重要性。然而,时至今日,医生们不愿洗手仍是一个致命的隐患。不过最重要的是,医生是否应该因为统计研究而改变自己的行为方式,至今仍颇受质疑。

唐·博威克是一名儿科医生,也是保健改良协会的会长,他鼓励进行一些大胆的对比试验。十几年以来,博威克一直致力于减少医疗事故,他也与塞麦尔维斯一样努力根据循证医学的结果提出简单的改革建议。

1999 年发生的两件不同寻常的事情,使得博威克开始对医院系统进行广泛的改革。第一件事是,医学协会公布的一份权威报告,记录了美国医疗领域普遍存在的治疗失误。据该报告估计,每年医院里有 98 000 人死于可预防的治疗失误。医学协会的报告使博威克确信治疗失误的确是一大隐患。

第二件事是发生在博威克自己身上的事情。博威克的妻子安患有一种罕见的脊椎自体免疫功能紊乱症。在三个月的时间里,她从能够完成 28km 的阿拉斯加跨国滑雪比赛变得几乎无法行走。使博威克震惊的是,他妻子所在医院懒散的治疗态度。每次新换的医生都不断重复地询问同样的问题,甚至不断开出已经证明无效的药物。主治医生在决定使用化疗来延缓安的健康状况的"关键时刻"之后的足足 60 个小时,安才吃到最终开出的第一剂药。而且有三次,安被半夜留在医院地下室的担架床上,既惶恐不安又孤单寂寞。

　　安住院治疗,博威克就开始担心。他已经失去了耐性,他决定要做点儿什么了。2004年 12 月,他大胆地宣布了一项在未来一年半中挽救 10 万人生命的计划。"10 万生命运动"是对医疗体系的挑战,敦促他们采取 6 项医疗改革来避免不必要的死亡。他并不仅仅希望进行细枝末节的微小变革,也不要求提高外科手术的精度。不,与之前的塞麦尔维斯一样,他希望医院能够对一些最基本的程序进行改革。例如,很多人做过手术后处于空调环境中会引发肺部感染。随机试验表明,简单地提高病床床头,以及经常清洗病人口腔,就可以大大降低感染的几率。博威克反复地观察临危病人的临床表现,并努力找出可能降低这些特定风险的干预方法的大规模统计数据。循证医学研究也建议进行检查和复查,以确保能够正确地开药和用药,能够采用最新的心脏电击疗法,以及确保在病人刚出现不良症状时就有快速反应小组马上赶到病榻前。因此,这些干预也都成为"10 万生命运动"的一部分。

　　然而,博威克最令人吃惊的建议是针对最古老的传统。他注意到每年有数千位 ICU(重症加强护理病房,图 5-10)病人在胸腔内放置中央动脉导管后感染而死。大约一半的重症看护病人有中央动脉导管,而 ICU 感染是致命的。于是,他想看看是否有统计数据能够支持降低感染概率的方法。

图 5-10　ICU

　　他找到了《急救医学》杂志上 2004 年发表的一篇文章,文章表明系统地洗手(再配合一套改良的卫生清洁程序,比如,用一种叫做双氯苯双胍己烷的消毒液清洗病人的皮肤)能够减少中央动脉导管 90％以上感染的风险。博威克预计,如果所有医院都实行这套卫生程序,就有可能每年挽救 25 000 人的生命。

　　博威克认为,医学护理在很多方面可以学习航空业,现在的飞行员和乘务人员的自由度比以前少得多。他向联邦航空局提出,必须在每次航班起飞之前逐字逐句宣读安全警告。"研究得越多,我就越坚信,医生的自由度越少,病人就会越安全,"他说,"听到我这么说,医生会很讨厌我。"

　　博威克还制定了一套有力的推广策略。他不知疲倦地到处奔走,发表慷慨激昂的演说。他的演讲有时听起来就像是复兴大会上的宣讲。在一次会议上,他说:"在场的每一个人都将在会议期间挽救 5 个人的生命。"他不断地用现实世界的例子来解释自己的观点,他深深痴迷于数字。与没有明确目标的项目不同,他的"10 万生命运动"是全国首个明确在特定时间内挽救特定数目生命的项目。该运动的口号是:"没有数字就没有时间。"

　　该运动与三千多家医院签订了协议,涵盖全美 75％的医院床位。大约有 1/3 的医院同意实施全部 6 项改革,一半以上的医院同意实施至少三项改革。该运动实施之前,美国医院承认的平均死亡率大约是 2.3％。该运动中平均每家医院有 200 个床位,一年大约有 10 000 个床位,这就意味着每年大约有 230 个病人死亡。从目前的研究推断,博威克认为参与该运动的医院每 8 个床位就能挽救 1 个生命。或者说,200 个床位的医院每年能够挽救大约 25 个病人的生命。

参与该运动的医院需要在参与之前提供 18 个月的死亡率数据,并且每个月都要更新实验过程中的死亡人数。很难估计某家有 10 000 个床位的医院的病人死亡率下降是否是纯粹因为运气。但是,如果分析 3000 家医院实验前后的数据,就可能得到更加准确的估计。

实验结果非常令人振奋。2006 年 6 月 14 日,博威克宣布该运动的结果已经超出了预定目标。在短短 18 个月里,这 6 项改革措施使死亡人数预计减少了 122 342 人。当然,我们不要相信这一确切数字。部分原因是许多医院在一些可以避免的治疗失误问题上取得的进展是独立的;即使没有该运动,这些医院也有可能会改变他们的工作方式,从而挽救很多生命。

无论从哪个角度看,这项运动对于循证医学来说都是一次重大胜利。可以看到,"10 万生命运动"的核心就是大数据分析。博威克的 6 项干预并不是来自直觉,而是来自统计分析。博威克观察数字,发现导致人们死亡的真正原因,然后寻求统计上证明能够有效降低死亡风险的干预措施。

5.4　搜索: 超级大数据的最佳伙伴

循证医学运动之前的医学实践受到了医学研究成果缓慢低效的传导机制的束缚。据美国医学协会的估计,"一项经过随机控制试验产生的新成果应用到医疗实践中,平均需要 17 年,而且这种应用还非常参差不齐。"医学科学的每次进步都伴随着巨大的麻烦。如果医生们没有在医学院或者住院实习期间学会这些东西,似乎永远也把握不住好机会。

如果医生不知道有什么样的统计结果,他就不可能根据统计结果进行决策。要使统计分析有影响力,就需要有一些能够将分析结果传达给决策制定者的传导机制。大数据分析的崛起往往伴随着并受益于传播技术的改进,这样,决策制定者就可以更加迅速地即时获取并分析数据。甚至在互联网试验的应用中,我们也已经看过传导环节的自动化。Google AdWords 功能不仅能够即时报告测试结果,还可以自动切换到效果最好的那个网页。大数据分析速度越快,就越可能改变决策制定者的选择。

与其他使用大数据分析的情况相似,循证医学运动也在设法缩短传播重要研究结果的时间。循证医学最核心也最可能受抵制的要求是,提倡医生们研究和发现病人的问题。一直"跟踪研究"从业医生的学者们发现,新患者所提出的问题大约有 2/3 会对研究有益。这一比重在新住院的病人中更高。然而被"跟踪研究"的医生却很少有人愿意花时间去回答这些问题。

对于循证医学的批评往往集中在信息匮乏上。反对者声称,在很多情况下根本不存在能够为日常治疗决策所遇到的大量问题提供指导的高质量的统计研究。抵制循证医学的更深层原因其实恰恰相反:对于每个从业医生来说,有太多循证信息了,以至于无法合理地吸收利用。仅以冠心病为例,每年有三千六百多篇统计方面的论文发表。这样,想跟踪这一领域的学者必须每天(包括周末)读十几篇文章。如果读一篇文章需要 15 分钟,那么关于每种疾病的文章每天就要花掉两个半小时。显然,要求医生投入如此多的时间去仔细查阅海量的统计研究资料,是行不通的。

循证医学的倡导者们从最开始就意识到信息追索技术的重要性,它使得从业医生可以从数量巨大且时时变化的医学研究资料中提取出高质量的相关信息。网络的信息提取技术使得医生更容易查到特定病人特定问题的相关结果。即使现在高质量的统计研究文献比以往都多,医生在大海里捞针的速度同时也提高了。现在有众多计算机辅助搜索引擎,可以使医生接触到相关的统计学研究。

对于研究结果的综述通常带有链接,这样医生在打开链接后就可以查看全文以及引用过该研究的所有后续研究。即使不打开链接,仅从"证据质量水平"中,医生也可以根据最初的搜索结果了解到很多。现在,每项研究都会得到牛津大学循证医学中心研发的 15 等级分类法中的一个等级,以便使读者迅速地了解证据的质量。最高等级("1a")只授给那些经过多个随机试验验证后都得到相似结果的研究,而最低等级则给那些仅根据专家意见而形成的疗法。

这种简洁标注证据质量的变化很可能成为循证医学运动最有影响力的部分。现在,从业医生评估统计研究提出的政策建议时,可以更好地了解自己能在多大程度上信赖这种建议。最酷的是,大数据分析回归分析不仅可以做预测,而且还可以告诉你预测的精度。证据质量水平也是如此。循证医学不仅提出治疗建议,还会告诉医生支撑这些建议的数据质量如何。

证据的评级有力地回应了反对循证医学的人,他们认为循证医学不会成功,因为没有足够的统计研究来回答医生所需回答的所有问题。评级使专家们在缺乏权威的统计证据时仍然能够回答紧迫的问题。这要求他们显示出当前知识中的局限。证据评级标准也很简单,却是信息追索方面的重大进步。受到威胁的医生们现在可以浏览大量网络搜索的结果,并把道听途说与经过多重检验的研究结果区别开来。

互联网的开放性甚至改变了医学界的文化。回归分析和随机试验的结果都公布出来,不仅是医生,任何有时间用 Google 搜索几个关键词的人都可以看到。医生越来越感到学习的紧迫性,不是因为(较年轻的)同事们告诉他们要这样做,而是因为多学习可以使他们比病人懂得更多。正像买车的人在去展厅前会先上网查看一样,许多病人也会登录 Medline[①] 等网站去看看自己可能患上什么样的疾病。Medline 网站最初是供医生和研究人员使用的。现在,1/3 以上的浏览者是普通老百姓。互联网不仅改变着信息传导给医生的机制,也改变着科技的影响力,即病人影响医生的机制。

5.5　数据决策的成功崛起

循证医学的成功就是数据决策的成功,它使决策的制定不仅基于数据或个人经验,而且基于系统的统计研究。正是大数据分析颠覆了传统的观念并发现受体阻滞剂对心脏病

[①]　Medline 是美国国立医学图书馆生产的国际性综合生物医学信息书目数据库,是当前国际上最权威的生物医学文献数据库。

人有效,正是大数据分析证明了雌性激素疗法不会延缓女性衰老,也正是大数据分析导致了"10万生命运动"的产生。

5.5.1 数据辅助诊断

迄今为止,医学的数据决策还主要限于治疗问题。几乎可以肯定的是,下一个高峰会出现在诊断环节。

我们称互联网为信息的数据库,它已经对诊断产生了巨大的影响。《新英格兰医学期刊》上发表了一篇文章,讲述纽约一家教学医院的教学情况。"一位患有过敏和免疫疾病的人带着一个得了痢疾的婴儿,罕见的皮疹('鳄鱼皮'),多种免疫系统异常,包括 T-cell 功能低下,(胃黏膜的)组织红血球以及末梢红血球,一种显然与 X 染色体有关的基因遗传方式(多个男性亲人幼年夭折)。"主治医师和其他住院医生经过长时间讨论后,仍然无法得出一致的正确诊断。最终,教授问这个病人是否做过诊断,她说她确实做过诊断,而且她的症状与一种罕见的名为 IPEX 的疾病完全吻合。当医生们问她怎么得到这个诊断结果时,她回答说:"我在 Google 上输入我的显著症状,答案马上就跳出来了。"主治医师惊得目瞪口呆。"你从 Google 上搜出了诊断结果?……难道不再需要我们医生了吗?"互联网使得年轻医生不再依赖教授教学作为主要的知识来源。年轻医生不必顺从德高望重的前人的经验。他们可以利用那些不会给他们带来烦恼的资源。

5.5.2 你考虑过……了吗

一个名叫"伊沙贝尔"的"诊断-决策支持"软件项目使医生可以在输入病人的症状后就得到一系列最可能的病因。它甚至还可以告诉医生病人的症状是否是由于过度服用药物,涉及药物达四千多种。"伊沙贝尔"数据库涉及一万一千多种疾病的大量临床发现、实验室结果、病人的病史,以及其本身的症状。"伊沙贝尔"的项目设计人员创立了一套针对所有疾病的分类法,然后通过搜索报刊文章的关键词找出统计上与每个疾病最相关的文章,如此形成一个数据库。这种统计搜索程序显著地提高了给每个疾病/症状匹配编码的效率。而且如果有新的且高相关性的文章出现时,可以不断更新数据库。大数据分析对于相关性的预测并不是一劳永逸的逻辑搜索,它对"伊沙贝尔"的成功至关重要。

"伊沙贝尔"项目的产生来自于一个股票经纪人被误诊的痛苦经历。1999 年,詹森·莫德三岁大的女儿伊沙贝尔被伦敦医院住院医生误诊为水痘,并遣送回家。只过了一天,她的器官便开始衰竭,该医院的主治医生约瑟夫·布里托马上意识到她实际上感染了一种潜在致命性食肉病毒。尽管伊沙贝尔最终康复,但是她父亲却非常后怕,他辞去了金融领域的工作。莫德和布里托一起成立了一家公司,开始开发"伊沙贝尔"软件以抗击误诊。

研究表明,误诊占所有医疗事故的 1/3。尸体解剖报告也显示,相当一部分重大疾病是被误诊的。"如果看看已经开出的错误诊断记录,"布里托说,"诊断失误大约是处方失误的两三倍。"最低估计有几百万病人被诊断成错误的疾病在接受治疗。甚至更糟糕的是,2005 年刊登在《美国医学协会杂志》上的一篇社论总结道,过去的几十年间,并未看到误诊率得到了明显的改善。

"伊沙贝尔"项目的雄伟目标是改变诊断科学的停滞现状。莫德简单地解释道："计算机比我们记得更多更好。"世界上有一万一千多种疾病,而人类的大脑不可能熟练地记住引发每种疾病的所有症状。实际上,"伊沙贝尔"的推广策略类似用 Google 进行诊断,它可以帮助人们从一个庞大的数据库里搜索并提取信息。

误诊最大的原因是武断。医生认为他们已经做出了正确的诊断——正如住院医生认为伊沙贝尔·莫德得了水痘——因此他们不再思考其他的可能性。"伊沙贝尔"就是要提醒医生其他可能。它有一页会向医生提问,"你考虑过……了吗"就是在提醒其他的可能性,这可能会产生深远的影响。

2003 年,一个来自乔治亚州乡下的 4 岁男孩被送入亚特兰大的一家儿童医院。这个男孩已经病了好几个月了,一直高烧不退。血液化验结果表明这个孩子患有白血病,医生决定进行强度较大的化疗,并打算第二天就开始实施。

约翰·博格萨格是这家医院的资深肿瘤专家,他观察到孩子皮肤上有褐色的斑点,这不怎么符合白血病的典型症状。当然,博格萨格仍需要进行大量研究来证实,而且很容易信赖血液化验的结果,因为化验结果清楚地表明是白血病。"一旦你开始用这些临床方法的一种,就很难再去测量",博格萨格说。很巧合的是,博格萨格刚刚看过一篇关于"伊沙贝尔"的文章,并签约成为软件测试者之一。因此,博格萨格没有忙着研究下一个病例,而是坐在计算机前输入了这个男孩的症状。靠近"你考虑过……了吗"上面的地方显示这是一种罕见的白血病,化疗不会起作用。博格萨格以前从没听说过这种病,但是可以很肯定的是,这种病常常会使皮肤出现褐色斑点。

研究人员发现,10% 的情况下,"伊沙贝尔"能够帮助医生把他们本来没有考虑的主要诊断考虑进来。"伊沙贝尔"坚持不懈地进行试验。《新英格兰医学期刊》上"伊沙贝尔"的专版每周都有一个诊断难题。简单地剪切、粘贴病人的病史,输入到"伊沙贝尔"中,就可以得到 10~30 个诊断列表。这些列表中 75% 的情况下涵盖了经过《新英格兰医学期刊》(往往通过尸体解剖)证实为正确的诊断。如果再进一步手动把搜索结果输入到更精细的对话框中,"伊沙贝尔"的正确率就可以提高到 96%。"伊沙贝尔"不会挑选出一种诊断结果。"'伊沙贝尔'不是万能的",布里托说。"伊沙贝尔"甚至不能判断哪种诊断最有可能正确,或者给诊断结果排序。不过,把可能的病因从 11 000 种降低到 30 种未经排序的疾病已经是重大的进步了。

5.5.3　大数据分析使数据决策崛起

大数据分析将使诊断预测更加准确。目前这些软件所分析的基本上仍是期刊文章。"伊沙贝尔"的数据库有成千上万的相关症状,但是它只不过是每天把医学期刊上的文章堆积起来而已。然后一组配有像 Google 这样的语言引擎辅助的医生,搜索与某个症状相关的已公布的症状,并把结果输入到诊断结果数据库中。

到目前为止,如果你去看病或者住院治疗,看病的结果绝不会对集体治疗知识有帮助——除非在极个别的情况下,医生决定把你的病例写成文章投到期刊或者你的病例恰好是一项特定研究的一部分。从信息的角度来看,我们当中大部分人都白白死掉了。我们的生或者死对后代起不到任何帮助。

医疗记录的迅速数字化意味着医生们可以利用包含在过去治疗经历中丰富的整体信息，这是前所未有的（图5-11）。未来一两年内，"伊沙贝尔"就能够针对你的特定症状、病史及化验结果给出患某种疾病的概率，而不仅仅是给出不加区分的一系列可能的诊断结果。

图5-11 医疗记录数字化

有了数字化医疗记录，医生们不再需要输入病人的症状并向计算机求助。"伊沙贝尔"可以根据治疗记录自动提取信息并做出预测。实际上，"伊沙贝尔"近期已经与NextGen合作研发出一种结构灵活的输入区软件，以抓取最关键的信息。在传统的病历记录中，医生非系统地记下很多事后看来不太相关的信息，而NextGen系统地收集从头至尾的信息。从某种意义上来说，这使医生不再单纯地扮演记录数据的角色。医生得到的数据就比让他自己做病历记录所能得到的信息要丰富得多，因为医生自己记录得往往很简单。

大数据分析这些大量的新数据能够使医生历史上第一次有机会即时判断出流行性疾病。诊断时不应该仅根据专家筛选过的数据，还根据使用该医疗保健体系的数百万民众的看病经历，数据分析最终的确可以更好地决定如何诊断。

大数据分析使数据决策崛起。它让你在回归方程的统计预测和随机试验的指导下进行决策——这是循证医学真正想要的。大多数医生（正如我们已经看过和即将看到的其他决策者一样）仍然固守成见，认为诊断是一门经验和直觉最为重要的艺术。但对于大数据天才来说，诊断只不过是另一种预测而已。

【延伸阅读】

谷歌预测流感

当人们利用谷歌进行网络搜索时，我们把秘密告诉了它，现在它也开始洞察我们的病体。互联网巨人谷歌的一支研发团队在《自然》杂志上发表论文，详细介绍谷歌正在利用它收集到的无数个人搜索词汇数据，赶在政府流行病学家之前两个星期来预测流感的出现。然而，这个看似造福于人的流感趋势预报却引发了一场隐私保护组织的严厉声讨。

如今，在美国的诊所内，或许会碰到这样的病人，当他边"咳嗽"边走进来的时候，带着非常肯定的口吻告诉医生："我得了流感，我已经在网上得知了我的病情，快点儿给我开药方吧！"

这个设想基于谷歌在2008年11月份正式推出的一个名为"谷歌流感趋势"的项目，在人们进行网络搜索的时候，它利用了人们在网上对他们的健康问题寻求帮助的趋势来预测流感。通过追踪像"咳嗽"、"发烧"和"疼痛"这样的词汇，它表明已经能够准确地判断流感在哪里扩散。

与美国疾病控制和预防中心（CDC）通常需要花费数星期整理并发布流感疫情报告不同，谷歌的流感趋势报告每日更新。所以，在官方的健康组织还没有发布健康趋势之前，搜索引擎就能利用网上的搜索查询内容来预测潜在流感的发生。

提前 14 天准确预测流感爆发"谷歌流感趋势"的发明者是谷歌公司的两名软件工程师 Jeremy Ginsberg 和 Matt Mohebb。他们认为："谷歌搜索显示的数据分布模式非常有价值。"他们在关于这一项目的日志中写道：结果是传统的流感监测系统要用一到两个星期来收集和发布监测数据，而谷歌搜索查询统计却是在很短的时间内自动完成的。"通过我们每天的评估，流感趋势项目可以为流感的爆发提供一个早期预警系统。"

谷歌在美国的 9 个地区就这一观点做了测试并且发现它比联邦疾病控制和预防中心提前了 7～14 天准确预测了流感的爆发。谷歌希望这一发现同样能帮助预测别的流行病。流感预测目前也只是限于在美国。

如今，"谷歌流感趋势"正逐渐受到美国官方健康组织的认可。美国疾病控制和预防中心正打算与谷歌合作推广该项目，提醒内科医生以及公共健康组织在流感爆发季的反应，减轻疾病的传播，甚至挽救生命。"这些数据非常非常及时……谷歌的公布速度比我们快上一个星期。它们可以被用作流感活动来临的提前讯号。"美国疾病控制和预防中心的流感检测中心负责人 Lyn Finelli 表示，"警告发出得越早，预防和控制措施也就能越早到位。而这能够预防流感的爆发。流感导致全球每年有 25 万至 50 万人死于流感，而研究表明，30%～40% 的美国人习惯通过登录网络获取健康咨询。"

其实，早在两年前，谷歌公司推出的风靡全球的三维卫星地图软件"谷歌地球"就开始被人们拿来尝试预测流行病。2006 年 6 月，美国科学家就开始利用"谷歌地球"搜索特定区域、利用卫星图片形成虚拟三维地图的服务来帮助他们狙击禽流感登陆美国。科学家们说，"谷歌地球"对于他们的好处在于它能提供许多细节，例如大型养鸡场周边道路、学校和房屋的位置等。

麻省理工学院斯隆商学院的教授托马斯·马龙在接受《纽约时报》采访时对谷歌的创意赞赏不已。他说，"使用谷歌，从用户不经意间创造的数据来看世界上原本看不见的模式，这看起来是一个聪明的做法。"

然而，自从人们开始享受"谷歌流感趋势"带来的福祉后，也不禁开始担忧起自己的隐私问题。尽管谷歌高级法律顾问迈克·杨坚持在 12 月 9 日发表声明表示，"流感趋势"不包含任何个人身份信息。他说："'流感趋势'使用的数据是从几亿个搜索结果中聚合而来。这些数据不包含任何能够确定用户身份的信息。我们也从未透露过究竟有多少用户搜索过特定的关键词。"但相关隐私团体仍质疑表示，谷歌在利用搜索结果预测流感爆发的方法上缺乏透明性，目前还没有一个独立的机构来审核谷歌究竟是如何将用户的搜索结果转换成"流感趋势"服务的。

"我们其实是想知道，谷歌能否找到一种方法来确保他们的聚合数据不会泄漏究竟是哪些用户提交了这些搜索信息，他们的这一技术应当更加透明。"电子隐私信息中心主席马克·罗登伯格说。他认为，这一问题非常重要，因为谷歌用于追踪流感爆发的技术同样可用来追踪"非典"等其他疾病。他说："假如底特律爆发了'非典'，而当局又希望知道究竟是谁提交了相关的搜索结果，那么谷歌如何保证这些信息不被泄漏？"

罗登伯格还指出，根据谷歌的隐私政策，与搜索结果相关的 IP 地址都会在 9 个月后被删除，但与此相悖的是，当谷歌推出"流感趋势"时，他们却表示，这一服务不仅会利用当前的搜索结果,还会对之前的数据进行分析,最早甚至可以追溯到 2003 年。

美国网络民权组织"数字民主中心"的执行总监杰弗里·切斯特则指出,谷歌发布"流感趋势"实际上是向医药市场表明,谷歌有能力通过其搜索结果提供复杂而精确的分析,从而帮助医药厂商发布更为精准的广告。"谷歌已经意识到,原本毫无用处的搜索数据可以为谷歌创造新的利润来源。向其数量庞大的用户投放健康领域的定位广告将非常有利可图。"

计算机程序设计师、电子前线基金会先锋奖获得者西塞·凡克尔斯廷在《卫报》上发表评论文章说,如今还没有一种有效的解决方案把"谷歌流感趋势"从"两难境地"中解救出来,因为这一技术是福是祸主要还得依赖人们如何使用它。但西塞同时提醒人们,对于疾病监测系统一定要抱以"小心翼翼"的态度。

资料来源:周一妍,外滩画报 2008.12.26

【实验与思考】

了解大数据及其在线支持

1. 实验目的

(1) 了解传统医学与循证医学,理解大数据对循证医学的促进作用;

(2) 通过因特网搜索与浏览,了解更多大数据变革公共卫生的典型案例,加深理解大数据在医疗与健康领域的应用前景。

2. 工具/准备工作

在开始本实验之前,请认真阅读课程的相关内容。

需要准备一台带有浏览器,能够访问因特网的计算机。

3. 实验内容与步骤

(1) 在本章课文中例举了哪些大数据促进医疗与健康的典型案例? 这些案例带给你哪些启发?

答:_____

_____

_____

_____

(2) 请思考并分析:大数据环境下的医疗信息数字化,与传统医学的医院管理信息系统(HMIS)有什么不同?

答:_____

_____

_____

（3）为什么说：在大数据时代,循证医学的成功就是数据决策的成功？请简述。

答：_____

_____

_____

_____

（4）**"谷歌预测流感"**是众多大数据相关文献中的经典案例,请认真阅读与分析此案例,并简单叙述你对这个案例的理解。

答：_____

_____

_____

_____

_____

4．实验总结

_____

_____

_____

5．实验评价（教师）

_____

_____

第6章

大数据激发创造力

【导读案例】

Facebook 的设计决策

Facebook 是全球第一大社交网络服务网站（图 6-1），拥有约九亿用户，于 2004 年 2 月 4 日上线，主要创始人为美国人马克·扎克伯格。据说，网站的名字 Facebook 来自传统的纸质"花名册"，通常美国的大学和预科学校把这种印有学校社区所有成员的"花名册"发放给新来的学生和教职员工，帮助大家认识学校的其他成员。

图 6-1　Facebook

这样一个公司，其任何设计决策都影响了很多人。因此，大多数情况下，当 Facebook 改变其设计决策时，用户一般都不会接受这种改变。事实上，他们还会讨厌这种改变。

2006 年，当 Facebook 首次推出新闻供稿功能（News Feed）时，几十万名学生对这一举措提出了抗议，而当时，社交网站的用户仅有 800 万人。然而在后来，新闻供稿功能发展成为该网站最受欢迎的功能之一。Facebook 的产品总监亚当·莫瑟里曾这样说过，新闻供稿功能是网站流量和参与度的主要驱动力。这就解释了为什么 Facebook 在做决策时会采取莫瑟里提到的数据启示方法，而不是数据驱动型方法。莫瑟里指出，许多竞争因素会启示产品的设计决策，并强调了 6 种因素：定量数据、定性数据、战略利益、用户利益、网络利益和商业利益。

定量数据揭示了人们实际上是如何使用 Facebook 产品的。例如，上传照片用户的百分比，或一次上传多张照片的用户的百分比。

据莫瑟里称，85% 的网站内容是由 20% 的 Facebook 用户（每月登录时间超过 25 天的用户)生成的。因此,保证更多的用户会在网站上生成内容(例如上传照片)至关重要。

定性数据是类似于眼球追踪研究结果这类的数据。当你浏览网页时,眼球追踪研究会对眼球的运动情况进行观察。眼球追踪研究还会为产品设计师提供关键的信息,使他们了解到网页元素是否可被发现以及发布的信息是否有用。这种研究会为观察者提供两种以上的不同设计,让他们看到哪种设计会产生更多的信息保留,这对数字书籍设计或新闻网站建设非常重要。

莫瑟里还强调了 Facebook 的问答服务,即向好友提出问题并获得答案,它是战略利益的一个有效例子。这些利益可能会与其他利益竞争,或对其他利益造成强烈的冲击。在问答服务中,回答问题所需输入的字段将会对"用户在思考什么"造成强烈的冲击。

网络利益包含许多因素,如市场竞争以及私人群体或政府带来的监管问题。比方说,Facebook 必须将欧盟的输入功能并入其地址功能中。最后,还要提到商业利益因素,这些因素会影响创收和盈利能力。

创收可能会与用户增长和参与度相互竞争。网站上发布的广告越多,在短期内可能会产生更多的收入,但是从长期来看,用户的参与度会下降。

莫瑟里指出,专门依靠数据驱动做决策所面临的挑战之一是局部最大化的优化风险。他举了两个例子来说明这一问题:Facebook 的照片和应用程序。

Facebook 上传原始照片的设备是一个可供下载的软件,用户必须将这种软件安装在他们的网页浏览器中。在使用苹果 Macintosh 计算机的 Safari 浏览器时,用户会接收到这样一个可怕的警告:"Facebook 的一个小程序请求访问您的计算机。"在使用 IE 浏览器时,用户必须下载一个 ActiveX 控件,这是一种在浏览器内部运行的软件。但是,要想安装这种控件,他们必须首先找到一个 11 像素的黄色条形框——当控件存在时,这个黄色条形框会向他们发出提醒。

设计团队发现,大约有 120 万名用户收到安装上传软件的要求,但只有 37% 的用户会照做。一些用户已经安装了上传软件,但大多数用户没有安装。所以,Facebook 要尽可能地优化这种照片上传体验。设计团队不得不重新审视照片上传的整个过程,他们必须保证整个过程的操作更加便捷。在这种情况下,大数据可以帮助 Facebook 实现增量改进,但它并不能为这个团队提供一种全新的设计,即一个基于全新上传工具的设计。

而随着 Facebook 应用程序的出现,比如像《黑帮战争》和《边境小镇》这类广为人知的游戏,Facebook 在其网站上设置了导航栏,这种设计反而限制了这些应用程序的访问量。虽然设计团队在现有的布局中实现增量改进,但是这种改进的影响不是很大。

正如莫瑟里所言,"真正的创新通常会导致数据变差。"虽然数据变差往往会导致短期的不适应(新闻供稿功能就是这样的例子),但从长远来看,这些活动会带来深远的影响。Facebook 的设计不受这些短期数据的支配。在谈到 Facebook 以往的设计时,莫瑟里强调说:"我们已经自主设计了很多产品。"如果你感觉这些话听起来有点儿耳熟,那是因为另一家知名的技术企业也是用这种方式来设计产品的。

阅读上文,请思考、分析并简单记录:

(1) 你怎么理解"大多数情况下,当 Facebook 改变其设计决策时,用户一般都不会接受这种改变。事实上,他们还会讨厌这种改变"? 你还能举出类似这样的例子吗?(考虑

QQ、微信、网游、手游的发展。)

答：_____

_____

_____

_____

（2）哪 6 种因素会影响到 Facebook 的产品设计决策？

答：_____

_____

_____

_____

（3）"真正的创新通常会导致数据变差"，那为什么还要创新设计？

答：_____

_____

_____

_____

（4）请简单描述你所知道的上一周发生的国际、国内或者身边的大事。

答：_____

_____

_____

_____

_____

6.1 大数据帮助改善设计

通常，设计师往往认为创造力与数据格格不入，甚至会阻碍创造力的发展。但实际情况是，数据在确定设计改变是否可以帮助更多的人完成他们的任务或实现更高的转换方面，可谓大有裨益。

数据可以帮助改善现有的设计，但数据并不能为设计者提供一种全新的设计。它可以改善网站，但它不能从无到有地创造出一个全新的网站。换句话说，在提到设计时，数据可能会有助于实现局部最大化，而不是全局最大化。当设计无法正常运作时，数据也会向你发布通知。

不管是游戏、汽车还是建筑物，这些不同领域的设计有一个共同的特点，就是其设计过程在不断变化。从设计研发到最终对这种设计进行测试，这一循环过程会随着大数据的使用而逐渐缩短。从现有的设计中获取数据，并搞清楚问题所在，或弄懂如何大幅度改善的过程也在逐渐加快。低成本的数据采集和计算机资源,在加快设计、测试和重新设计这一过程中发挥了很大的作用。反过来说,不仅人们自己研发的设计能够接收到启示,设计程序本身也会如此。

6.1.1 少而精是设计的核心

苹果(Apple)公司的产品设计一向为世人所称道(图6-2),其前任高级工程经理迈克尔·洛拍和约翰·格鲁伯曾谈到为什么苹果公司总是能够创造卓越的设计。

图 6-2 苹果早期产品原型的简约设计

第一,苹果认为良好的设计就像一件礼品。苹果不仅专注于产品的设计,还注重产品的包装。"预期的建立会使产品在现身时,为用户带来一种享受。"对于苹果公司来说,每个产品都是一个礼品,礼品内又包裹着层层惊喜:iPad、iPhone 或 MacBook 的包装、外观和触觉,乃至产品内部运行的软件都会给人一种惊喜。

第二,"拥有完美像素的样机至关重要"。苹果的设计师们会对潜在的设计进行模拟,甚至还会对像素进行模拟。这种方法打消了人们对产品外观的疑虑。不像多数样机中使用的拉丁文本"Lorem ipsum"(注:印刷排版业中常用到的一个测试用的虚构词组,其主要目的是为测试文章或文字在不同字型、版型下看起来的效果),苹果的设计师们甚至还在样机上设计出了正式的文本。

第三,苹果的设计师们往往会为一种潜在的新功能研发出 10 种设计方案。之后,团队会从这 10 种方案中选出 3 种,然后再从中选出最终的设计。这就是所谓的 10∶3∶1 的设计方法。

第四,苹果的设计团队每周都会召开两次不同类型的会议。在头脑风暴会议上,所有人都能不受局限地发挥想象力,他们不会去考虑什么方法可行。生产会议则专注于结构和进度的实用性。除此之外,苹果还采取了一些其他的措施,以保证自己的设计卓尔不群。

众所周知,苹果公司不做市场调查,相反,公司员工只专注于设计他们自己想用的产品。主管设计的高级副总裁乔纳森·伊夫曾说过,苹果大多数的核心产品都是由一个不到 20 人的小型设计团队设计出来的。苹果公司软硬件兼备,这就使得公司能够为用户提供集最佳体验于一身的产品。更重要的是,公司以少而精作为设计的核心,这就保证了公司能够提供精益求精的产品,公司"对完美有一种近乎疯狂的关注"。

苹果产品具有简单、优雅、易于使用等特征。该公司在产品设计上花费的心血并不比产品的功能设置要少。乔布斯曾说过,伟大的设计并不仅仅在于产品的唯美主义价值,还关注产品的功能。除了要保证产品的美观外,最基本的还是要使它们易于使用。

6.1.2　与玩家共同设计游戏

大数据在高科技的游戏设计领域中也发挥着至关重要的作用。通过分析,游戏设计者可以对新保留率和商业化机会进行评估,即使是在现有的游戏基础之上,也能为用户提供令人更加满意的游戏体验。通过对游戏费用等指标的分析,游戏设计师们能吸引游戏玩家,提高保留率、每日活跃用户和每月活跃用户数、每个游戏玩家支付的费用以及游戏玩家每次玩游戏花费的时间。Kontagent 公司则为收集这类数据提供辅助工具。该公司曾与成千上万的游戏工作室合作过,以帮助他们测试和改进他们发明的游戏。游戏公司通过定制的组件来发明游戏。他们采用的是内容管道方法(Content Pipeline),其中的游戏引擎可以导入游戏要素,这些要素包括图形、级别、目标和挑战,以供游戏玩家攻克。这种管道方法意味着,游戏公司会区分不同种类的工作,比如对软件工程师的工作和图形艺术家及级别设计师的工作进行区分。通过设置更多的关卡,游戏设计者更容易对现有的游戏进行拓展,而无须重新编写整个游戏。

相反,设计师和图形艺术家只需创建新级别的脚本、添加新挑战、创造新图形和元素。这也就意味着,不仅游戏设计者可以添加新级别,游戏玩家也可以这么做,或者至少可以设计新图形。

游戏设计者斯科特·休梅克还表明,利用数据驱动来设计游戏,可以减少游戏创造过程中的相关风险。不仅是因为许多游戏很难通关成功,而且,就财务方面而言,通关成功的游戏往往并不成功。正如休梅克曾指出的,好的游戏不仅关乎良好的图形和级别设计,还与游戏的趣味性和吸引力有关。在游戏发行之前,游戏设计师很难对这些因素进行正确的评估,所以游戏设计的推行、测试和调整至关重要。通过将游戏数据和游戏引擎进行区分,很容易对这些游戏元素进行调整,如《吃豆人》游戏中小精灵吃豆的速度。

6.1.3　以人为本的汽车设计理念

福特汽车(图 6-3)的首席大数据分析师约翰·金德认为,汽车企业坐拥海量的数据信息,"消费者、大众及福特自身都能受益匪浅。"2006 年左右,随着金融危机的爆发以及新任首席执行官的就职,福特公司开始更加乐于接受基于数据得出的决策,而不再单纯凭直觉做出决策。公司在数据分析和模拟的基础上提出了更多新的方法。

福特公司的不同职能部门都会配备数据分析小组,如信贷部门的风险分析小组、市场营销分析小组、研发部门的汽车研究分析小组。数据在公司发挥了重大作用,因为数据和数据分析不仅可以解决个别战术问题,而且对公司持续战略的制定来说也是一笔重要的资产。公司强调数据驱动文化的重要性,这种自上而下的度量重点对公司的数据使用和周转产生了巨大的影响。

福特还在硅谷建立了一个实验室,以帮助公司发展科技创新。公司获取的数据主要来自于大约四百万辆配备有车载传感设备的汽车。通过对这些数据进行分析,工程师能够了解人们驾驶汽车的情况、汽车驾驶环境及车辆响应情况。所有这些数据都能帮助改

图 6-3　福特汽车中国网站

善车辆的操作性、燃油的经济性和车辆的排气质量。利用这些数据,公司对汽车的设计进行了改良,降低了车内噪声(会影响车载语音识别软件),还能确定扬声器的最佳位置,以便接收语音指示。

　　设计师还能利用数据分析做出决策,如赛车改良决策和影响消费者购买汽车的决策。举例来说,潘世奇车队设计的赛车不断在比赛中失利。为了弄清失利的原因,工程师为该车队的赛车配备了传感器,这种传感器能收集到二十多种不同变量的数据,如轮胎温度和转向等。虽然工程师已对这些数据进行了两年的分析,他们仍然无法弄清楚赛车手在比赛中失利的原因。

而数据分析型公司 Event Horizon 也收集了同样的数据,但其对数据的处理方式完全不同。该公司没有从原始数字入手,而是通过可视化模拟来重视赛车改装后在比赛中的情况。通过可视化模拟,他们很快就了解到,赛车手转动方向盘和赛车启动之间存在一段滞后时间。赛车手在这段时间内会做出很多微小的调整,所有这些微小的调整加起来就占据了不少时间。

由此可以看出,仅拥有真实的数据是远远不够的。就大数据的设计和其他方面而言,能够以正确的方式观察数据才是至关重要的。

6.1.4　寻找最佳音响效果

大数据还能帮助我们设计更好的音乐厅。在 20 世纪末,哈佛大学的讲师 W. C. 萨宾开创了建筑声学这一新领域。

研究之初,萨宾将福格演讲厅(听众认为其声学效果不明显)和附近的桑德斯剧院(声学效果显著)进行了对比。在助手的协助下,萨宾将坐垫之类的物品从桑德斯剧院移到了福格演讲厅,以判断这类物品对音乐厅的声学效果会产生怎样的影响。萨宾和他的助手在夜间开始工作,经过仔细测量后,他们会在早晨到来之前将所有物品放回原位,从而不影响两个音乐厅的日间运作。

经过大量的研究,萨宾对混响时间(或称"回声效应")做出了这样一个定义:它是声音从其原始水平下降 60dB 所需的秒数。萨宾发现,声学效果最好的音乐厅的混响时间为 2～2.25s。混响时间太长的音乐厅会被认为过于"活跃",而混响时间太短的音乐厅会被认为过于"平淡"。混响时间的长短主要取决于两个因素:房间的容积和总吸收面积,或现有吸收面积。在福格演讲厅中,所听到的说话声大约能延长 5.5s,萨宾减少了其回音效果并改善了它的声学效果。后来,萨宾还参与了波士顿音乐厅(图 6-4)的设计。

图 6-4　波士顿音乐厅

继萨宾之后,该领域开始呈现出蓬勃的发展趋势。如今,借助模型,数据分析师不仅对现有音乐厅的声学问题进行评估,还能模拟新音乐厅的设计。同时,还能对具有可重新配置几何形状及材料的音乐厅进行调整,以满足音乐或演讲等不同的用途,这就是其创新所在。

具有讽刺意味的是,许多建于 19 世纪后期的古典音乐厅的音响效果可谓完美,而那些近期建造的音乐厅则达不到这种效果。这主要是因为如今的音乐厅渴望容纳更多的席位,同时还引进了许多新型建材以使建筑师设计出几乎任何形状和大小的音乐厅,而不再受限于木材的强度和硬度。现在建筑师正试图设计新的音乐厅,以期能与波士顿和维也纳音乐殿堂的音响效果匹敌。音质、音乐厅容量和音乐厅的形状可能会出现冲突。而通过利用大数据,建筑师可能会设计出跟以前类似的音响效果,同时还能使用现代化的建筑材料来满足当今的座席要求。

6.1.5　建筑,数据取代直觉

建筑师还在不断将数据驱动型设计推广至更广泛的领域。正如 LMN 建筑事务所的萨姆·米勒指出的,老建筑的设计周期是:设计、记录、构建和重复。只有经过多年的实践,才能完全领会这一过程,一个拥有二十多年设计经验的建筑师或许只见证过十几个这样的设计周期。随着数据驱动型架构的实现,建筑师已经可以用一种迭代循环过程来取代上述过程了,该迭代循环过程即模型、模拟、分析、综合、优化和重复。就像发动机设计人员可以使用模型来模拟发动机的性能一样,建筑师如今也可以使用模型来模拟建筑物的结构。

据米勒讲,他的设计组如今只需短短几天的时间就可以模拟成百上千种设计,他们还可以找出哪些因素会对设计产生最大的影响。米勒说:"直觉在数据驱动型设计程序中发挥的作用在逐渐减少。"而且,建筑物的性能要更加良好。

建筑师并不能保证研究和设计会花费多少时间,但米勒说,数据驱动型方法使这种投资变得更加有意义,因为它保证了公司的竞争优势。通过将数据应用于节能和节水的实践中,大数据也有助于绿色建筑的设计。通过评估基准数据,建筑师如今可以判断出某个特定的建筑物与其他绿色建筑的区别所在。美国环保署(EPA)的在线工具"投资组合经理"就应用了这一方法。它的主要功能是互动能源管理,它可以让业主、管理者和投资者对所有建筑物耗费的能源和用水进行跟踪和评估。

Safaira 公司还设计了一种基于 Web 的软件,软件利用专业物理知识,能够提供设计分析、知识管理和决策支持。有了这种软件,用户就可以对不同战略设计中的能源、水、碳和经济利益进行测量和优化。

6.2　大数据操作回路

几十年来,理解数据是数据分析师、统计学家们的事情。业务经理要想提取数据,不仅要等 IT 部门收集到主要数据,还要等分析师们将数据汇聚并分析理解之后才能处理。大数据应用程序的前景不仅是收集数据的能力,还有利用数据的能力,而且对数据的利用不需要采用只有统计学家们才会使用的一系列工具。通过让数据变得更易获取,大数据应用程序将使组织机构一个产品线、一个产品线地变得更依赖于数据驱动。不过,即使有了数据和利用数据所需的相关工具,要做到数据化还是有相应的难度的。

数据驱动要求我们不仅要掌握数据,挑出数据,还必须根据所基于的相关数据来制定决策。这样的话,我们既要有信心,即相信数据;也要有足够的信念,即使大众的意见与之相左,也要基于数据来进行决策。我们将其称为大数据操作回路(图 6-5)。

图 6-5　大数据操作回路

6.2.1　信号与噪声

从历史的角度看,获取和处理数据都很麻烦,因为通常数据并不集中在一个地方。公司内部数据分布在一系列不同的数据库、数据存储器和文件服务器之中,而外部数据则分布在市场报告、网络以及其他难以获取数据的地方。

大数据的挑战和优势就在于,它通常会将所有数据集中到一个地方,这就意味着有可能通过处理更多相关数据,得到更丰富的内涵——工程师们将这些数据称为信号,当然,这也意味着有更多的噪声——与结论不相关的数据和甚至会导致错误结论的数据。

如果计算机或人不能理解数据,那么仅仅将数据集中到一起也起不了什么作用。大数据应用程序有助于从噪声中提取信号,以加强我们对数据的信心,提升基于数据进行决策的信念。

6.2.2　大数据反馈回路

在你第一次摸到滚烫的火炉的时候,第一次把手伸进电源盒的时候,或者第一次超速行驶的时候,你会经历一次反馈回路。不管你是否意识到,你都会进行测算并分析其结果,这个结果会影响你未来的行为。我们把这称之为"大数据反馈回路",而这也是成功的大数据应用程序的核心所在(图 6-6)。

图 6-6　大数据反馈回路

通过测算,你会发现摸滚烫的火炉或者被电击会让你感到疼痛,超速行驶会给你招来昂贵的罚单或者车祸。不过,你要是侥幸逃过了这些,你可能会觉得超速行驶很爽。

不管结果如何,所有的行为都会给你反馈。你会把这些反馈融入到你的个人数据图书馆中,然后根据这些数据,改变你未来的行为方式。你要是有过那么一次很爽的超速行驶的经历,在未来,你可能会更多地选择超速行驶。

如果你有过被火炉烫到的不爽的经历,你可能以后在摸火炉之前会先确认它是否烫手。当涉及大数据的时候,这种反馈回路至关重要。单纯动手收集和分析数据并不够,还必须有从数据中得出一系列结论的能力以及对这些结论的反馈,以确认这些结论的正误。模型融入的数据越相关,越能得到更多关于假设的反馈,因而你的见解也就越有价值。

过去运行这种反馈回路速度慢、时间长。比方说,收集销售数据,然后试图总结出能促进消费者购买的定价机制或产品特征。我们调整价格、改变产品特征并再次进行试验。问题就在于,当我们总结出分析结果,并调整了价格和产品的时候,情况又发生了变化。

大数据的好处在于,如今能够以更快的速度运行这种反馈回路。比方说,广告界的大数据应用程序需要通过提供多种多样的广告才能够得知哪个广告最奏效,这甚至能在细分基础上得以实现——他们能判断出哪个广告对哪种人群最奏效。人们没法做这种 A 或 B 的测算——展示不同的广告来知道哪个更好,或哪个见效更快。但是计算机能大量地进行这种测算,不仅在不同的广告中间进行选择,实际上还能自行修订广告——不同的字体、颜色、尺寸或图片,以确定哪些最有效。这种实时反馈回路是大数据最具力量的一面,即大量收集数据并迅速就许多不同方法进行测算和行动的能力。

6.2.3　最小数据规模

随着我们不断推进大数据,收集和存储数据不再是什么大问题了,相反,如何处理数据变成了一个棘手的问题。一个高效的反馈回路需要一个足够大型的测试装置——配有网站访问量、销售人员的号召力、广告的浏览量等。我们将这种测试装置称为"最小数据规模",它是指要运行大数据反馈回路并从中得出有意义的洞悉所需要的最小数据量(图 6-7)。

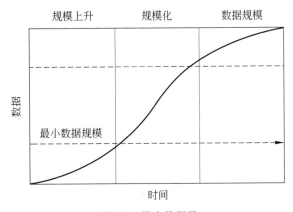

图 6-7　最小数据量

最小数据规模意味着公司有足够的网站访问量、足够的广告浏览量,或者足够的销售前景信息,使得决策者能基于这些测试得出有效的结论并制定决策。当公司达到最小数据规模的要求时,它就可以利用大数据应用程序告知销售人员下一步应该打电话给谁,或确定哪个广告有助于实现最高的折现率,或者给读者推荐正确的电影或书籍。当公司的数据集如此巨大,已经变成一项竞争优势的时候,就成为像亚马逊、谷歌、Facebook 这样的公司。

6.2.4　大数据应用程序的优势与作用

大数据应用程序的优势就在于它负责运行大数据的部分或全部反馈回路。一些大数据应用程序,比如说强大的分析和可视化应用,能把数据放在一个地方并让其可视,然后,人们能决定下一步该做什么。还有一些大数据应用程序可以自动测试新方法并决定下一步做什么,比如自动投放广告和网站优化。

现今的大数据应用程序在实现全球数据规模最大化的过程中所起的作用并不大。但它们可以最大限度地优化当地的数据规模,使之最大化。它们能投放合适的广告、优化网页、告知销售人员电话营销的对象,还能在销售人员打电话的过程中指点他,告诉他应该说些什么。

6.3 大数据资产的崛起

公司收集的大量数据称为"大数据资产",将数据转化为优势的公司将有能力降低成本、提升价格、区分优劣、吸引更多顾客并最终留住更多顾客。这主要包含以下两层意思。

第一,对初创公司来说,现在有大量的机会能够使公司通过创建应用来实现这种竞争优势,且这种方法一经创建能立即被使用。公司无须自行创建这些可能性,它们能通过应用程序获取可能性。

第二,将数据和依靠数据办事的能力作为核心资产的公司(不管是初创公司还是大型公司),相比并非如此的公司而言,有极大的竞争优势。

6.3.1 大数据催生崭新的应用程序

提及大数据,我们已经见证了一系列新应用程序的诞生,而这些只是冰山一角。现在,很多应用程序都聚集在业务问题上,但是将来会出现更多的打破整个大环境和产业现状的应用程序。以加利福尼亚州圣克鲁斯市的警局为例,他们通过分析历史犯罪记录,预测犯罪即将发生的地点。然后,他们派警员到有可能发生犯罪的地方。事实证明,这有利于降低犯罪率。也就是说,只要在一天中适当的时间或者一周中适当的一天(这取决于历史数据分析),将警员安插在适当的地方,就能减少犯罪。一家名为 Predpol 的公司为圣克鲁斯市警察局提供协助——该公司通过分析处理犯罪活动这种类型的大数据,以使其能在这种特定用途上发挥效用。

大数据催生着一系列新应用程序,这也意味着大数据不只为大公司所用,大数据将影响各种规模的公司,同时还会影响到人们的个人生活——从如何生活、如何相爱到如何学习。大数据再也不是有着大量数据分析师和数据工程师的大企业的专利。

分析大数据的基础架构已经具备(至少对企业来说),这些基础架构中的大部分都能在"云"中找到。起先实施起来是很容易的。有大量的公共数据可以利用,如此一来,企业家们将会创建大量的大数据应用程序。企业家和投资者所面临的挑战就是找到有意义的数据组合,包括公开的和私人的数据,然后将其在具体的应用中结合起来——这些应用将在未来几年内为很多人带来真正的好处。

6.3.2 寻找大数据"空白",提取最大价值

大数据为创业和投资开辟了一些新的领域。你不需要是统计学家、工程师或者数据分析师就可以轻松获取数据,然后凭借分析和洞察力开发可行的产品。这是一个充满机遇的主要领域。就像 Facebook 让照片分享变得更容易一样,新产品不仅能使分析变得更简单,还能将分析结果与人分享,并从这种协作中学到一些东西。

将众多内部数据聚合到一个地方,或者将公共数据和个人数据源相结合,也能开辟出产品开发和投资的新机遇。新数据组合能带来更优的信用评级、更好的城市规划,公司将有能力比竞争对手更快速、敏捷地发现市场变化并做出反应。大数据也将会有新的信息和数据服务业务。虽然如今网上有大量数据——从学校的成绩指标、天气信息到美国人

口普查,数据应有尽有,但是很多这些数据的原始数据依然很难获取。

　　收集数据、将数据标准化,并且要以一种能轻易获取数据的方式呈现数据可不容易。信息服务的范围已经到了不得不细分的时刻,因为处理这些数据太难了。新数据服务也会因为我们生成的新数据而涌现。因为智能手机配备有 GPS、动力感应和内置联网功能,它们就成为生成低成本具体位置数据的完美选择。研发者也已经开始创建应用程序来检测路面异常情况,比方说基于震动来检测路面坑洞。这需要大数据应用程序中的最基本的应用程序——如智能手机采用的这一类低成本传感器来收集新数据。

　　要从这样的空白机遇里提炼出最大的价值,不仅需要金融市场理解大数据业务,还需要其订阅大数据业务。在大数据、云计算、移动应用以及社会因素等因素的影响下,不难想象,信息技术在未来 20 年的发展一定比过去的 20 年更精彩。

【延伸阅读】

数据驱动 ≠ 大数据

　　数据驱动这样一种商业模式是在大数据的基础上产生的,它需要利用大数据的技术手段,对企业海量的数据进行分析处理,挖掘出这些海量数据的蕴含的价值,从而指导企业进行生产、销售、经营、管理。

1. 数据驱动与大数据有区别

　　数据驱动与大数据无论是从产生背景还是从内涵来说,都具有很大的不同。

　　1）产生背景不同

　　21 世纪第二个十年,伴随着移动互联网、云计算、大数据、物联网和社交化技术的发展,一切皆可数据化,全球正逐步进入数据社会阶段,企业也存储了海量的数据。在这样的进程中,曾经能获得竞争优势的定位、效率和产业结构均不能保证企业在残酷的商业竞争中保证自身竞争优势,诺基亚、索尼等就是很好地例子。在这样的背景之下,数据驱动产生了,未来谁能更好地由数据驱动企业生产、经营、管理,谁才有可能在残酷的竞争中立于不败之地。

　　大数据早于数据驱动产生,但是都出于相同的时代,都是在互联网、移动互联网、云计算、物联网之后。随着这些技术的应用,积累了海量的数据,单个数据没有任何价值,但是海量的数据则蕴含着不可估量的价值,通过挖掘、分析,可从中提取出相应的价值,而大数据就是为解决这一类问题而产生的。

　　由以上分析可知,数据驱动与大数据产生的背景及目的是有差别的,不可以认为数据驱动就是大数据。

　　2）内涵不同

　　数据驱动是一种新的运营模式。

　　在传统的商业模式之下,企业通过差异化的战略定位、高效率的经营管理以及低成本优势,可以保证企业在商业竞争中占据有利位置,这些可以通过对流程的不断优化实现,而在移动互联网时代以及正在进入的数据社会时代,这些优势都将不能保证企业的竞争优势,只有企业的数据才能保证企业的竞争优势,也就是说,企业只有由数据驱动才能保证其竞争优势。

在这样的环境之下,传统的经营管理模式都将改变以数据为中心,由数据驱动。数据驱动的企业,这实际上是技术对商业界,对企业界的一个改变。正如王文京总裁所说,消费电子产品经历了一个从模拟走向数字化的革命历程。与此类似,企业的经营管理也将从现有模式转向数据驱动的企业。这样一个转变,实际上也是全球企业面临的一场新变革。

2. 大数据是数据及相关技术工具的统称

大数据目前尚无统一定义,Gartner 认为大数据是需要新处理模式才能具有更强的决策力、洞察发现力和流程优化能力的海量、高增长率和多样化的信息资产。维基百科认为,大数据是指无法在可承受的时间范围内用常规软件工具进行捕捉、管理、处理的数据集合。从产业角度,常常把这些数据与采集它们的工具、平台、分析系统一起被称为"大数据"。大数据具有 Volume、Variety、Value 和 Velocity 的 4V 特征。

数据驱动是一种全新的商业模式,而大数据是海量的数据以及对这些数据进行处理的工具的统称。二者具有本质上的差别,不能一概而论。

3. 数据驱动与大数据有联系

虽然数据驱动与大数据有着众多的不同,但是由上面的阐述可以知道,数据驱动与大数据不是完全的两码事,二者还是有着一定的联系的。大数据是数据驱动的基础,而数据驱动是大数据的应用体现。

如前所述,数据驱动这样一种商业模式是在大数据的基础上产生的,它需要利用大数据的技术手段,对企业海量的数据进行分析处理,挖掘出这些海量数据蕴含的价值,从而指导企业进行生产、销售、经营、管理。

同样地,再先进的技术,如果不用于生产时间,则其对于社会是没有太大的价值的,大数据技术应用于数据驱动的企业这样一种商业模式之下,正好体现其应用价值。

资料来源:佚名,畅想网,2013/12/20

【实验与思考】

大数据如何激发创造力

1. 实验目的

(1) 熟悉大数据改善设计的主要途径和方法;
(2) 了解大数据催生崭新应用程序所带来的市场与商机;
(3) 熟悉大数据操作回路和反馈回路的概念,掌握数据驱动的设计方法。

2. 工具/准备工作

在开始本实验之前,请认真阅读课程的相关内容。
需要准备一台带有浏览器,能够访问因特网的计算机。

3. 实验内容与步骤

(1) 在大数据时代,数据是如何激发设计创造力的?

答:_____

_____

_____

(2) "大数据为创业和投资开辟了一些新的领域",请思考与分析,你能例举出这样的成功案例吗?

答:_____

_____

_____

(3) 什么是"数据反馈回路",大数据时代的数据反馈回路有什么特点?

答:_____

_____

_____

(4) 请通过网络搜索与文献阅读,思考与分析"什么是数据驱动"? 请举例说明。

答:_____

_____

_____

4. 实验总结

_____

_____

_____

5. 实验评价(教师)

_____

第7章

大数据预测分析

【导读案例】

葡萄酒的品质

奥利·阿什菲尔特是普林斯顿大学的一位经济学家，他的日常工作就是琢磨数据，利用统计学，他从大量的数据资料中提取出隐藏在数据背后的信息。

奥利非常喜欢喝葡萄酒（图 7-1），他说："当上好的红葡萄酒有了一定的年份时，就会发生一些非常神奇的事情。"当然，奥利指的不仅是葡萄酒的口感，还有隐藏在好葡萄酒和一般葡萄酒背后的力量。

"每次你买到上好的红葡萄酒时，"他说，"其实就是在进行投资，因为这瓶酒以后很有可能会变得更好。而且你想知道的不是它现在值多少钱，而是将来值多少钱。即使你并不打算卖掉它，而是喝掉它。如果你想知道把从当前消费中得到的愉悦推迟，将来能从中得到多少愉悦，那么这将是一个永远也讨论不完的、吸引人的话题。"而这个话题奥利已研究了25年。

图 7-1 波尔多葡萄酒

奥利身材高大，头发花白而浓密，声音友善，总是能成为人群中的主角。他曾花费心思研究的一个问题是，如何通过数字评估波尔多葡萄酒的品质。与品酒专家通常所使用的"品咂并吐掉"的方法不同，奥利用数字指标来判断能拍出高价的酒所应该具有的品质特征。

"其实很简单，"他说，"酒是一种农产品，每年都会受到气候条件的强烈影响。"因此奥利采集了法国波尔多地区的气候数据加以研究，他发现如果收割季节干旱少雨且整个夏季的平均气温较高，该年份就容易生产出品质上乘的葡萄酒。正如彼得·帕塞尔在《纽约时报》中报告的那样，奥利给出的统计方程与数据高度吻合。

当葡萄熟透、汁液高度浓缩时，波尔多葡萄酒是最好的。夏季特别炎热的年份，葡萄很容易熟透，酸度就会降低。炎热少雨的年份，葡萄汁也会高度浓缩。因此，天气越炎热干燥，越容易生产出品质一流的葡萄酒。熟透的葡萄能生产出口感柔润（即低敏度）的葡萄酒，而汁液高度浓缩的葡萄能够生产出醇厚的葡萄酒。

奥利把这个葡萄酒的理论简化为下面的方程式：

葡萄酒的品质＝12.145＋0.001 17×冬天降雨量＋0.0614×葡萄生长期平均气温
－0.003 86×收获季节降雨量

这个式子是对的。把任何年份的气候数据代入上面这个式子，奥利就能够预测出任意一种葡萄酒的平均品质。如果把这个式子变得再稍微复杂精巧一些，他还能更精确地预测出一百多个酒庄的葡萄酒品质。他承认"这看起来有点儿太数字化了"，"但这恰恰是法国人把他们葡萄酒庄园排成著名的1855个等级时所使用的方法"。

然而，当时传统的评酒专家并未接受奥利利用数据预测葡萄酒品质的做法。英国的《葡萄酒》杂志认为，"这条公式显然是很可笑的，我们无法重视它。"纽约葡萄酒商人威廉姆·萨科林认为，从波尔多葡萄酒产业的角度来看，奥利的做法"介于极端和滑稽可笑之间"。因此，奥利常常被业界人士取笑。当奥利在克里斯蒂拍卖行酒品部做关于葡萄酒的演讲时，坐在后排的交易商嘘声一片。

发行过《葡萄爱好者》杂志的罗伯特·帕克大概是世界上最有影响力的以葡萄酒为题材的作家了。他把奥利形容为"一个彻头彻尾的骗子"，尽管奥利是世界上最受敬重的数量经济学家之一，但是他的方法对于帕克来说，"其实是在用尼安德特人的思维(讽刺其思维原始)来看待葡萄酒。这是非常荒谬甚至非常可笑的。"帕克完全否定了数学方程式有助于鉴别出口感真正好的葡萄酒，"如果他邀请我去他家喝酒，我会感到恶心。"

帕克说奥利"就像某些影评一样，根据演员和导演告诉你电影有多好，实际上却从没看过那部电影"。

帕克的意思是，人们只有亲自去看过了一部影片，才能更精准地评价它，如果要对葡萄酒的品质评判得更准确，也应该亲自去品尝一下。但是有这样一个问题：在好几个月的时间里，人们是无法品尝到葡萄酒的。波尔多和勃艮第的葡萄酒在装瓶之前需要盛放在橡木桶里发酵18～24个月（图7-2）。像帕克这样的评酒专家需要酒装在桶里4个月以后才能第一次品尝，在这个阶段，葡萄酒还只是臭臭的、发酵的葡萄而已。不知道此时这种无法下咽的"酒"是否能够使品尝者得出关于酒的品质的准确信息。例如，巴特菲德拍卖行酒品部的前经理布鲁斯·凯泽曾经说过："发酵初期的葡萄酒变化非常快，没有人，我是说不

图7-2　葡萄酒窖藏

可能有人，能够通过品尝来准确地评估酒的好坏。至少要放上10年，甚至更久。"

与之形成鲜明对比的是，奥利从对数字的分析中能够得出气候与酒价之间的关系。他发现冬季降雨量每增加1毫米，酒价就有可能提高0.001 17美元。当然，这只是"有可能"而已。不过，对数据的分析使奥利可以预测葡萄酒的未来品质——这是品酒师有机会尝到第一口酒的数月之前，更是在葡萄酒卖出的数年之前。在葡萄酒期货交易活跃的今天，奥利的预测能够给葡萄酒收集者极大的帮助。

20世纪80年代后期，奥利开始在半年刊的简报《流动资产》上发布他的预测数据。

最初,他在《葡萄酒观察家》上给这个简报做小广告,随之有六百多人开始订阅。这些订阅者的分布是很广泛的,包括很多百万富翁以及痴迷葡萄酒的人——这是一些可以接受计量方法的葡萄酒收集爱好者。与每年花 30 美元来订阅罗伯特·帕克的简报《葡萄酒爱好者》的 30 000 人相比,《流动资产》的订阅人数确实少得可怜。

20 世纪 90 年代初期,《纽约时报》在头版头条登出了奥利的最新预测数据,这使得更多人了解了他的思想。奥利公开批判了帕克对 1986 年波尔多葡萄酒的估价。帕克对 1986 年波尔多葡萄酒的评价是"品质一流,甚至非常出色"。但是奥利不这么认为,他认为由于生产期内过低的平均气温以及收获期过多的雨水,这一年葡萄酒的品质注定平平。

当然,奥利对 1989 年波尔多葡萄酒的预测才是这篇文章中真正让人吃惊的地方,尽管当时这些酒在木桶里仅放置了三个月,还从未被品酒师品尝过,奥利预测这些酒将成为"世纪佳酿"。他保证这些酒的品质将会"令人震惊地一流"。根据他自己的评级,如果 1961 年的波尔多葡萄酒评级为 100 的话,那么 1989 年的葡萄酒将会达到 149。奥利甚至大胆地预测,这些酒"能够卖出过去 35 年中所生产的葡萄酒的最高价"。

看到这篇文章,评酒专家非常生气。帕克把奥利的数量估计描述为"愚蠢可笑"。萨科林说当时的反应是"既愤怒又恐惧。他确实让很多人感到恐慌。"在接下来的几年中,《葡萄酒观察家》拒绝为奥利(以及其他人)的简报做任何广告(图 7-3)。

评酒专家们开始辩解,极力指责奥利本人以及他所提出的方法。他们说他的方法是错的,因为这一方法无法准确地预测未来的酒价。例如,《葡萄酒观察家》的品酒经理托马斯·马休斯抱怨说,奥利对价格的预测,"在 27 种酒中只有三次完全准确"。即使奥利的公式"是为了与价格数据相符而特别设计的",他所预测的价格却"要么高于,要么低于真实的价格"。然而,对于统计学家(以及对此稍加思考的人)来说,预测有时过高,有时过低是件好事,因为这恰好说明估计量是无偏的。因此,帕克不得不常常降低自己最初的评级。

图 7-3　葡萄酒收藏

1990 年,奥利更加陷于孤立无援的境地。在宣称 1989 年的葡萄酒将成为"世纪佳酿"之后,数据告诉他 1990 年的葡萄酒将会更好,而且他也照实说了。现在回头再看,我们可以发现当时《流动资产》的预测惊人地准确。1989 年的葡萄酒确实是难得的佳酿,而 1990 年的也确实更好。

怎么可能在连续两年中生产出两种"世纪佳酿"呢?事实上,自 1986 年以来,每年葡萄生长期的气温都高于平均水平。法国的天气连续二十多年温暖和煦。对于葡萄酒爱好者们而言,这显然是生产柔润的波尔多葡萄酒的最适宜的时期。

传统的评酒专家们现在才开始更多地关注天气因素。尽管他们当中很多人从未公开承认奥利的预测,但他们自己的预测也开始越来越密切地与奥利那个简单的方程式联系在一起。此时奥利依然在维护自己的网站,但他不再制作简报。他说:"和过去不同的是,品酒师们不再犯严重的错误了。坦率地说,我有点儿自绝前程,我不再有任何附加值了。"

指责奥利的人仍然把他的思想看作是异端邪说,因为他试图把葡萄酒的世界看得更清楚。他从不使用华丽的辞藻和毫无意义的术语,而是直接说出预测的依据。

整个葡萄酒产业毫不妥协不仅仅是在做表面文章。"葡萄酒经销商及专栏作家只是不希望公众知道奥利所做出的预测。"凯泽说,"这一点从 1986 年的葡萄酒就已经显现出来了。奥利说品酒师们的评级是骗人的,因为那一年的气候对于葡萄的生长来说非常不利,雨水泛滥,气温也不够高。但是当时所有的专栏作家都言辞激烈地坚持认为那一年的酒会是好酒。事实证明奥利是对的,但是正确的观点不一定总是受欢迎的。"

葡萄酒经销商和专栏评论家们都能够从维持自己在葡萄酒品质方面的信息垄断者地位中受益。葡萄酒经销商利用长期高估的最初评级来稳定葡萄酒价格。《葡萄酒观察家》和《葡萄酒爱好者》能否保持葡萄酒品质的仲裁者地位,决定着上百万资金的生死。很多人要谋生,就只能依赖于喝酒的人不相信这个方程式。

也有迹象表明事情正在发生变化。伦敦克里斯蒂拍卖行国际酒品部主席迈克尔·布罗德本特委婉地说:"很多人认为奥利是个怪人,我也认为他在很多方面的确很怪。但是我发现,他的思想和工作会在多年后依然留下光辉的痕迹。他所做的努力对于打算买酒的人来说非常有帮助。"

阅读上文,请思考、分析并简单记录:

(1) 请通过网络搜索,详细了解法国城市波尔多,了解其地理特点和波尔多葡萄酒,并就此做简单介绍。

答:_____

(2) 对葡萄酒品质的评价,传统方法的主要依据是什么?而奥利的预测方法是什么?

答:_____

(3) 虽然后来的事实肯定了奥利的葡萄酒品质预测方法,但这是否就意味着传统品酒师的职业就没有必要存在了?你认为传统方法和大数据方法的关系应该如何处理?

答:_____

（4）请简单描述你所知道的上一周发生的国际、国内或者身边的大事。

答：_____

_____

_____

_____

_____

7.1 什么是预测分析

预测分析是一种统计或数据挖掘解决方案,可在结构化和非结构化数据中使用以确定未来结果的算法和技术,可用于预测、优化、预报和模拟等许多用途。大数据时代下,作为其核心,预测分析已在商业和社会中得到广泛应用。随着越来越多的数据被记录和整理,未来预测分析必定会成为所有领域的关键技术。

7.1.1 预测分析的作用

预测分析和假设情况分析可帮助用户评审和权衡潜在决策的影响力,用来分析历史模式和概率,以预测未来业绩并采取预防措施。其主要作用如下。

1. 决策管理

决策管理是用来优化并自动化业务决策的一种卓有成效的成熟方法。它通过预测分析让组织能够在制定决策以前有所行动,以便预测哪些行动在将来最有可能获得成功,优化成果并解决特定的业务问题。决策管理包括管理自动化决策设计和部署的各个方面,供组织管理其与客户、员工和供应商的交互。从本质上讲,决策管理使优化的决策成为企业业务流程的一部分。由于闭环系统不断将有价值的反馈纳入到决策制定过程中,所以对于希望对变化的环境做出即时反应并最大化每个决策的组织来说,它是非常理想的方法。

当今世界,竞争的最大挑战之一是组织如何在决策制定过程中更好地利用数据。可用于企业以及由企业生成的数据量非常高且以惊人的速度增长。与此同时,基于此数据制定决策的时间段非常短,且有日益缩短的趋势。虽然业务经理可能可以利用大量报告和仪表板来监控业务环境,但是使用此信息来指导业务流程和客户互动的关键步骤通常是手动的,因而不能及时响应变化的环境。希望获得竞争优势的组织们必须寻找更好的方式。

决策管理使用决策流程框架和分析来优化并自动化决策,通常专注于大批量决策并使用基于规则和基于分析模型的应用程序实现决策。对于传统上使用历史数据和静态信息作为业务决策基础的组织来说这是一个突破性的进展。

2. 滚动预测

预测是定期更新对未来绩效的当前观点,以反映新的或变化中的信息的过程,是基于分析当前和历史数据来决定未来趋势的过程。为应对这一需求,许多公司正在逐步采用滚动预测方法。

7×24 小时的业务运营影响造就了一个持续而又瞬息万变的环境,风险、波动和不确定性持续不断。并且,任何经济动荡都具有近乎实时的深远影响。

毫无疑问,对于这种变化感受最深的是 CFO(财务总监)和财务部门。虽然业务战略、产品定位、运营时间和产品线改进的决策可能是在财务部门外部做出,但制定这些决策的基础是财务团队使用绩效报告和预测提供的关键数据和分析。具有前瞻性的财务团队意识到传统的战略预测不能完成这一任务,他们正在迅速采用更加动态的、滚动的和基于驱动因子的方法。在这种环境中,预测变为一个极其重要的管理过程。为了抓住正确的机遇,为了满足投资者的要求,以及在风险出现时对其进行识别,很关键的一点就是深入了解潜在的未来发展,管理不能再依赖于传统的管理工具。在应对过程中,越来越多的企业已经或者正准备从静态预测模型转型到一个利用滚动时间范围的预测模型。

采取滚动预测的公司往往有更高的预测精度,更快的循环时间,更好的业务参与度和更多明智的决策制定。滚动预测可以对业务绩效进行前瞻性预测;为未来计划周期提供一个基线;捕获变化带来的长期影响;与静态年度预测相比,滚动预测能够在觉察到业务决策制定的时间点得到定期更新,并减轻财务团队巨大的行政负担。

3. 预测分析与自适应管理

稳定、持续变化的工业时代已经远去,现在是一个不可预测、非持续变化的信息时代。未来还将变得更加无法预测,员工将需要具备更高技能,创新的步伐将进一步加快,价格将会更低,顾客将具有更多发言权。

为了应对这些变化,CFO 们需要一个能让各级经理快速做出明智决策的系统。他们必须将年度计划周期替换为更加常规的业务审核,通过滚动预测提供支持,让经理能够看到趋势和模式,在竞争对手之前取得突破,在产品与市场方面做出更明智决策。具体来说,CFO 需要通过持续计划周期进行管理,让滚动预测成为主要的管理工具,每天和每周报告关键指标。同时需要注意使用滚动预测改进短期可见性,并将预测作为管理手段,而不是度量方法。

7.1.2　行业应用举例

1. 预测分析帮助制造业高效维护运营并更好地控制成本

一直以来,制造业面临的挑战是在生产优质商品的同时在每一步流程中优化资源。多年来,制造商已经制定了一系列成熟的方法来控制质量、管理供应链和维护设备。如今,面对着持续的成本控制工作,工厂管理人员、维护工程师和质量控制的监督执行人员都希望知道如何在维持质量标准的同时避免昂贵的非计划停机时间或设备故障,以及如何控制维护、修理和大修业务的人力和库存成本。此外,财务和客户服务部门的管理人员,以及最终的高管级别的管理人员,与生产流程能否很好地交付成品息息相关。

2. 犯罪预测与预防,预测分析利用先进的分析技术营造安全的公共环境

为确保公共安全,执法人员一直主要依靠个人直觉和可用信息来完成任务。为了能够更加智慧地工作,许多警务组织正在充分合理地利用他们获得和存储的结构化信息(如犯罪和罪犯数据)和非结构化信息(在沟通和监督过程中取得的影音资料)。通过汇总、分析这些庞大的数据,得出的信息不仅有助于了解过去发生的情况,还能够帮助预测将来可能发生的事件。

利用历史犯罪事件、档案资料、地图和类型学以及诱发因素(如天气)和触发事件(如假期或发薪日)等数据,警务人员将可以:确定暴力犯罪频繁发生的区域;将地区性或全国性流氓团伙活动与本地事件进行匹配;剖析犯罪行为以发现相似点,将犯罪行为与有犯罪记录的罪犯挂钩;找出最可能诱发暴力犯罪的条件,预测将来可能发生这些犯罪活动的时间和地点;确定重新犯罪的可能性。

3. 预测分析帮助电信运营商更深入了解客户

受技术和法规要求的推动,以及基于互联网的通信服务提供商和模式的新型生态系统的出现,电信提供商要想获得新的价值来源,需要对业务模式做出根本性的转变,并且必须有能力将战略资产和客户关系与旨在抓住新市场机遇的创新相结合。预测和管理变革的能力将是未来电信服务提供商的关键能力。

7.2 数据情感和情感数据

情感和行为是交互的。周围的事物影响着你,决定了你的情感。如果你的客户取消了订单,你会感到失望。反过来说,你的情感也会影响行为。你现在心情愉快,因此决定再给修理工一次机会来修好你的车。

情感有时并不在预测分析所考虑的范畴内。因为情感是变幻不定的因素,无法像事实或数据那样被轻易记录在表格中。情感主观且转瞬即逝。诚然,情感是人的一种重要的状态,但情感的微妙使得大部分科学都无法对其展开研究。现在有一些神经科学家在做实验,他们在学生的头部安上各种电线和传感器来观测情感变化,但许多数据科学家觉得,这些实验没有太多意义,因此,情感并不是预测分析科学的重要应用领域。

7.2.1 从博客观察集体情感

2009年,伊利诺伊大学的两位科学家试图将两个看似并不相关的科研领域联系起来,以求发现集体情感和集体行为之间的内在关系。他们不仅要观测个体的情感,还要观测集体情感,即人类作为整体所共有的情感。从事这项宏大研究的就是当时还在攻读博士学位的埃里克·吉尔伯特以及他的导师卡里·卡拉哈里奥斯。他们希望能实现重大科研突破,因为人们从来不知该如何解读人类整体情感。

此外,埃里克和卡里还想从真实世界人类的自发行为中去观测集体情感,而不仅仅是在实验室里做实验。那么,应该从哪些方面去观测这些集体情感? 脑电波和传感器显然不合适。一种可能性是,我们的文章和对话会反映我们的情感。但报纸杂志上的文章主题可能太狭隘,在情感上也缺乏连贯性。为此,他们将目光集中在另一个公共资源上:博客。

博客记载了我们的各种情感。互联网上兴起的博客浪潮将此前私密、内省的日记写作变成了公开的情感披露。很多人在博客上自由表达自己的情感,没有预先的议程设置,也没有后续的编辑限制。每天互联网上大约会增添86.4万篇新的博客,作者在博客中袒露着各类情感,或疾呼,或痛楚,或狂喜,或惊奇,或愤怒,在互联网上自愿吐露自己的心声。从某种意义上说,博客的情感也代表着普罗大众的情感,因此,可以从博客上读到人类的整体情感。

7.2.2　预测分析博客中的情绪

在设计如何记录博客中的情绪时,两位科学家选择了恐惧和焦虑两种情绪。在所有情绪中,焦虑对人们的行为有很重要的影响。心理学研究指出:恐惧会让人规避风险,而镇静则能让人自如行事。恐惧会让人以保守姿态采取后撤行为,不敢轻易涉险。

要想记录这些情感,第一步就是要发现博客中的焦虑情绪。要想研发出能探测到焦虑情绪的预测分析系统,首先就要有充分的博客样本,这些样本中已经被证明是否含有焦虑情绪。这将为预测模型的研发提供所需的数据,帮助区分哪些博客中蕴含着焦虑情绪,哪些博客中蕴含着镇静情绪。

埃里克和卡里决定从博客网站 LiveJournal[①] 入手,在这家网站上,作者发表博文之后,可从 132 项"情绪"选项中选择文章的对应标签(图 7-4),这些情绪包括愤怒、忙碌、醉酒、轻佻、饥渴以及劳累等。如果每次作者都能输入情绪标签,那么他就能获得若干情绪图标,这是代表某种情绪的有趣的表情符号。例如,"害怕"的表情符号就是惊恐的表情和睁大双眼。有了这些情绪标签后,内容各异的博客就与作者的情感构建了联系。语言是模糊和间接的情感表达方式,而我们通常都无法直接看到作者的主观内在情感。

图 7-4　QQ 的情绪图标

---

① LiveJournal 是一个综合型 SNS 交友网站,有论坛、博客等功能,由 Brad Fitzpatrick 始建于 1999 年 4 月 15 日,其最初目的是为了与同学保持联系,之后发展为大型网络社区平台,是网友聚集的好地方,支持多国语言,而在英语国家最为流行,美国拥有其最多用户。

133

两位研究者以从 2004 年开始的 60 万篇博客为研究对象,从中选择那些被作者打上"焦虑"、"担忧"、"紧张"和"害怕"标签的文章,大约有 1.3 万篇,有这些标签的文章被认定是在表达焦虑情绪。这些文章被当作样本,并在此基础上建立了预测模型,由此来预测某博客是否在表达焦虑情绪。

大部分在 LiveJournal 上发表的博客都没有对应的情绪标签,其他网站发表的博客也大都没有情绪标签,因此需要研发出预测模型来探知人类博客中的情感。大部分博客都不会直接谈论情感,因此只能通过博主所写的内容来分析推导出其主观情感。预测模型就是要发挥这样的分析作用。与其他预测模型一样,博客情绪预测模型的主要功能也是对那些此前没有经过分析的文章给出焦虑情绪分数。

这次,预测模型应对的是复杂多变的人类语言,为此,焦虑情绪预测模型的预测流程相对要简单和直接一些,即看文章里是否出现某些关键词,然后加以运算。这些预测模型并不是要完全理解博客的内容。例如,预测模型的某项参考指标是看博客内容里表达焦虑的词汇,例如"紧张"、"害怕"、"面试"、"医院"等,以及文章里面是否缺乏那些非焦虑博客中常见的词汇,例如"太好了"、"真棒"、"爱"等。

尽管焦虑情绪预测模型并不能做到尽善尽美,但至少这样的模型可大致分析出集体情感。它每天只能发现 28%～32% 的焦虑情绪文章,但假设某天表达焦虑情绪的博客忽然比前一天翻了一倍,那么这一变化就不会被忽略。对那些被打上焦虑情绪标签的博客,其识别是相对精确的,将非焦虑文章错认为焦虑文章的差错率仅在 3%～6% 之间。

埃里克和卡里根据当天蕴含焦虑情绪的博客数量的变化得出了焦虑指数,该指数大致上衡量了当天大众的焦虑程度。通过这种方法,人类整体情绪被视为一项可观测的指标,这两位研究者研发的系统通过解读大众的焦虑而得以反映集体情绪。有时,我们会相对镇静和放松;有时,我们则变得很焦虑。

LiveJournal 网站作为大众的焦虑指数数据来源是合适的。卡里和埃里克说,这家博客网站"是公认的公共空间,人们在上面记录自己的个人思想和日常生活"。这家网站并不针对某些特定群体,而是向"从家庭主妇到高中学生"等各类人群开放。

继埃里克和卡里的研究后,很多后续研究都显示了人类集体情绪是如何波动的。例如,印第安纳大学的研究人员研发了一套相似的通过考察关键词观测情绪的系统,通过"镇静-焦虑"(与焦虑指数相似,但增加了镇静指数。例如,指数为正表示镇静,指数为负则表示焦虑)以及"幸福-痛苦"指数来描绘公众情绪。图 7-5 就是根据推特上的内容所画出的 2008 年 10～12 月期间大众情绪波动图。该图显示,我们会在狂喜与绝望之间摇摆,这些剧烈波动的曲线表明,我们是高度情绪化的。这段时间包括美国总统大选和感恩节等重要日子,当选举日投票结束后,我们开始变得镇静,而感恩节当天,我们的幸福指数骤然飙升。

但这种只针对几个重点日子的研究显然是不够的。尽管埃里克和卡里的焦虑指数很有创新性,但这并不能证明该指数的价值,也无法获得研究界广泛的认可。如果焦虑指数无法印证其价值,那么它可能会随着时间的推移而被湮没,为此,埃里克和卡里进行了进一步研究,要证明这个衡量我们主观情绪的指数与现实世界的实践存在客观联系。否则,我们就无法真正证明该系统成功把握了人类的集体情绪,那么,该研究项目的价值仅仅是"形成了一堆数字而已"。

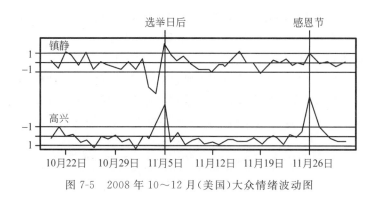

图 7-5　2008 年 10～12 月（美国）大众情绪波动图

7.2.3　影响情绪的重要因素——金钱

埃里克和卡里将希望押在了情绪的重要影响因素上：金钱。显然，金钱足以影响人们的情绪。钱是衡量人过得如何的重要标准，因此，为何不观察人们的情感与财务状况之间的紧密关系呢？1972 年的一个经典心理学实验表明，哪怕人们在公用电话亭发现有一块钱余额可用，心里也会产生莫大的满足感，进而使得幸福感陡增。"捡钱啦！"听到这句话时，每个人都会血脉贲张。无论如何，金钱与情感之间肯定存在某种联系，这将给埃里克和卡里的研究提供充分的证明。

图 7-6　股市是验证焦虑指数的理想场所

股市是验证焦虑指数的理想场所（图 7-6）。只有真正看到人们采取了集体行动，我们才能验证集体情绪指标确实有效，经济活动将是观测社会整体乐观和悲观情绪起伏的重要标准。除了科学意义上的验证之外，这项预测还带来了充满诱惑的应用前景：股市预测。如果集体情感能够影响到后续的股票走势，那么通过剖析博客中的大众情绪将有助于预测股价，这种新型的预测模型有可能带来巨额的财富。

埃里克和卡里继续深入研究。埃里克选择了 2008 年几个月内的美国标准普尔股指[①]（美国股市的晴雨表）的每日收盘值，看看在这短短几个月中，股指的无序涨跌是否与相同时期内焦虑指数的涨跌走势吻合。

要想证明焦虑指数的效力很难。刚开始时，两位研究者认为，只要一个月就能获得肯定结论，但他们无数次的尝试都以失败而告终。为此，他们与大学其他学科的专家讨论，包括数学、统计学和经济学的同事。他们也跟华尔街的金融工程师们讨论。但是，在他们正在摸索前行的科学领域，没有人能为他们指点迷津。卡里说："我们在黑暗中摸索了很

---

① 标准·普尔 500 指数是由标准·普尔公司 1957 年开始编制的。最初由 425 种工业股票、15 种铁路股票和 60 种公用事业股票组成。从 1976 年 7 月 1 日开始，其成分股改由 400 种工业股票、20 种运输业股票、40 种公用事业股票和 40 种金融业股票组成。与道·琼斯工业平均股票指数相比，标准·普尔 500 指数具有采样面广、代表性强、精确度高、连续性好等特点，被普遍认为是一种理想的股票指数期货合约的标的。

长时间,当时并没有任何公认的研究方法。"经过一年半的尝试和挫折后,埃里克和卡里还是得不出结论。他们没有获取确凿的证据来证明其猜想。

这样的实验要耗费许多资源,埃里克和卡里也开始对研究项目的可行性提出了质疑。此时,他们必须思考何时放弃项目并将损失控制在一定范围内。即便整体理论成立,大众情绪确实能影响到股市,那么焦虑指数是否能精确跟踪大众情绪的波动呢?

但新的希望又开始出现。当他们重新观察这些数据时,忽然又想到了新的方法。

7.3 数据具有内在预测性

大部分数据的堆积都不是为了预测,但预测分析系统能从这些庞大的数据中学到预测未来的能力,正如你可以从自己的经历中汲取经验教训那样。

数据最激动人心的不是其数量,而是其增长速度。我们会敬畏数据的庞大数量,因为有一点永远不会变,那就是:今天的数据必然比昨天多。规模是相对的,而不是绝对的。数据规模并不重要,重要的是膨胀速度。

世上万物均有关联,只不过有些是间接关系,这在数据中也有反映。例如:

(1)你的购买行为与你的消费历史、在线习惯、支付方式以及社会交往人群相关。数据能从这些因素中预测出消费者的行为。

(2)你的身体健康状况与生命选择和环境有关,因此数据能通过小区以及家庭规模等信息来预测你的健康状态。

(3)你对工作的满意程度与你的工资水平、表现评定以及升职情况相关,而数据则能反映这些现实。

(4)经济行为与人类情感相关,因此正如下文所述,数据也将反映这种关系。

数据科学家通过预测分析系统不断地从数据堆中找到规律。如果将数据整合在一起,尽管你不知道自己将从这些数据里发现什么,至少能通过观测解读数据语言来发现某些内在联系。数据效应就是这么简单。

预测常常是从小处入手。预测分析是从预测变量开始的,这是对个人单一值的评测。近期性就是一个常见的变量,表示某人最近一次购物、最近一次犯罪或最近一次发病到现在的时间,近期值越接近现在,观察对象再次采取行动的概率就越高。许多模型的应用都是从近期表现最积极的人群开始的,无论是试图建立联系、开展犯罪调查还是进行医疗诊断。

与此相似,频率——描述某人做出相同行为的次数也是常见且富有成效的指标。如果有人此前经常做某事,那么他再次做这件事的概率就会很高。实际上,预测就是根据人的过去行为来预见其未来行为。因此,预测分析模型不仅要靠那些枯燥的基本人口数据,例如住址、性别等,也要涵盖近期性、频率、购买行为、经济行为以及电话和上网等产品使用习惯之类的行为预测变量。这些行为通常是最有价值的,因为要预测的就是未来是否还会出现这些行为,这就是通过行为来预测行为的过程。正如哲学家萨特所言:"人的自我由其行为决定。"

预测分析系统会综合考虑数十项甚至数百项预测变量。你要把个人的全部已知数据都输入系统,然后等着系统运转。系统内综合考量这些因素的核心学习技术正是科学的魔力所在。

7.4　情感的因果关系

埃里克·吉尔伯特和卡里·卡拉哈里奥斯想要证明的是博客与大众情感是否存在联系，而不是探究这两者之间是否存在因果关系。"显然，我们不是在寻找因果关系。"他们在发表的某篇研究文章中写道。他们不需要去建立因果关系，他们想要证明的仅仅是焦虑指数每日波动与经济活动日常起落之间存在某种联系。如果这种联系存在，那就足以证明，焦虑指数能够反映现实而不是纯粹的主观臆想。为了寻求这种抽象联系，埃里克和卡里打破了常规。

7.4.1　焦虑指数与标普 500 指数

在普通的研究项目中，如果要证明两个事物之间存在联系，那么首先要假定两者之间存在某种确定的关系。某位批评人士说，埃里克和卡里的研究缺乏"可接受的研究方法"，很难证明这种联系是真实的。当研究领域从个体的心理活动转向人类集体的情感变化时，摆在人们面前的是各种可能存在的因果关系。是艺术反映了现实，还是现实反映了艺术？博客反映了世界现象，还是推动了世界现象？人类的整体情感如何强化升级？情感是否会像涟漪那样在人群间传递？在谈到集体心理时，弗洛伊德曾说："组建团队最为明显也是最为重要的后果就是每个成员的'情感升华与强化'。"2008 年，哈佛大学和其他一些研究机构的研究证明了这个观点，因为幸福感可以像"传染病"那样在社交网站上蔓延。那么，博客中所表现出来的焦虑是否会影响到股市呢？

埃里克和卡里的研究没有预先设定任何假设。尽管集体心理和情绪具有不可捉摸的复杂性，但这两位研究人员也接受了宽泛的假设，即焦虑象征着经济无活力。如果投资者某天感到焦虑，那么他所采取的策略就是利用套现来抵御市场波动，当投资者重新变得冷静自信时，他就会愿意承担风险而选择买入。买入越多，股价越高，标普 500 指数也就越高。

但从某种意义上说，情绪与股价之间的关系变幻莫测，令人着迷。大千世界中的芸芸众生认为，情绪和行动之间、人与人之间以及表达情感者和最终行动者之间存在着因果关系。数据显示，这些因果关系会相互作用，我们可通过预测技术来发现数据中隐藏的规律。

埃里克和卡里做了无数的尝试，但需要验证的内容实在是太复杂了。如果说公众的焦虑情绪指数确实能预测股价，那么它能提前多久预测到呢？公众的焦虑情绪需要多少天才会对经济产生影响？大家应该在晚一天还是晚一个月来看待焦虑对股价的影响呢？影响到底会表现在哪里呢，是市场总的运行趋势还是股市绝对值或交易量呢？最初的发现让这两位研究者欲罢不能，但他们又无法得出清晰的结论。实验的结果并不足以支持他们得出结论。

直到某天他们将数据视图化之后，其研究才出现了转机。通过图表，肉眼立刻发现其中存在的预测模型。请看图 7-7 中焦虑指数和标普 500 指数的走势对照。

这两条线呈犬牙状交错，由此产生了诸多的菱形方格。这些菱形方格之所以会出现，是因为当一条线上升时，另一条线会下降，两者仿佛互成镜像。这种对立构成了两者关系可预测性的重要依据，原因有以下两方面。

（1）用虚线表示的焦虑指数与标普 500 指数呈反相关关系。"焦虑程度越高,对市场的负面影响越大。"

（2）在此图像中,用虚线表示的焦虑指数是以两天为单位的,因此其走势是在对应的标普 500 指数走势的两天之前,由此可预见市场的走势。这是可预测的。

通过移动这些重复部分的时间轴,再通过调整设置,埃里克和卡里可用视图化的方式查看其他时间段是否存在相似的菱形方格,这些方格中就有可能蕴含着预测模型。如图 7-7 所示,上面的菱形方格并不完全规范,但两条线所呈现的反相关关系依然存在,这就为预测提供了基础。

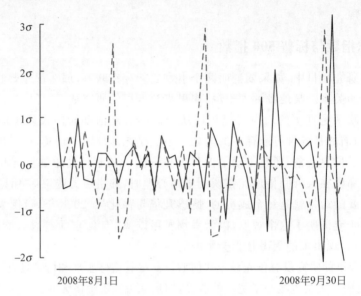

图 7-7　焦虑指数与标普 500 指数的走势对照

注：焦虑指数（虚线）和标普 500 指数走势（实线）交错产生了诸多的菱形空间。焦虑指数大概落后两天。

调整这些菱形方格的关键是对情感形成正确解读。尤其需要指出的是,情感强度都是相对的。正是情感强度的变化让我们发现了其中的规律。焦虑指数并不是指焦虑水平的绝对值,而是从第一天到第二天的整体焦虑变化程度。当博主们的焦虑情绪增多时,该指数就会上涨;当博主们的焦虑情绪减少时,该指数就会下跌。焦虑指数是从含焦虑情绪和不含焦虑情绪的博客中获取的。

计算焦虑指数指的是"引发焦虑"的运算,但这种运算相对简单,即选定同一批文章,观测其在第一天中表现出的焦虑情绪和在第二天中表现出的焦虑情绪。

7.4.2　验证情感和被验证的情感

尽管直观图形让人们进一步理解了这种假设关系,但它并不能证明这种假设是成立的。接下来,埃里克和卡里要"正式测试焦虑、恐惧和担忧……与股市之间的关系"。他们计算了 2008 年 174 个交易日的焦虑指数并查看了这段时间 LiveJournal 网站上超过 2000 万篇博客,然后将每日的博客所表现出的情绪与当天的标普 500 指数进行对照。然后，他们用诺贝尔经济学奖获得者克莱夫·格兰杰研发的模型进行预测关系统计测试。

结果证明，这一假设是正确的！其研究表明，通过公众情绪可预测股市走势（图7-8）。埃里克和卡里极其兴奋，立刻将此发现写成了论文，提交给某大会："焦虑情绪的增加……预示着标普500指数的下降。"

图 7-8　情感与股市行情

统计测试发现，焦虑指数"具有与股市相关的新型预测信息"。这说明，焦虑指数具有创新性、独创性和预测性，该指数更能预测股价的走势而不是去分析市场变动的原因。此外，该指数还能帮助人们通过近期市场活动来预测未来市场走势，由此也进一步证明了该指数的创新性。

这不是预测标普500指数的具体涨跌，而是预测其变动的速率（是加速上涨还是加速下跌）。对此，研究人员指出，焦虑可让股价减缓上涨，却可让其加速下跌。这种加速关系体现在图7-7菱形方格的实线上。

这个发现具有开创性的意义，因为人们第一次确立了大众情绪与经济之间的关系。事实上，其创新意义远超于此，这是在集体情感状态与可测量行动之间建立了科学关系，是历史上人们首次从随机自发的人类行为中总结出可测量的大众情感指标，它使这一领域的研究跨出了实验室的门槛而走入了现实世界。

情绪是会下金蛋的鹅，大众情绪的波动影响着股市的走势，但股市却无法影响大众情绪。在这里，并不存在"鸡生蛋、蛋生鸡"的繁复关系。当埃里克和卡里试着通过股市表现来判断大众情绪时，他们发现，这种反向的对应关系并不成立。他们完全找不着规律。或许经济活动只是影响大众情绪的诸多因素之一，而大众情绪却能在很大程度上决定经济活动。它们之间只存在单向关系。

7.4.3　情绪指标影响金融市场

埃里克和卡里发现，最关心他们研究成果的并不是学术圈的同行，而是那些正在对冲基金[①]工作或准备创立对冲基金的人。股市交易员对此发现垂涎三尺，有些人甚至开始在他们的研究基础上构建和拓展交易系统。

越来越多的人意识到，必须要掌握博客等互联网文本中所隐含的情绪和动机，对于投资决策者而言，这与传统的经济指标几乎同样重要（图7-9）。小型新锐投资公司 AlphaGenius 的首席执行官兰迪·萨夫曾在2012年旧金山文本分析世界大会上表示："我们将'情绪'视为一种资产，与外

图 7-9　情绪影响股市

---

① **对冲基金**：采用对冲交易手段的基金，也称避险基金或套期保值基金。是指金融期货和金融期权等金融衍生工具与金融工具结合后以盈利为目的的金融基金。它是投资基金的一种形式，意为"风险对冲过的基金"。

国市场、债券和黄金市场类似。"他说,自己的公司"每天都在关注数以千计的推特发言和互联网评论,来发现某证券品种是否出现了买入或卖出信号。如果这些信号显示某证券价格波动超过了合理区间,那么我们就会马上交易"。另一家对冲基金公司"德温特资本市场"则公开了所有依据公众情绪进行投资的举措,荷兰公司 SNTMNT(听上去就是"情绪")则为所有人提供了基于推特上的公众情绪来进行交易的 API(应用程序界面)。"现在,许多聪明人士开始悄悄利用新闻和推特上表露出的情绪做交易。"金融交易和预测分析专家本恩·吉本特在一封电邮中这样写道。

实际上,现实生活中并没有公开的充分证据表明,通过情绪就能精准预测市场并大发其财。焦虑指数的预测性在 2008 年得到了验证,但 2008 年正是金融危机深化、经济状况恶化的特殊年份。因此,在其他年份,博客上可能不会出现那么多关于经济的、表现出某种情绪的文章。关于对冲基金通过把握大众情绪取得成功的故事,我们虽然常有耳闻,但这些故事往往都语焉不详。

在埃里克和卡里之后,许多研究都宣称能精准预测市场走势,但这些论断都有待科学验证和观察。而且,这一模式也不见得会持续下去。正如某投资公司在谈到风险时经常说的,"过去的投资表现并不是对未来收益的担保",因此我们从来不能完全保证历史模式必然会重现。

金融界似乎一直都在绞尽脑汁地寻找赚钱良方,因此任何包含预测性信息的创新源泉都不会逃过其法眼。"情绪数据"的非凡之处决定了其应用价值空间。只有当指标具有预测性,并且不在既有的数据来源内,它才能改善预测效果。这样的优势足以带来上百万美元的收益。

焦虑指数预示着不可遏制的潮流:性质不同的各类数据,其数量在不断膨胀,而各组织机构正努力创新,从中汲取精华。正如其他数据来源一样,要想充分利用其预测功能,那么情绪指标也必须配合其他来源的数据使用。预测分析就仿佛是一个面缸,所有的原材料都必须经过充分"搅拌"后才能改善决策。要想实现这一目标,必须应对最核心的科学挑战:将各种数据流有序地结合起来,以此改善决策。

【延伸阅读】

英国脱欧:精英主义的历史性溃败

导语:英国脱欧冲击波震动世界,对于世界上绝大多数人,这个结果是意料之外的。没有多少人会想到,一个打破现有世界秩序的大事就这么发生了。而其中对此事最感到震惊的,当属精英阶层,英国人就不必说了,就连在美国的《纽约时报》,其知名的精英读者群体,留言也是一片哀嚎。不少人相信,这次投票的意义将会非常深远,人们正在见证一次历史的拐点。没错,英国脱欧,有可能是精英主义走向历史性溃败的拐点。

要点速读

(1)精英人士未能说服平民大众,平民大众脱欧的热情,也胜过了精英人士留欧的热情,这就是为什么金融市场和博彩公司都看走眼了。

(2)精英主义的溃败,在很大程度上是自找的,解决问题需要非常深刻的反思。

复盘：看一眼投票地图，就明白为何英国脱欧是精英主义的失败

英国脱欧有多让人意外？博彩市场的动静最能说明问题。在公投结果变得清晰前的5个小时，即刚开票左右的时候，博彩公司开出的赔率还显示"留欧派"有高达96%的可能性赢得公投，几个小时后，下注留欧的人赔得精光。金融市场的剧烈动荡同样也反映了脱欧多么违背了市场人士的预期，当脱欧消息变得明朗之后，英镑瞬间暴跌9%至数十年来的历史低位，真是一个超级炸弹。

毫无疑问，不管是伦敦的金融操盘手还是股市的庄家，都属于精英阶层，他们本身的意愿大多数都是倾向于留欧。但涉及钱的事可不会简单感情用事，只能说他们潜意识里的乐观倾向让他们误判了，只要看两幅选举地图，就能明白精英阶层所在的留欧派为何会输得这么惨。

图7-10反映了各个选区的投票结果。截取的地图排除了支持留欧的苏格兰和北爱尔兰地区，反映的是英国南部的公投情况，越是深色的地区脱离欧盟的愿望越强烈。地图反映的信息非常明显——在英国南部，绝大部分地区都愿意脱欧，留欧派集中在少数几个大城市，伦敦、曼彻斯特、利物浦、加的夫，这些都是精英阶层的聚集地。特别是伦敦的核心区，人们尤其不愿脱离欧盟，同样还包括高等学府所在的牛津地区。

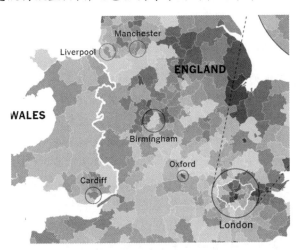

图 7-10 英国脱欧公投选举地图局部
（颜色越深越支持脱欧）

图7-11反映了不同选区的投票率，颜色越深的地区投票率越高，越浅投票率越低，几个红圈所在的位置就是前一幅图里的几个大城市。这个图说明的信息也很明显——小地方的投票意愿，比精英所在的大城市强烈。

这两张图很能够说明为什么留欧派输了——粗略地形容就是，精英人士未能说服平民大众，平民大众脱欧的热情，也胜过了精英人士留欧的热情。这两张图也能解释为何金融市场和博彩市场都输了，因为市场人士基本都是伦敦人，只看得到伦敦情况的话，谁都会以为脱欧只是个玩笑。

然而玩笑成真了，当卡梅伦在演说中声称公投结果反映了英国人的意志时，恐怕心里

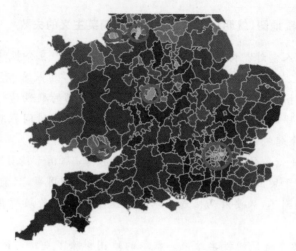

图 7-11　英国脱欧公投各地的投票率

(越深投票率越高,圈中所在是英国的主要城市)

非常苦涩——这结果不是大多数伦敦人的意志,不是大多数精英人士的意志。要知道,民意调查显示,有83％的英国科学家反对脱欧;英国经济学家中,有90％认为脱欧会损害英国经济,多数也都抱着反对脱欧的观点。

这次公投也是代议制民主这种精英主义体制的失败

英国公投让世人震惊的结果,也引发了关于公投这种民主形式的讨论。问题非常明显:英国的两个主要政党,保守党和工党——两党在2015年大选中合计占据了英国下议院650席中的563席——都没有把脱欧作为政党纲领,结果在脱欧这个单一问题上,留欧派输掉了公投。那么,到底是公投制度有问题还是大选制度有问题?

很多政治学者指出,公投这种直接民主形式存在很多弊端,这是事实。西方政治制度的精髓是代议制民主,即人们选出自己信任的代表,组成政府和国会,让他们来对各个事项做出决策。一般认为代议制民主是精英主义与民主结合的典范,然而为什么这种制度在脱欧这样的重大问题上却反映不了多数民众的意志?英国前首相托尼·布莱尔在公投结果出来后,意味深长地说——"在这一天,人民成了政府"。

这次英国公投反映出的巨大制度矛盾,并不是问题首次浮现。拿美国来说,美国国会在民调中满意度长期在10％上下徘徊,多达80％美国人都持不满意的态度(见图7-12),但在历次国会选举中,依然都是差不多的人当选。换句话说,美国现在的选举无法选出让民众满意的代表,议会的决策也往往跟民意完全不符。美国这次大选推出的两个候选人特朗普和希拉里,都是被讨厌胜过被欢迎,却依然成为了理所当然的候选人。不少人相信,一旦美国人有机会在单一问题上公投,他们会做出与精英人士相反的选择。

那么把一切事务都交给公投?害处也是显而易见的,绝大多数人对国家大事的考虑并不深远,着眼点往往只在自身,许多人也许只有在英国脱离欧盟后,才真正意识到离开意味着多么艰难,而这种艰难是在公投之前就被宣传了无数次,然而在真正遇上之前很有可能是无法体会到的。也许很多英国人现在就感到后悔了,脱欧消息出来后,很多全球性的精英科

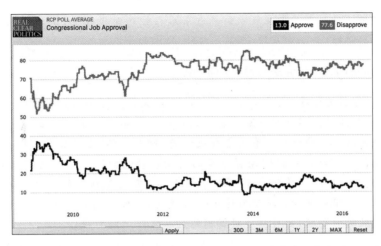

图 7-12　美国国会民调满意度长期只有一成多些,不满意度长期高达近八成

（数据来自 RealClearPolitics）

技公司都在考虑要不要继续在伦敦设置欧洲总部,一些著名银行则表示要把雇员迁到巴黎。这些事实明显严重损害了英国的国家实力,甚至损害了未来,投脱欧票的人真的都了解这些事实吗？了解事实代表的意义吗？也许他们会后悔,甚至感到害怕。民意大反转近些年就有过例子,例如马英九,2012 年连任时还高票当选,结果当选后两个月民望就断崖式下跌,就任仪式时民众满意度才 20%,再过几月只剩下 10% 左右,那么当初为何要选他？

英国脱欧,这是代议制民主这种精英主义体制的一次标志性溃败,陷入了困境,而又找不到替代方案。

精英主义的失败,很大程度上是自找的

按诺贝尔经济学奖得主、著名评论家克鲁格曼的说法,留在欧盟与脱离欧盟相比,是一个"坏"与"更坏"之间的选择。布鲁塞尔在英国人心中的形象,是一架充满陈腐气息的官僚机器,不断剥削英国人,却又解决不了任何现实问题,比如最为关键的移民问题,在经济问题上表现也不好,欧债危机让多国陷入泥潭,英国人一直在庆幸没有加入欧元区。

是的,如果布鲁塞尔的精英能够带领欧洲这架老爷车快速前进,解决该解决的问题,那一切都不在话下。但当这架老爷车跑不起来的时候,精英们就要被各种怀疑和指责了,英国人对伦敦的精英也是同样的态度。而且,民众大多数更关心与自己切身利益有关的问题,至于欧盟作为一个了不起的组织为人权、环境保护、气候变化做出了多少了不起的贡献。对不起,英国乡下的选民们很难有切身体会。

往更深了说,民粹主义之所以在欧洲变得盛行,也与精英阶层未能解决贫富分化问题有极大的关系。不仅在英国,在法国、德国、荷兰都有这样的问题,更不用说相对欠发达的东欧国家。

种种因素之下,精英阶层与普通大众变得越来越疏离,如同布莱尔所说,"我们的政治中枢已经失去了说服民众以及与民众建立纽带的能力,已经不是民众期望的代表。"

英国前首相托尼·布莱尔在脱欧结果出来后在纽约时报撰文,认为现在西方的政治制度运行出了大问题。

英国前首相托尼·布莱尔在脱欧结果出来后在纽约时报撰文,认为现在西方的政治制度运行出了大问题。

英国脱欧后的下一波,会是特朗普冲击吗?

英国脱欧,可能是全球化、区域一体化趋势中最大的一次倒退,没有哪个国家有过类似的经历,也没人预料得到英国脱欧冲击波到底有多深远。人们可能要花上许多年才能对此做出一个相对客观的评价。有论者鼓吹这是"回归自治、多边协作、百舸争流",认为即便英国退欧也无损今后与欧盟经贸往来的自由度,这恐怕是不对,告别欧盟的移民政策,也相当于告别欧盟统一监管制度、承认别国标准、禁止人为政府援助和消除非关税壁垒等等系列规则。想要重新拥抱欧盟这个单一市场,是需要付出巨大代价的。而前面提到的科技和金融实力受损,更可能会对英国形成非常深远的打击。

但万幸的是,英国即便脱欧,也不会是极左或极右势力上台。投脱欧票的人,可以把这视为国家的一次"重新自我发现",视为大英荣光与骄傲的恢复。虽然这有些自欺欺人的意味,但总比极端主义上台要好多了。卡梅伦的大热继任人选,鲍里斯·约翰逊,虽然性格古怪,但却是一个货真价实的英国绅士,退欧之后的英国如果由他领导,不会封闭起与世界联系的大门。

其他欧洲国家就不一样了,有很多极端主义正在努力获取政权,如法国国民阵线的领导人勒庞。这些极端主义如果获取政权,很有可能会意味全球化、一体化的全面倒退,甚至欧盟解体都不是不可能。这也同时表示人类通过交流与合作取得的许多重大文明成果,面临着挑战。

特朗普若当选,可能是比英国脱欧更大的一场冲击。

而今年11月,全球人们可能要见证一次比英国脱欧更大的冲击:特朗普当选美国总统。这位完全不按常理出牌、靠民粹主义上位的房地产商人,如果真的当上美国这艘船的船长,世界会怎样?这真是一个天大的问号。

2016,也许这个世界正在见证历史。

结语

面对英国脱欧的冲击波,忧心忡忡的布莱尔给了全世界一个建议:中间派必须恢复自己在政治上的吸引力,重新找到分析和解决世界面临的问题的能力,这些问题正引发着世人的怒火。如果做不到,欧洲将会变成各种极端思潮的实验场——这些轻率的行为不是毁灭自己,就是让世界变得更加分裂。

资料来源:丁阳,腾讯评论-今日话题,第3567期 2016-6-25

【实验与思考】

大数据准备度自我评分表

1. 实验目的

(1)熟悉大数据预测分析的基本概念和主要内容;

(2)通过DELTTA模式下的企业大数据准备度自我评分,了解企业开展大数据应用与分析所需要做的准备工作。

2．工具/准备工作

在开始本实验之前，请认真阅读课程的相关内容。

需要准备一台带有浏览器，能够访问因特网的计算机。

3．实验内容与步骤

所谓 DELTTA 模式，即通过数据（Data）、企业（Enterprise）、领导团队（Leadership）、目标（Target）、技术（Technology）、分析（Analysis）这样一些元素分析，来判断组织在内部建立数据分析的能力。

《大数据准备度自我评分表》可用于判断企业（组织、机构）是否做好了实施大数据计划的准备。它根据 DELTTA 模式，每个因子有 5 个问题，每个问题的回答都分成 5 个等级，即非常不同意、有些不同意、普通、有些同意和非常同意。

除非有什么原因需要特别看重某些问题或领域，否则直接计算每项因子的平均得分，以求出该因子的得分。也可以再把各因子的得分再结合起来，求出准备度的总得分。

用于评估大数据准备度的问题集适用于全公司或特定事业单位，应该由熟悉全公司或该部门如何面对大数据的人，来回答这些问题。

请记录（或假设）你所服务的企业的基本情况。

企业名称：＿＿＿＿＿＿＿＿＿＿＿＿＿＿＿＿＿＿＿＿

主要业务：＿＿＿＿＿＿＿＿＿＿＿＿＿＿＿＿＿＿＿＿

企业规模：□大型企业　　　　□中型企业　　　　□小型企业

请在表 7-1 中为你所在企业开展大数据应用进行自我评分，并从中体会开展大数据应用与分析需要做的必要准备。

表 7-1　大数据准备度自我评分表

评价指标		分析测评结果					备注
		非常同意	有些同意	普通	有些不同意	非常不同意	
资　料							
1	我们能取得极庞大的未结构化或快速变动的数据供分析之用						
2	我们会把来自多个内部来源的数据，结合到数据仓库或数据超市，以利取用						
3	我们会整合内外部数据，借以对事业环境做有价值的分析						
4	我们对于所分析的数据会维持一致的定义与标准						
5	使用者、决策者，以及产品开发人员，都信任我们数据的品质						

续表

评价指标		分析测评结果					备注
		非常同意	有些同意	普通	有些不同意	非常不同意	
企　业							
6	我们会运用结合了大数据与传统数据分析的手法实现组织目标						
7	我们组织的管理团队可确保事业单位与部门携手合作,为组织决定大数据及数据分析的有限顺序						
8	我们会安排一个让数据科学家与数据分析专家能够在组织内学习与分享能力的环境						
9	我们的大数据及数据分析活动与基础架构,将有充足资金及其他资源的支持,用于打造我们需要的技能						
10	我们会与网络同伴、顾客及事业生态系统中的其他成员合作,共享大数据内容与应用						
领导团队							
11	我们的高层主管会定期思考大数据与数据分析可能为公司带来的机会						
12	我们的高层主管会要求事业单位与部门领导者,在决策与事业流程中运用大数据与数据分析						
13	我们的高层主管会利用大数据与数据分析引导策略性与战略性决策						
14	组织中基层管理者会利用大数据与数据分析引导决策						
15	我们的高层管理者会指导与审核建置大数据资产(数据、人才、软硬件)的优先次序及建置过程						
目　标							
16	我们的大数据活动会优先用来掌握有助于与竞争对手差异化、潜在价值高的机会						
17	我们认为,运用大数据发展新产品与新服务业是一种创新程序						
18	我们会评估流程、策略与市场,以找出在公司内部运用大数据与数据分析的机会						

续表

评价指标		分析测评结果					备注
		非常同意	有些同意	普通	有些不同意	非常不同意	
19	我们经常实施数据驱动的实验,以收集事业中哪些部分运作得顺利,哪些部分运作得不顺利的数据						
20	我们会在数据分析与数据的辅助下评价现有决策,以评估为结构化的新数据是否能提供更好的模式						
技 术							
21	我们已探索并行运算方法(如 Hadoop),或已用它来处理大数据						
22	我们善于在说明事业议题或决策时使用数据可视化手段						
23	我们已探索过以云端服务处理数据或进行数据分析,或是已实际这么做						
24	我们已探索过用开源软件处理大数据与数据分析,或是已实际这么做						
25	我们已探索过用于处理未结构化数据(或文字、视频或图片)的工具,或是已实际采用						
数据分析人员与数据科学家							
26	我们有足够的数据科学家与数据分析专家等人才,帮助实现数据分析的目标						
27	我们的数据科学家与数据分析专家,在关键决策与数据驱动的创新上提供的意见,受到高层管理者的信任						
28	我们的数据科学家与数据分析专家,能了解大数据与数据分析要应用在哪些事业范畴与程序上						
29	我们的数据科学家、量化分析师与数据管理专家,能有效地以团队合作方式发展大数据与数据分析计划						
30	公司内部对员工设有培养数据科学与数据分析技能的课程(无论是内部课程还是与外面的组织合作开设)						
合 计							

说明:"非常同意"5分,"有些同意"4分,"普通"3分,以此类推。全表满分为150分,你的测评总分为:_____分。

4. 实验总结

_____

_____

_____

_____

5. 实验评价（教师）

_____

_____

大数据促进学习

【导读案例】

适应性学习体系

Netflix① 可以预测出人们想看什么电影,亚马逊能识别出人们接下来想买什么书。有了大数据分析,新的在线教育平台就能预测出学生们对什么样的教育模式反映更好,从而帮助学生回到正确的轨道,不让他们中途退学。

经济合作与发展组织(OECD)是由三十多个市场经济国家组成的政府间国际经济组织,旨在共同应对全球化带来的经济、社会和政府治理等方面的挑战,并把握全球化带来的机遇。在经济合作与发展组织的成员国中,美国大学的辍学率是最高的,其中只有46%的大学生能取得学位。2009 年,在一项针对 34 个成员国的调查中,美国的阅读排名第 14,科学排名第 17,数学排名第 25。许多学生退学的理由是教育花费太高。皮尤研究中心的一项研究表明,与公立学校 45%的辍学率相比,在私立的盈利性学校中,78%的学生经过 6 年的学习后仍毕不了业。

在 18～34 岁没有大学学历的人中,48%的人称他们只是因为交不起学费。而取得学历的人中有 86%的人称,大学对于他们个人而言是一次很好的投资。

该数据告诉我们,待在学校是有好处的。可它同时也告诉我们,完成学业并非易事。《数据驱动:改进授课的实际指南》一书的作者班布里克·桑托约向我们展示,数据驱动大有用处。

班布里克·桑托约在学校工作的 8 年里,学校在学生成就方面取得了很大成绩,在各种状态评估和年级水平测试中达到了 90%的过关率。数据驱动法能帮助人们更有效地教学。与此同时,那些平衡数据的科技则可以在学生的日常学习和生活中发挥作用。

计算机如何帮助学生们更有效地学习呢? 不论是个体还是群体,在线学习系统都能评估学生过去的学习习惯,并且通过评估所得的数据来预测他们将来的学习习惯。在一节给定的课程或是一个课件框架中,适应性学习体系能确定接下来该教给学生什么内容,或者判定学生哪些地方还没有完全明白。它还能让学生们亲眼看到,他们在学习这些内容时是如何进步的,或是他们对这些内容掌握了多少。

适应性学习体系的优点之一是其内部的反馈环。该体系以学生的互动和表现为基础,对学生、教师和该体系本身提供反馈,于是用户或是该体系本身就可以利用这种反馈,来优化用以帮助学生们的预测公式。最终,学生、教师和适应性学习体系就能进一步见证他们的进步。此外,软件也能在一节给定的课程中预测出学生需要什么样的帮助。在线课件可以评估诸如注册频率和做家庭作业的及时性等因素,以此预测学生们能否完成学业。如此,这样的软件还能向课程导师发出警报,方便他们及时向害怕完不成学业的学生伸出援手,给予他们额外的帮助和鼓励。

在线教育服务 Knewton 是最著名的适应性学习体系之一。该体系由世界领先的终身教育服务商之一——卡普兰(Kaplan)——的前总经理创立,它注重区分个体学生的优缺点。该公司一开始只提供 GMAT[①] 的测试准备,如今被用来改进大学教育。作为拥有72000 名学生的美国最大的公立大学,亚利桑那州立大学(图 8-1)运用 Knewton 体系来提高学生的数学水平。该体系在 2000 名学生中使用了两学期以后,亚利桑那州立大学的辍学率下降了 56%,而毕业率也从 64% 升高到了 75%。目前,该公司筹资 5400 万美元作为风险投资,同时世界经济论坛将 Knewton 提名为科技先锋。而 Dreambox 是另一家适应性学习体系的提供者,它旨在提高小学生的数学演算水平。为帮助提高数学水平,该公司提供了大约 720 节课程。

图 8-1　亚利桑那州立大学

从更广泛的层面上讲,数据挖掘能为学生们推荐课程,并且帮助大学生们判定他们是否偏离了自己所选专业的轨道。亚利桑那州立大学运用 E 顾问系统来辅导大学生,该学

---

① GMAT(研究生管理科学入学考试),它是一种标准化考试,已经被广泛地用作工商管理硕士的入学考试,是当前最为可靠的测试考生是否具备顺利完成工商管理硕士项目学习能力的考试项目,专门帮助各商学院或工商管理硕士项目评估申请人是否具备在工商管理方面继续深造学习的资格。美国、英国、澳大利亚等国家的高校都采用GMAT 考试的成绩来评估申请入学者是否适合于在商业、经济和管理等专业的研究生阶段学习,以决定是否录取。中欧和东欧,GMAT 是衡量学生分析写作能力的一个重要评判标准。在那里,考生的数学部分的分数都非常高,而语言和分析写作部分成绩好的话则表明:你是一个少有的杰出考生。

校的学生保持率从 77% 上升到 84% ,这项改革是教务长伊丽莎白·卡帕尔迪为 E 顾问系统所做出的贡献。

不管学生们是没有完成主要课程,还是一开始就没有报名,E 顾问系统都可以追踪到。为了提供最恰当的课程建议,他们还将指定学生的有关数据同收集来的其他数千名学生的数据做了比较。这种日渐增加的透明性从学生之间扩展到了教师之间,再到学校的管理者之间。学生们对自身的进步有了更多的了解,教师们对个别学生的进步和全班同学的进步也看在眼里,管理者们也从整个学校的角度看到了什么有用、什么没有用。于是,管理领导们也就能总结出什么样的教育计划、软件和方法是最有效的,并相应调整总课程。

阅读上文,请思考、分析并简单记录:

(1) 在你的大学同学中有人辍学吗?你认为这个(或者几个)辍学同学辍学的主要原因是什么?

答:_____

_____

_____

_____

(2) 阅读上文,你认为在大数据背景下建立的适应性学习体系有可能帮助学生回到正确的学习轨道上,从而减少辍学吗?

答:_____

_____

_____

_____

(3) 在大数据时代,学生应该做些什么来提高自己的学习效率,有效地完成自己的学业?

答:_____

_____

_____

_____

_____

(4) 请简单描述你所知道的上一周发生的国际、国内或者身边的大事。

答:_____

_____

_____

_____

_____

8.1 打造网络教育体系

大数据在教育中有意义的作用之一是，适应性学习体系能在诸多学生中测试出一些不同的教育方法。许多网站运用 A/B 测试法给不同的浏览者看不同的网页版本，学习系统也能做到这一点。学习系统能判断学生们在进行了大量的解决问题的练习后，是否能学得更快。学习系统还能判断，经过一段时期后学生们还能记住多少知识，并将其与之前的学习方法联系起来。

8.1.1 典型的网络教育形式

大数据和教育的结合一直在关注着"学生是如何学习的"这个问题。新兴公司将教学资料放到了网上，让更多人能接收到这些资料。可汗学院(Khan Academy，由孟加拉裔美国人萨尔曼·可汗创立的一家教育性非盈利组织，旨在利用网络视频进行免费授课)是一家拥有数千个教育录像的在线教育组织。如今，该网站已拥有包括历史、医学、财经、生物、计算机科学等不同科目的讲义共三千六百余件。该网站的录像被放到 YouTube[①]上，有超过 2.02 亿的浏览量。该网站的学习方法简单而有效。除了数千个视频短片外，该网站还使用了上千种练习，来帮助传授观念和评估每位学生的理解水平。

Codecademy 是一家专门教授人们设计软件程序的新兴组织。它不像可汗学院那样依赖视频，而是注重互动练习。该网站以班组的形式，比如 Java 描述语言组和网页原理组，将一系列课程聚集在一起，让学习者学到不同的程序语言。至此，要想设计和销售苹果手机应用程序还非常遥远，但该网站提供了一个非常好的平台。可以想象，这些网站上的视频可以培养数据科学家，或者教授人们如何使用数据分析软件。

一些重点大学也将它们的课程放到了网上。哈佛大学与麻省理工学院联手开创了 edX 数字教育平台(图 8-2)，它是一个非盈利性组织，以专设的在线学习为特色，目的是建立世界顶尖高校相联合的共享教育平台，提高教学质量，推广网络在线教育。目前平台已经拥有超过九十万的注册者。该组织的座右铭是："将来的在线教育：任何人、任何地点、任何时间。"平台运营之初，就有 6 个大学加入了该组织，与麻省理工学院和哈佛大学一道，还有加州大学伯克利分校、德克萨斯大学、韦尔斯利大学和乔治城大学。此后新增的学校中，包括清华、北大、香港大学、香港科技大学、日本京都大学和韩国首尔大学等 6 所亚洲名牌高校。

大学教师在上课的时候，会使用简短的演讲视频，布置一些作业，并进行一系列测试和考试。除了能使这些大学通过电子形式传递课程内容外，edX 还提供了一个学生们交流学习方法的平台。它通过分析学生的习惯，判定出哪一门课程学生学得最好。《麻省理工科技评论》将 edX 提供的科技称为近两百年来最重要的教育科技。

---

① YouTube 是世界上最大的视频网站，早期公司总部位于加利福尼亚州的圣布鲁诺。公司于 2005 年 2 月 15 日由华裔(中国台湾)美籍华人陈士骏等人创立。2006 年 11 月，Google 公司以 16.5 亿美元收购了 YouTube，并把其当作一间子公司来经营。现在 YouTube 有超过 10 亿用户。

图 8-2　edX 大规模开放在线课堂平台

8.1.2　未来的教育：线上线下结合

就像在大数据的其他应用领域一样，所谓的改变并不是指大数据从无到有，而是指它的规模和价格发生了变化。其力量所在，是它不仅能收集和分析更多的数据，还能让更多的人以更低的价格接触到那些数据。

如《麻省理工科技评论》所说，在线学习已经不足为奇。在美国，已经有 710 万学生使用远程学习。不同的是新产品的运作规模以及传送这些产品的技术和低价甚至免费的传送模式。诸如 edX 一样免费或低价的教育课程被称作是大规模的网络公开课程（Massive Open Online Courses，MOOC，慕课）。

2002 年，大约 9.6％ 的大学生参加了至少一门在线课程。根据巴布森学院调研组的一项调研，截至 2010 年，人数已经上升到 31.3％。也就是说，每一年就有 6.1 亿名大学生参加了至少一门在线课程。

Coursera（图 8-3）是由斯坦福大学的计算机科学教授们创立的另一家公司。最初加入的有斯坦福大学、普林斯顿大学和密歇根大学以及宾夕法尼亚大学，此后又有一些知名大学加入，它拥有 150 万门课程和 6108 万名注册学员。

与此同时，以"你的学院"为宣传语的 uDemy 公司将各大首席执行官、畅销作家和常青藤联盟教授的指导荟萃在一起。该网站采取了相对不那么学术性的方法，它的许多课程都是关于实际的商业化问题，比如如何筹集风险资本。与其他网站不同，uDemy 允许课程的创建者免费提供他们的课程，也允许创建者对其收费。

由谷歌副总裁和斯坦福大学教授塞巴斯蒂安·特伦成立的 Udacity 公司，其目的在于使教育民主化。Udacity 网站于 2012 年 2 月推出，主要从事线上学习，公司最初的课程主要集中在计算机科学及其相关领域上。截至目前，Udacity 推出的课堂涵盖计算机科学、数学、物理学、统计学、心理学等。

现有的学术机构都在想方设法与网络世界拉上关系，很显然，此类课程的激增，为我们寻求最有效的方法来传递教育内容提供了真知灼见。虽然不能在网上取得哈佛、麻省理工或者斯坦福的学位，可学习它们的课程却变得越来越容易。当然，在线课程不能提供教室和实验室所能提供的社会或物理经验。生物、化学和医学需要动手实验。社会的鼓励和认可对于运动和节食来说非常重要,同样,它们对于学习也很重要。将来最具希望的教育体系很可能就是将最好的线上和线下环境相结合的体系。

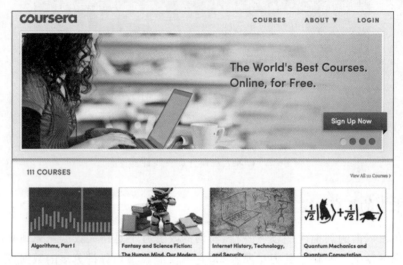

图 8-3　Coursera

8.1.3　跟踪教学效果

　　每一年,美国政府及其地方政府在内,要花费 8200 亿美元在教育体系上,而这还不包括对私营机构的全部投资。然而,据布鲁金斯协会的达雷尔·韦斯特所说,这并不表示管理者们希望亲眼看到学校系统是如何运作的,因为新的系统已经提供了这种可见性。适应性学习体系的提供者 Dreambox 同样为管理者们提供了可视性。除了传递适应性学习工具外,它还具有仪表盘的作用,可统计数据,供管理者们查阅。因此,管理者们就能追踪学生们的进程,并且掌握达到水平的学生所占的百分比。

　　从政府层面上看,国家运用不同的体系来汇报教育进程。在密歇根州提供的仪表盘中,可见诸如三年级的阅读能力、大学准备和三年级到八年级的学术水平等领域,不管它的教育水平如何,是提高还是下降,还是原地踏步,该网站上都有显示。比如,美国拥有三年级阅读能力的学生从 2007—2008 年的 63.1% 上升到 2011—2012 年的 67.7%。据网站显示,这种趋势强烈预示着未来学术的成功。据韦斯特所说,这种体系提高了可信度,同时提供了更多对于教育情况的可见性。仪表盘上的大多数数据是已经存在的,可是,拥有用户界面和可视地图的、基于网站的系统,与以往相比往前迈出了一大步,它使得人们更容易接触到这些数据。

　　此外,数据挖掘、数据分析、适应性学习方案以及网页仪表盘都为提高教育水平创造了机会。然而韦斯特称,最大的挑战是对"教育投入,而非教育产出"的关注。学校往往对师生比例、图书馆规模和资金开销进行测量,而相对忽视了最终结果。"教育机构不仅要判断什么样的资源可靠,还要判断这些资源是否能传递有效的教育。"韦斯特说。

　　就大数据而言,教育面临着与其他领域一样的挑战。不兼容的教育体系使得各学校难以统计校内的数据,更别说与不同的学术机构进行对比了。因此,一些学校会用独立的体系来追踪学术情况。

8.1.4 形成学习能力

数据不仅使计算机变得更聪明,还让人类变得更聪明。可就教育和大数据而言,最大的问题也是教育本身最根本的问题就是:我们怎样学习?不同的人使用不同的学习方法。一些学生擅长视觉学习,另一些学生擅长动手学习。在 20 世纪,心理学家们花费了大半个世纪来构建关于人们怎样学习的理论,可都没有取得大的进展。

大约十年前,科学家们开始尝试不同的方法。他们用神经学和认知心理学来研究大脑是如何学习的,而不是去构建理论。最终他们发现,人们学习能力的形成,大部分并不取决于别人教授的东西,而是我们自己在学习过程中的有效学习。有效的学习进程会促进更加有效的学习。

要了解人们是怎么学习的,关键之一就是要认识到,对于人们通过不同的感官收集来的巨大数据,大脑处理起来也是非常有限的。因此,为了避免陷入泥沼,也就是众所周知的认知超负荷,大脑会依靠各种捷径。为了更加有效地学习,教师们可以不用提供太多的信息,或是采取谨慎的方法进行信息交流。因为如果声音少一些,人们也就很容易投入到获取的信息中。可是,声音少了,也就意味着获取的内容少了。因此,大脑使用的捷径之一就是将事物组合在一起。老师们为了更加有效地教学而将资料组合在一起,因此学生们就没有必要做无用功。另一个减轻认知超负荷的捷径就是,将每一个不必要的单词或每一幅不必要的图片放到一定的学习目标中。挑战大脑对学习有好处:调查者们发现,人们在第一次阅读一本书时比再读同一本书的时候学到的东西多。

当然,这一切都还没有回答"人们是怎样学习的"这个问题。要处理接收到的大量信息,大脑要经过很多道过滤。大脑已经运行了很多年,它要做的第一件事就是学会处理基本的生存问题。如果我们的祖先能够记住危险的情形,比如错误的捕食,并且避免类似情况再发生,或许他们的生存希望更大。此类情形通常发生在情绪高涨的时候。因此,人们很容易记住情绪高涨时接收到的信息,不管是积极情绪,还是消极情绪。

此外,以往的经验也会影响信息的保存。科学家们认为,人们的大脑以一种归档的方法储存信息。因此,往已知的区域中添加信息才变得更加容易。

8.2　机器学习及其研究

如果孤零零地给你一个数据,例如 39,你能从中发现什么呢?一般不会有太多发现。这只是一个介于 38 和 40 之间的数,除此以外,其他所有的"发现"都只能是推测与猜想。接着,再给你多一点儿的信息:39 度。这个数据表示的可能是角度或者是温度。然后,再添加一个具体信息:39 摄氏度。这显然是温度,而且是比较高的温度。最后,再告诉你这是某个人的口腔温度读数。于是,你知道这个人的体温超过了 39 摄氏度,说明他生病了。

在结束这个简短的思维演练之后,IBM 的研究员萨姆·亚当斯说:"每增加一点儿信息,你对数据的理解就会发生显著的变化。"亚当斯说这些话的目的是向人们介绍数据在具体语境中的作用。数据越多,传递的信息就越具体,最终形成知识。各种各样的新数据大量涌现,有利于人们理解数据。但是,亚当斯认为,只有"把所有点连起来",形成有价值的灵感或发现,才是真正的成果。

8.2.1 什么是人工智能

人工智能(Artificial Intelligence,AI,图 8-4)是研究、开发用于模拟、延伸和扩展人的智能的理论、方法、技术及应用系统的一门新的技术科学,是计算机科学的一个分支,它企图了解智能的实质,并生产出一种新的能以人类智能相似的方式做出反应的智能机器。该领域的研究包括机器学习、机器人、语言识别、图像识别、自然语言处理、专家系统、经济政治决策、控制系统和仿真系统等。

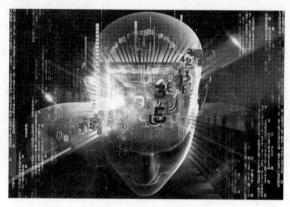

图 8-4 人工智能

人工智能的定义可以分为两部分,即"人工"和"智能"。"人工系统"就是通常意义下的人工系统。"智能"涉及其他诸如意识(Consciousness)、自我(Self)、思维(Mind)(包括无意识的思维,Unconscious_mind)等问题。

著名的斯坦福大学人工智能研究中心尼尔逊教授对人工智能下了这样一个定义:"人工智能是关于知识的学科——怎样表示知识以及怎样获得知识并使用知识的科学。"而麻省理工学院的温斯顿教授认为:"人工智能就是研究如何使计算机去做过去只有人才能做的智能工作。"这些说法反映了人工智能学科的基本思想和基本内容。即人工智能是研究人类智能活动的规律,构造具有一定智能的人工系统,研究如何让计算机去完成以往需要人的智力才能胜任的工作,也就是研究如何应用计算机的软硬件来模拟人类某些智能行为的基本理论、方法和技术。

谷歌的知识图谱(图 8-5)技术可以在语境中的相关信息之间建立联系。例如,搜索"列奥纳多·达·芬奇"。我们在计算机屏幕的左侧可以看到一些标准的蓝色链接,指向跟这位意大利文艺复兴时期的艺术家与科学家有关的网络文章及网站。而计算机屏幕右侧则显示知识图谱的处理结果:达·芬奇的几张照片,下面还有关于他的一段简短文字介绍,包括生卒时间与地点,以及《蒙娜丽莎》、《最后的晚餐》等主要画作的小图片。其他公司也正在开发自己的文本关联或知识软件,其中最著名的当属苹果的 Siri 语音助手与微软的有问必应。此外,一些大学也在这个领域有研究项目。

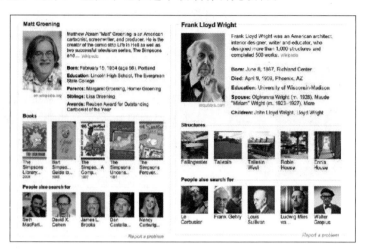

图 8-5　Google 知识图谱

我们头脑中的"知识"、"意义"、"了解"等概念并不真正适用于知识图谱的工作原理。人们之所以能了解某些事物,在很大程度上是得益于他们在现实世界中获得的经验,而计算机不具备这个有利条件。人工智能的发展意味着计算机的看、读、听和说等能力正在不断增强,不过,计算机开展这些活动的方式与人类大不相同。

几十年前,人工智能研究的主要关注点是制定知识规则与知识关系,建立所谓的专家系统。但是事实证明,建立这些专家系统的难度特别大。因此,人们放弃了构建知识系统,转而采用数据驱动的研究路线:基于统计概率与统计规律挖掘大量数据并制定决策。有了数据提供的动力,人工智能在完成自然语言处理(例如,谷歌搜索与沃森问答系统背后的主要技术)等任务时表现出了"不可思议的强大作用"。但是,如果采用单纯数据驱动的方法,是不可能形成准确又全面的理解的。人们过于信任数据驱动的方法,以至于他们认为仅凭相关性就可以解决所有问题。

正如我们看到的那样,对于大量商业决策而言,有相关性就能得出令人满意的结果。商业战略与政策制定等决策领域面临更大的风险,仅凭相关性是绝对不够的。未来的人工智能除了会数据分析以外,还要对因果关系产生有启发性的认识,包括理论、假设、现实世界的心理模型、事情的原委等,两者必须更密切地相互配合。技术进步使共生关系的实用性日益增强。

8.2.2　什么是机器学习

学习能力是智能行为的一个非常重要的特征。H. A. Simon 认为,学习是系统所做的适应性变化,使得系统在下一次完成同样或类似的任务时更为有效。R. S. Michalski 认为,学习是构造或修改对于所经历事物的表示。从事专家系统研制的人们则认为学习是知识的获取。这些观点各有侧重,第一种观点强调学习的外部行为效果,第二种则强调学习的内部过程,而第三种主要是从知识工程的实用性角度出发的。

机器学习（Machine Learning，ML，图 8-6）在人工智能的研究中具有十分重要的地位，是人工智能研究的核心之一。它的应用已遍及人工智能的各个分支，如专家系统、自动推理、自然语言理解、模式识别、计算机视觉、智能机器人等领域。其中尤其典型的是专家系统中的知识获取瓶颈问题，人们一直在努力试图采用机器学习的方法加以克服。

图 8-6　机器学习

一个不具有学习能力的智能系统难以称得上是一个真正的智能系统，但是以往的智能系统都普遍缺少学习的能力。例如，它们遇到错误时不能自我校正；不会通过经验改善自身的性能；不会自动获取和发现所需要的知识。它们的推理仅限于演绎而缺少归纳，因此，至多只能够证明已存在事实、定理，而不能发现新的定理、定律和规则等。随着人工智能的深入发展，这些局限性表现得愈加突出。正是在这种情形下，机器学习逐渐成为人工智能研究的核心之一。

机器学习的研究是根据生理学、认知科学等对人类学习机理的了解，建立人类学习过程的计算模型或认识模型，发展各种学习理论和学习方法，研究通用的学习算法并进行理论上的分析，建立面向任务的具有特定应用的学习系统。这些研究目标相互影响、相互促进。

学习是人类具有的一种重要智能行为，但究竟什么是学习，长期以来却众说纷纭。社会学家、逻辑学家和心理学家都各有其不同的看法。

比如，Langley（1996）的定义："机器学习是一门人工智能的科学，该领域的主要研究对象是人工智能，特别是如何在经验学习中改善具体算法的性能"。

Tom Mitchell 的机器学习（1997）对信息论中的一些概念有详细的解释，其中提到："机器学习是对能通过经验自动改进的计算机算法的研究"。

Alpaydin（2004）提出自己的定义："机器学习是用数据或以往的经验，以此优化计算机程序的性能标准。"

顾名思义，机器学习是研究如何使用机器来模拟人类学习活动的一门学科。稍为严格的提法是：机器学习是一门研究机器获取新知识和新技能，并识别现有知识的学问。这里所说的"机器"，指的就是计算机、电子计算机、中子计算机、光子计算机或神经计算机等。

机器能否像人类一样能具有学习能力呢？1959 年，美国的塞缪尔（Samuel）设计了一个下棋程序，这个程序具有学习能力，它可以在不断的对弈中改善自己的棋艺。4 年后，这个程序战胜了设计者本人。又过了三年，这个程序战胜了美国一个保持 8 年之久的常胜不败的冠军。这个程序向人们展示了机器学习的能力，提出了许多令人深思的社会问题与哲学问题。

机器的能力是否能超过人的？很多持否定意见的人的一个主要论据是：机器是人造的，其性能和动作完全是由设计者规定的，因此，无论如何其能力也不会超过设计者本人。

这种意见对不具备学习能力的机器来说的确是对的,可是对具备学习能力的机器就值得考虑了,因为这种机器的能力在应用中不断地提高,过一段时间之后,设计者本人也不知它的能力到了何种水平。

机器学习的发展进入新阶段的重要表现在下列几个方面。

(1) 机器学习已成为新的边缘学科并在高校建立课程,它综合应用心理学、生物学和神经生理学以及数学、自动化和计算机科学,形成机器学习理论基础。

(2) 结合各种学习方法,取长补短的多种形式的集成学习系统研究正在兴起。特别是连接学习符号,学习的耦合可以更好地解决连续性信号处理中知识与技能的获取与求精问题,而受到重视。

(3) 机器学习与人工智能各种基础问题的统一性观点正在形成。例如,学习与问题求解结合进行、知识表达便于学习的观点产生了通用智能系统 SOAR 的组块学习。类比学习与问题求解结合的基于案例方法已成为经验学习的重要方向。

(4) 各种学习方法的应用范围不断扩大,一部分已形成商品。归纳学习的知识获取工具已在诊断分类型专家系统中广泛使用。连接学习在声图文识别中占优势,分析学习已用于设计综合型专家系统,遗传算法与强化学习在工程控制中有较好的应用前景,与符号系统耦合的神经网络连接学习将在企业的智能管理与智能机器人运动规划中发挥作用。

(5) 与机器学习有关的学术活动空前活跃。

8.2.3　基本结构

环境向系统的学习部分提供某些信息,学习部分利用这些信息修改知识库,以增进系统执行部分完成任务的效能,执行部分根据知识库完成任务,同时把获得的信息反馈给学习部分。在具体应用中,环境、知识库和执行部分决定了机器学习的工作内容,学习部分所需要解决的问题完全由这三部分确定。

(1) 影响学习系统设计的最重要的因素是环境向系统提供的信息,或者更具体地说是信息的质量。知识库里存放的是指导执行部分动作的一般原则,但环境向学习系统提供的信息却是各种各样的。如果信息的质量比较高,与一般原则的差别比较小,则学习部分比较容易处理。如果向学习系统提供的是杂乱无章的指导执行具体动作的具体信息,则学习系统需要在获得足够数据之后,删除不必要的细节,进行总结推广,形成指导动作的一般原则,放入知识库。这样,学习部分的任务就比较繁重,设计起来也较为困难。

因为学习系统获得的信息往往是不完全的,所以其所进行的推理并不完全是可靠的,它总结出来的规则可能正确,也可能不正确。这要通过执行效果加以检验。正确的规则能使系统的效能提高,应予保留;不正确的规则应予修改或从数据库中删除。

(2) 知识库是影响学习系统设计的第二个因素。知识的表示有多种形式,比如特征向量、一阶逻辑语句、产生式规则、语义网络和框架等。这些表示方式各有其特点,在选择表示方式时要兼顾以下 4 个方面。

① 表达能力强。

② 易于推理。

③ 容易修改知识库。

④ 知识表示易于扩展。

学习系统不能在全然没有任何知识的情况下凭空获取知识，每一个学习系统都要求具有某些知识理解环境提供的信息，分析比较，做出假设，检验并修改这些假设。因此，更确切地说，学习系统是对现有知识的扩展和改进。

（3）执行部分是整个学习系统的核心，因为执行部分的动作就是学习部分力求改进的动作。同执行部分有关的问题有三个：复杂性、反馈和透明性。

8.2.4　研究领域

学习是一项复杂的智能活动，学习过程与推理过程是紧密相连的，按照学习中使用推理的多少，机器学习所采用的策略大体上可分为 4 种——机械学习、通过传授学习、类比学习和通过事例学习。学习中所用的推理越多，系统的能力越强。

机器学习领域的研究工作主要围绕以下三个方面进行。

（1）面向任务的研究：研究和分析改进一组预定任务的执行性能的学习系统。

（2）认知模型：研究人类学习过程并进行计算机模拟。

（3）理论分析：从理论上探索各种可能的学习方法和独立于应用领域的算法。

机器学习是继专家系统之后人工智能应用的又一重要研究领域，也是人工智能和神经计算的核心研究课题之一。现有的计算机系统和人工智能系统至多也只有非常有限的学习能力，因而不能满足科技和生产提出的新要求。对机器学习的讨论和研究的进展，必将促使人工智能和整个科学技术进一步发展。

8.3　机器学习的分类

综合考虑各种学习方法出现的历史渊源、知识表示、推理策略、结果评估的相似性、研究人员交流的相对集中性以及应用领域等诸因素，机器学习有不同的分类方法。

8.3.1　基于学习策略的分类

学习策略是指学习过程中系统所采用的推理策略。一个学习系统总是由学习和环境两部分组成。由环境（如书本或教师）提供信息，学习部分则实现信息转换，用能够理解的形式记忆下来，并从中获取有用的信息。在学习过程中，学生（学习部分）使用的推理越少，他对教师（环境）的依赖就越大，教师的负担也就越重。学习策略的分类标准就是根据学生实现信息转换所需的推理多少和难易程度来分类的，依从简单到复杂，从少到多的次序分为以下 6 种基本类型。

（1）机械学习。学习者无须任何推理或其他的知识转换，直接吸取环境所提供的信息。如塞缪尔的跳棋程序，纽厄尔和西蒙的 LT 系统。这类学习系统主要考虑的是如何索引存储的知识并加以利用。系统的学习方法是直接通过事先编好、构造好的程序来学习，学习者不做任何工作，或者是通过直接接受既定的事实和数据进行学习，对输入信息不做任何的推理。

（2）示教学习。学生从环境（教师或其他信息源如教科书等）获取信息，把知识转换成内部可使用的表示形式,并将新的知识和原有知识有机地结合为一体。所以要求学生有一定程度的推理能力,但环境仍要做大量的工作。教师以某种形式提出和组织知识,以使学生拥有的知识可以不断地增加。这种学习方法和人类社会的学校教学方式相似,学习的任务就是建立一个系统,使它能接受教导和建议,并有效地存储和应用学到的知识。不少专家系统在建立知识库时使用这种方法去实现知识获取。

(3)演绎学习。学生所用的推理形式为演绎推理。推理从公理出发,经过逻辑变换推导出结论。这种推理是"保真"变换和特化的过程,使学生在推理过程中可以获取有用的知识。这种学习方法包含宏操作学习、知识编辑和组块技术。演绎推理的逆过程是归纳推理。

(4)类比学习。利用两个不同领域(源域、目标域)中的知识相似性,可以通过类比,从源域的知识(包括相似的特征和其他性质)推导出目标域的相应知识,从而实现学习。类比学习系统可以使一个已有的计算机应用系统转变为适应于新的领域,来完成原先没有设计的相类似的功能。

类比学习需要比上述三种学习方式更多的推理。它一般要求先从知识源(源域)中检索出可用的知识,再将其转换成新的形式,用到新的状况(目标域)中去。类比学习在人类科学技术发展史上起着重要作用,许多科学发现就是通过类比得到的。例如,著名的卢瑟福类比就是通过将原子结构(目标域)同太阳系(源域)做类比,揭示了原子结构的奥秘。

(5)基于解释的学习。学生根据教师提供的目标概念、该概念的一个例子、领域理论及可操作准则,首先构造一个解释来说明为什么该例子满足目标概念,然后将解释推广为目标概念的一个满足可操作准则的充分条件。基于解释的学习已被广泛应用于知识库求精和改善系统的性能。

(6)归纳学习。是由教师或环境提供某概念的一些实例或反例,让学生通过归纳推理得出该概念的一般描述。这种学习的推理工作量远多于示教学习和演绎学习,因为环境并不提供一般性概念描述(如公理)。从某种程度上说,归纳学习的推理量也比类比学习大,因为没有一个类似的概念可以作为"源概念"加以取用。归纳学习是最基本的,发展也较为成熟的学习方法,在人工智能领域中已经得到广泛的研究和应用。

8.3.2 基于所获取知识的表示形式分类

学习系统获取的知识可能有:行为规则、物理对象的描述、问题求解策略、各种分类及其他用于任务实现的知识类型。

对于学习中获取的知识,主要有以下一些表示形式。

(1)代数表达式参数:学习的目标是调节一个固定函数形式的代数表达式参数或系数来达到一个理想的性能。

(2)决策树:用决策树来划分物体的类属,树中每一内部节点对应一个物体属性,而每一边对应于这些属性的可选值,树的叶节点则对应于物体的每个基本分类。

(3)形式文法:在识别一个特定语言的学习中,通过对该语言的一系列表达式进行归纳,形成该语言的形式文法。

(4)产生式规则:产生式规则表示为条件一动作对,已被广泛地使用。学习系统中的学习行为主要是：生成、泛化、特化或合成产生式规则。

（5）形式逻辑表达式：形式逻辑表达式的基本成分是命题、谓词、变量、约束变量范围的语句，及嵌入的逻辑表达式。

（6）图和网络：有的系统采用图匹配和图转换方案来有效地比较和索引知识。

（7）框架和模式：每个框架包含一组槽，用于描述事物（概念和个体）的各个方面。

（8）计算机程序和其他的过程编码：获取这种形式的知识，目的在于取得一种能实现特定过程的能力，而不是为了推断该过程的内部结构。

（9）神经网络：这主要用在连接学习中。学习所获取的知识，最后归纳为一个神经网络。

（10）多种表示形式的组合：有时一个学习系统中获取的知识需要综合应用上述几种知识表示形式。

根据表示的精细程度，可将知识表示形式分为两大类：泛化程度高的粗粒度符号表示、泛化程度低的精粒度亚符号表示。像决策树、形式文法、产生式规则、形式逻辑表达式、框架和模式等属于符号表示类；而代数表达式参数、图和网络、神经网络等则属亚符号表示类。

8.3.3　按应用领域分类

最主要的应用领域有：专家系统、认知模拟、规划和问题求解、数据挖掘、网络信息服务、图像识别、故障诊断、自然语言理解、机器人和博弈等领域。

从机器学习的执行部分所反映的任务类型上看，大部分的应用研究领域基本上集中于以下两个范畴：分类和问题求解。

（1）分类任务要求系统依据已知的分类知识对输入的未知模式（该模式的描述）做分析，以确定输入模式的类属。相应的学习目标就是学习用于分类的准则（如分类规则）。

（2）问题求解任务要求对于给定的目标状态，寻找一个将当前状态转换为目标状态的动作序列；机器学习在这一领域的研究工作大部分集中于通过学习来获取能提高问题求解效率的知识（如搜索控制知识，启发式知识等）。

8.3.4　按学习形式分类

按学习形式分类，包括以下两类。

（1）监督学习：即在机械学习过程中提供对错指示。一般是在数据组中包含最终结果(0,1)。通过算法让机器自我减少误差。这一类学习主要应用于分类和预测。

（2）非监督学习：又称归纳性学习。利用 K 方式，建立中心，通过循环和递减运算来减小误差，达到分类的目的。

【延伸阅读】

智慧城市，更好的生活

大数据不仅通过改变人们的生活方式提升了人们的身体健康状况和幸福感，它也在改变人们的生活环境。如今，世界上超过一半的人口居住在城市里，到 2050 年这一数字会增长到 3/4。收集城市数据的一大挑战在于将收集到的数据标准化。不同城市有各式各样的数据收集方式,收集到的数据类型也不统一,这就加大了比较不同城市间的数据以发展最佳做法的难度。但是可以收集到相关数据的城市,能够在基建设施的投资方面做出更好的决策。如果考虑到这类投资可能的持续时长,这样的决策就很重要。

智慧城市

智慧城市是把新一代信息技术充分运用在城市的各行各业之中的基于知识社会下一代创新(创新 2.0)的城市信息化高级形态(图 8-7)。智慧城市通过物联网基础设施、云计算基础设施、地理空间基础设施、新一代信息技术以及大数据、社交网络、Fab Lab[①]、Living Lab[②] 等工具和方法的应用,营造有利于创新涌现的生态,实现全面透彻的感知、宽带泛在的互联、智能融合的应用以及以用户创新、开放创新、大众创新、协同创新为特征的可持续创新。

图 8-7　智慧城市

智慧城市经常与数字城市、感知城市、无线城市、智能城市、生态城市、低碳城市等区域发展概念相交叉,甚至与电子政务、智能交通、智能电网等行业信息化概念发生混杂。对智慧城市概念的解读也经常各有侧重,有的观点认为关键在于技术应用,有的观点认为

---

① Fab Lab(Fabrication Laboratory,微观装配实验室)是美国麻省理工学院(MIT)比特与原子研究中心(Center for Bits and Atoms,CBA)发起的一项新颖的实验——一个拥有几乎可以制造任何产品和工具的小型的工厂。

CBA 主任 Gershenfeld 教授认为,迄今为止,数字革命的发展已经历了两个重要的阶段,分别是个人通信和个人计算。以移动技术为代表的普适计算的发展通过上述两个阶段的发展,无所不在的个人通信网络及个人计算已经形成。目前,人类正处于第三次数字革命的前夕,在这次以"个人制造"为核心的革命中,相关的材料技术和信息技术已经露出苗头。

Fab Lab 是基于对从个人通信到个人计算,再到个人制造的社会技术发展脉络,试图构建以用户为中心的、面向应用的融合从设计、制造,到调试、分析及文档管理各个环节的用户创新制造环境。随着 Fab Lab 网络的扩散带动了全球创客浪潮。发明创造将不只发生在拥有昂贵实验设备的大学或研究机构,也将不仅属于少数专业科研人员,而有机会在任何地方由任何人完成,这就是 Fab Lab 的核心理念。相关构想和实践对于充分调动社会参与科技创新的热情,丰富公众参与科技创新的手段,构建创新型城市、创新型国家具有重要的借鉴价值。

② LivingLab 是欧盟"知识经济"中最具激发性的模式之一,它强调以人为本、以用户为中心和共同创新。LivingLab 是一种致力于培养以用户为中心的、面向未来的科技创新模式和创新体制的全新研究开发环境。LivingLab 立足于本地区的工作和生活环境,以科研机构为纽带,建立以政府、广泛的企业网络以及各种科研机构为主体的开放创新社会。

关键在于网络建设,有的观点认为关键在于人的参与,有的观点认为关键在于智慧效果,一些城市信息化建设的先行城市则强调以人为本和可持续创新。总之,智慧不仅是智能。智慧城市绝不仅是智能城市的另外一个说法,或者说是信息技术的智能化应用,还包括人的智慧参与、以人为本、可持续发展等内涵。综合这一理念的发展源流以及对世界范围内区域信息化实践的总结,《创新2.0视野下的智慧城市》一文从技术发展和经济社会发展两个层面的创新对智慧城市进行了解析,强调智慧城市不仅是物联网、云计算等新一代信息技术的应用,更重要的是通过面向知识社会的创新2.0的方法论应用。

智慧城市实现全面透彻的感知、宽带泛在的互联、智能融合的应用以及以用户创新、开放创新、大众创新、协同创新为特征的可持续创新。伴随网络帝国的崛起、移动技术的融合发展以及创新的民主化进程,知识社会环境下的智慧城市是继数字城市之后信息化城市发展的高级形态。

2010年,IBM正式提出了"智慧的城市"愿景,希望为世界和中国的城市发展贡献自己的力量。IBM经过研究认为,城市由关系到城市主要功能的不同类型的网络、基础设施和环境的6个核心系统组成:组织(人)、业务/政务、交通、通信、水和能源。这些系统不是零散的,而是以一种协作的方式相互衔接。而城市本身,则是由这些系统所组成的宏观系统。

关键因素

有两种驱动力推动智慧城市的逐步形成,一是以物联网、云计算、移动互联网为代表的新一代信息技术,二是知识社会环境下逐步孕育的开放的城市创新生态。前者是技术创新层面的技术因素,后者是社会创新层面的社会经济因素。由此可以看出,创新在智慧城市发展中的驱动作用。

智慧城市不仅需要物联网、云计算等新一代信息技术的支撑,更要培育面向知识社会的下一代创新(创新2.0)。信息通信技术的融合和发展消融了信息和知识分享的壁垒,消融了创新的边界,推动了创新2.0形态的形成,并进一步推动各类社会组织及活动边界的"消融"。创新形态由生产范式向服务范式转变,也带动了产业形态、政府管理形态、城市形态由生产范式向服务范式的转变。如果说创新1.0是工业时代沿袭的面向生产、以生产者为中心、以技术为出发点的相对封闭的创新形态,创新2.0则是与信息时代、知识社会相适应的面向服务、以用户为中心、以人为本的开放的创新形态。北京市城管执法局信息装备中心主任宋刚博士在"创新2.0视野下的智慧城市与管理创新"的主题演讲中,从三代信息通信技术发展的社会脉络出发,对创新形态转变带来的产业形态、政府形态、城市形态、社会管理模式创新进行了精彩的演讲。他指出智慧城市的建设不仅需要物联网、云计算等技术工具的应用,也需要微博、维基等社会工具的应用,更需要LivingLab等用户参与的方法论及实践来推动以人为本的可持续创新,同时他结合北京基于物联网平台的智慧城管建设对创新2.0时代的社会管理创新进行了生动的诠释。

信息化革命是20世纪80年代以来世界发展的最重要特征,极大地推动了人类经济、社会、政治、军事等各方面的发展进程,创新了发展模式,提高了发展质量。进入21世纪以来,信息化革命方兴未艾,计算机体积越来越小,处理速度越来越快;互联网越来越宽,覆盖面越来越广;智能终端功能越来越强,应用越来越多,彻底改变和提升了人们的学习方式、工作方式、生活方式。当前,随着泛在互联网、云计算、物联网等技术的迅猛发展,新一轮信息化革命已经到来。新一代互联网、云计算、智能传感、通信、遥感、卫星定位、地理信息系统等技术的结合,将可以实现对一切物品的智能化识别、定位、跟踪、监控与管理,从而使地球达到"智慧"的状态,使建设智慧地球从技术上成为可能。

建设智慧城市,也是转变城市发展方式、提升城市发展质量的客观要求。通过建设智慧城市,及时传递、整合、交流、使用城市经济、文化、公共资源、管理服务、市民生活、生态环境等各类信息,提高物与物、物与人、人与人的互连互通、全面感知和利用信息能力,从而能够极大提高政府管理和服务的能力,极大提升人民群众的物质和文化生活水平。建设智慧城市,会让城市发展更全面、更协调、更可持续,会让城市生活变得更健康、更和谐、更美好。

2008 年以来,智慧地球理念即在世界范围内悄然兴起,许多发达国家积极开展智慧城市建设,将城市中的水、电、油、气、交通等公共服务资源信息通过互联网有机连接起来,智能化做出响应,更好地服务于市民学习、生活、工作、医疗等方面的需求,以及改善政府对交通的管理、环境的控制等。在我国,一些地区在数字城市建设基础上,开始探索智慧城市的建设。可以说,建设智慧城市已经成为历史的必然趋势,成为信息领域的战略制高点。

数字城市

数字城市是数字地球的重要组成部分,是传统城市的数字化形态。数字城市是应用计算机、互联网、3S、多媒体等技术将城市地理信息和城市其他信息相结合,数字化并存储于计算机网络上所形成的城市虚拟空间。数字城市建设通过空间数据基础设施的标准化、各类城市信息的数字化整合多方资源,从技术和体制两方面为实现数据共享和互操作提供了基础,实现了城市 3S 技术的一体化集成和各行业、各领域信息化的深入应用。数字城市的发展积累了大量的基础和运行数据,也面临诸多挑战,包括城市级海量信息的采集、分析、存储、利用等处理问题,多系统融合中的各种复杂问题,以及技术发展带来的城市发展异化问题。

新一代信息技术的发展使得城市形态在数字化基础上进一步实现智能化成为现实。依托物联网可实现智能化感知、识别、定位、跟踪和监管;借助云计算及智能分析技术可实现海量信息的处理和决策支持。同时,伴随知识社会环境下创新 2.0 形态的逐步展现,现代信息技术在对工业时代各类产业完成面向效率提升的数字化改造之后,逐步衍生出一些新的产业业态、组织形态,使人们对信息技术引领的创新形态演变、社会变革有了更真切的体会,对科技创新以人为本有了更深入的理解,对现代科技发展下的城市形态演化也有了新的认识。

对比数字城市和智慧城市,可以发现以下 6 个方面的差异。

其一,当数字城市通过城市地理空间信息与城市各方面信息的数字化在虚拟空间再现传统城市,智慧城市则注重在此基础上进一步利用传感技术、智能技术实现对城市运行状态的自动、实时、全面透彻的感知。

其二，当数字城市通过城市各行业的信息化提高了各行业管理效率和服务质量，智慧城市则更强调从行业分割、相对封闭的信息化架构迈向作为复杂巨系统的开放、整合、协同的城市信息化架构，发挥城市信息化的整体效能。

其三，当数字城市基于互联网形成初步的业务协同，智慧城市则更注重通过泛在网络、移动技术实现无所不在的互联和随时随地随身的智能融合服务。

其四，当数字城市关注数据资源的生产、积累和应用，智慧城市更关注用户视角的服务设计和提供。

其五，当数字城市更多注重利用信息技术实现城市各领域的信息化以提升社会生产效率，智慧城市则更强调人的主体地位，更强调开放创新空间的塑造及其间的市民参与、用户体验，及以人为本实现可持续创新。

其六，当数字城市致力于通过信息化手段实现城市运行与发展各方面功能，提高城市运行效率，服务城市管理和发展，智慧城市则更强调通过政府、市场、社会各方力量的参与和协同实现城市公共价值塑造和独特价值创造。

智慧城市不但广泛采用物联网、云计算、人工智能、数据挖掘、知识管理、社交网络等技术工具，也注重用户参与、以人为本的创新2.0理念及其方法的应用，构建有利于创新涌现的制度环境，以实现智慧技术高度集成、智慧产业高端发展、智慧服务高效便民、以人为本持续创新，完成从数字城市向智慧城市的跃升。智慧城市将是创新2.0时代以人为本的可持续创新城市。

发展智慧城市，是我国促进城市高度信息化、网络化的重大举措和综合性措施。从设备厂商角度来说，光通信设备厂商、无线通信设备厂商将充分发挥所属技术领域的优势，将无线和有线充分进行融合，实现网络最优化配置，以加速推动智慧城市的发展进程。与之相对应的通信设备厂商、芯片厂商等将从中获得巨大收益。

应用体系

（1）智慧公共服务：建设智慧公共服务和城市管理系统。通过加强就业、医疗、文化、安居等专业性应用系统建设，通过提升城市建设和管理的规范化、精准化和智能化水平，有效促进城市公共资源在全市范围共享，积极推动城市人流、物流、信息流、资金流的协调高效运行，在提升城市运行效率和公共服务水平的同时，推动城市发展转型升级。

（2）智慧城市综合体：采用视觉采集和识别、各类传感器、无线定位系统、RFID、条码识别、视觉标签等顶尖技术，构建智能视觉物联网，对城市综合体的要素进行智能感知、自动数据采集，涵盖城市综合体当中的商业、办公、居住、旅店、展览、餐饮、会议、文娱和交通、灯光照明、信息通信和显示等方方面面，将采集的数据可视化和规范化，让管理者能进行可视化城市综合体管理。

（3）智慧政务城市综合管理运营平台：此类项目已有实际落地案例，天津市和平区的"智慧和平城市综合管理运营平台"包括指挥中心、计算机网络机房、智能监控系统、和平区街道图书馆和数字化公共服务网络系统4部分内容。其中，指挥中心系统囊括政府智慧大脑6大中枢系统，分别为公安应急系统、公共服务系统、社会管理系统、城市管理系统、经济分析系统、舆情分析系统。该项目为满足政府应急指挥和决策办公的需要，对区内现有监控系统进行升级换代,增加智能视觉分析设备,提升快速反应速度,做到事前预警,事中处理及时迅速,并统一数据、统一网络,建设数据中心、共享平台,从根本上有效地将政府各个部门的数据信息互连互通,并对整个和平区的车流、人流、物流实现全面的感知,该平台在和平区经济建设中将为领导的科学指挥决策提供技术支撑作用。

(4) 智慧安居服务(图 8-8)。开展智慧社区安居的调研试点工作,在部分居民小区为先行试点区域,充分考虑公共区、商务区、居住区的不同需求,融合应用物联网、互联网、移动通信等各种信息技术,发展社区政务、智慧家居系统、智慧楼宇管理、智慧社区服务、社区远程监控、安全管理、智慧商务办公等智慧应用系统,使居民生活"智能化发展"。加快智慧社区安居标准方面的探索推进工作,为今后全市新建楼宇和社区实行智能化管理打好基础。

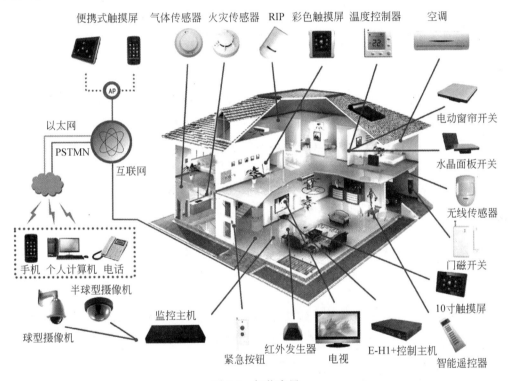

图 8-8　智能家居

(5) 智慧教育文化服务:积极推进智慧教育文化体系建设。建设完善教育城域网和校园网工程,推动智慧教育事业发展,重点建设教育综合信息网、网络学校、数字化课件、教学资源库、虚拟图书馆、教学综合管理系统、远程教育系统等资源共享数据库及共享应用平台系统。继续推进再教育工程,提供多渠道的教育培训就业服务,建设学习型社会。继续深化"文化共享"工程建设,积极推进先进网络文化的发展,加快新闻出版、广播影视、电子娱乐等行业信息化步伐,加强信息资源整合,完善公共文化信息服务体系。构建旅游公共信息服务平台,提供更加便捷的旅游服务,提升旅游文化品牌。

(6) 智慧服务应用。组织实施部分智慧服务业试点项目,通过示范带动,推进传统服务企业经营、管理和服务模式创新,加快向现代智慧服务产业转型。

① 智慧物流:配合综合物流园区信息化建设,推广射频识别(RFID)、多维条码、卫星定位、货物跟踪、电子商务等信息技术在物流行业中的应用,加快基于物联网的物流信息平台及第四方物流信息平台建设,整合物流资源,实现物流政务服务和物流商务服务的一体化,推动信息化、标准化、智能化的物流企业和物流产业发展。

② 智慧贸易:支持企业通过自建网站或第三方电子商务平台,开展网上询价、网上采购、网上营销,网上支付等电子商务活动。积极推动商贸服务业、旅游会展业、中介服务业等现代服务业领域运用电子商务手段,创新服务方式,提高服务层次。结合实体市场的建立,积极推进网上电子商务平台建设,鼓励发展以电子商务平台为聚合点的行业性公共信息服务平台,培育发展电子商务企业,重点发展集产品展示、信息发布、交易、支付于一体的综合电子商务企业或行业电子商务网站。

③ 建设智慧服务业示范推广基地。积极通过信息化深入应用,改造传统服务业经营、管理和服务模式,加快向智能化现代服务业转型。结合我市服务业发展现状,加快推进现代金融、服务外包、高端商务、现代商贸等现代服务业发展。

(7) 智慧健康保障体系建设。重点推进“数字卫生”系统建设。建立卫生服务网络和城市社区卫生服务体系,构建全市区域化卫生信息管理为核心的信息平台,促进各医疗卫生单位信息系统之间的沟通和交互。以医院管理和电子病历为重点,建立全市居民电子健康档案;以实现医院服务网络化为重点,推进远程挂号、电子收费、数字远程医疗服务、图文体检诊断系统等智慧医疗系统建设,提升医疗和健康服务水平。

(8) 智慧交通。建设“数字交通”工程,通过监控、监测、交通流量分布优化等技术,完善公安、城管、公路等监控体系和信息网络系统,建立以交通诱导、应急指挥、智能出行、出租车和公交车管理等系统为重点的、统一的智能化城市交通综合管理和服务系统建设,实现交通信息的充分共享、公路交通状况的实时监控及动态管理,全面提升监控力度和智能化管理水平,确保交通运输安全、畅通。

智慧城市是一个在不断发展中的概念,是城市信息化发展到一定阶段的产物,随着技术、经济和社会的发展不断持续完善。借助大数据、云计算、物联网、地理信息、移动互联网等新一代信息技术的强大驱动力,发展智慧应用,建立一套新型的、可持续的城市发展模式,从而勾勒出一幅未来“智能城市”的蓝图。

资料来源:综合搜狗百科,有删改。

【实验与思考】

了解机器学习

1. 实验目的

(1) 了解人工智能的基础知识和主要应用;

(2) 熟悉机器学习的基础原理、基本分类与主要功能,理解机器学习对大数据技术的意义。

2. 工具/准备工作

在开始本实验之前，请认真阅读课程的相关内容。

需要准备一台带有浏览器，能够访问因特网的计算机。

3. 实验内容与步骤

(1) 请结合查阅相关文献资料，为"人工智能"给出一个权威性的定义。

答：＿＿＿＿＿＿＿＿＿＿＿＿＿＿＿＿＿＿＿＿＿＿

＿＿＿＿＿＿＿＿＿＿＿＿＿＿＿＿＿＿＿＿＿＿＿＿＿＿＿＿

＿＿＿＿＿＿＿＿＿＿＿＿＿＿＿＿＿＿＿＿＿＿＿＿＿＿＿＿

＿＿＿＿＿＿＿＿＿＿＿＿＿＿＿＿＿＿＿＿＿＿＿＿＿＿＿＿

这个定义的来源是：＿＿＿＿＿＿＿＿＿＿＿＿＿＿＿＿＿＿＿＿

(2) 请结合查阅相关文献资料，简述人工智能的主要应用。

答：＿＿＿＿＿＿＿＿＿＿＿＿＿＿＿＿＿＿＿＿＿＿

＿＿＿＿＿＿＿＿＿＿＿＿＿＿＿＿＿＿＿＿＿＿＿＿＿＿＿＿

＿＿＿＿＿＿＿＿＿＿＿＿＿＿＿＿＿＿＿＿＿＿＿＿＿＿＿＿

＿＿＿＿＿＿＿＿＿＿＿＿＿＿＿＿＿＿＿＿＿＿＿＿＿＿＿＿

(3) 请结合查阅相关文献资料，为"机器学习"给出一个权威性的定义。

答：＿＿＿＿＿＿＿＿＿＿＿＿＿＿＿＿＿＿＿＿＿＿

＿＿＿＿＿＿＿＿＿＿＿＿＿＿＿＿＿＿＿＿＿＿＿＿＿＿＿＿

＿＿＿＿＿＿＿＿＿＿＿＿＿＿＿＿＿＿＿＿＿＿＿＿＿＿＿＿

＿＿＿＿＿＿＿＿＿＿＿＿＿＿＿＿＿＿＿＿＿＿＿＿＿＿＿＿

这个定义的来源是：＿＿＿＿＿＿＿＿＿＿＿＿＿＿＿＿＿＿＿＿

(4) 请结合查阅相关文献资料，简述在具体的应用中，确定机器学习工作内容的是环境、知识库和执行等三部分。

答：

环境：＿＿＿＿＿＿＿＿＿＿＿＿＿＿＿＿＿＿＿＿＿＿

＿＿＿＿＿＿＿＿＿＿＿＿＿＿＿＿＿＿＿＿＿＿＿＿＿＿＿＿

＿＿＿＿＿＿＿＿＿＿＿＿＿＿＿＿＿＿＿＿＿＿＿＿＿＿＿＿

知识库：＿＿＿＿＿＿＿＿＿＿＿＿＿＿＿＿＿＿＿＿＿＿

＿＿＿＿＿＿＿＿＿＿＿＿＿＿＿＿＿＿＿＿＿＿＿＿＿＿＿＿

＿＿＿＿＿＿＿＿＿＿＿＿＿＿＿＿＿＿＿＿＿＿＿＿＿＿＿＿

执行：＿＿＿＿＿＿＿＿＿＿＿＿＿＿＿＿＿＿＿＿＿＿

＿＿＿＿＿＿＿＿＿＿＿＿＿＿＿＿＿＿＿＿＿＿＿＿＿＿＿＿

＿＿＿＿＿＿＿＿＿＿＿＿＿＿＿＿＿＿＿＿＿＿＿＿＿＿＿＿

＿＿＿＿＿＿＿＿＿＿＿＿＿＿＿＿＿＿＿＿＿＿＿＿＿＿＿＿

4. 实验总结

_____

_____

_____

_____

5. 实验评价（教师）

_____

_____

大数据在云端

【导读案例】

亚马逊，数据在云端

市场上有两种并行趋势。首先，数据量在不断增长。现在越来越多的数据以照片、推文、点"赞"以及电子邮件的形式出现；这些数据又有与之相联系的其他数据；机器生成的数据则以状态更新及其他信息的形式存在，而其他信息包括源自服务器、汽车、飞机、移动电话等设备的信息。结果，处理所有这些数据的复杂性也随之升高。更多的数据意味着它们需要进行整合、理解以及提炼，也意味着数据安全及数据隐私方面存在更高的风险。在过去，公司将内部数据（例如销售数据）和外部数据（例如品牌情绪或市场研究数字）区别对待，现在则希望将这些数据进行整合，以利用由此产生的洞察分析。

其次，企业正将计算和处理的环节转移到云中。这就意味着不必购买硬件和软件，只需将其安装到自己的数据中心，然后对基础设施进行维护，企业就可以在网上获得想要的功能。软营模式（Software as a Service，SaaS）公司 Salesforce.com 开创了在网上以"无软件"模式为客户关系管理（CRM）应用程序交付的先例。这家公司随后建立了一个服务生态系统，以补充其核心的 CRM 解决方案。

与此同时，亚马逊也为必要的基础设施铺平了道路——使用亚马逊 Web 服务（AWS）在云中计算和存储。亚马逊在 2003 年推出了 AWS，希望从 Amazon.com 商店运行所需的基础设施上获利。然后，亚马逊继续增加其按需基础设施服务，让开发商迅速带来新的服务器、存储器及数据库。亚马逊也引进了特定的大数据服务，其中包括 Amazon MapReduce（一项开源 Hadoop-MapReduce 服务的亚马逊云版本）以及 Amazon RedShift（一项数据仓库按需解决方案）。亚马逊预计该方案每年每太字节（TB）的成本仅为 1000 美元——不到公司一般内部部署数据仓库花费的 1/10，换言之，通常公司每年每太字节的成本超过一万美元。同时，亚马逊公司提供的在线备份服务 Amazon Glacier 提供低成本数字归档服务，该服务每月每千兆字节的费用仅为 0.01 美元，约合每年每太字节 120 美元。

和其他供应商相比，亚马逊有两大优势。第一，它具有非常著名的消费者品牌；第二，它也从支持网站 Amazon.com 而获得的规模经济以及其基础设施服务的其他广泛客户中受益。虽然其他一些著名公司也提供云基础设施，包括谷歌及其谷歌云平台，还有微软及其 Windows Azure，但亚马逊已为此铺平了道路，并以 AWS 占据了有利位置。

所有这些云服务胜过传统服务的优势在于，顾客只为使用的东西消费。这尤其对创业公司有利，它们可以避免高昂的先期投入，而这通常涉及购买、部署、管理服务器和存储基础设施。

AWS 让世人见证了其惊人的增长速度。这项服务在 2012 年为公司财政收入增添了约一百五十亿美元。截至 2012 年 6 月，亚马逊简单存储服务 Simple Storage Service(S3) 的存储量超过一万亿太字节，每秒新增存储量超过 4 万。而在 2006 年年末，当时的存储量还仅为 290 亿太字节，到 2010 年年末为 2620 亿太字节。像 Netflix、Dropbox 这样的公司就在 AWS 上经营业务。之后亚马逊继续拓展其按需基础设施服务，增加了 IP 路由选择、电子邮件发送以及大量与大数据相关的服务。亚马逊也和一个合作伙伴的生态系统合作，为他们提供基础设施产品。因此，任何新出现的基础设施创业公司想要构建公共云产品，要做的很可能就是：想办法与亚马逊合作，或者期待公司创造出有竞争力的产品。

阅读上文，请思考、分析并简单记录：

(1) 亚马逊既是非常著名的消费者品牌，又是云计算基础设施服务供应商，你了解其中的关系吗？

答：_____

_____

_____

(2) 亚马逊提供的主要的云计算服务是什么？

答：_____

_____

_____

(3) 还有哪些著名的国际化企业在向社会提供云计算服务？

答：_____

_____

_____

(4) 请简单描述你所知道的上一周发生的国际、国内或者身边的大事。

答：_____

_____

_____

_____

_____

9.1　云端大数据

所谓基础设施,是指在 IT 环境中,为具体应用提供计算、存储、互联、管理等基础功能的软硬件系统。在信息技术发展的早期,IT 基础设施往往由一系列昂贵的、经过特殊设计的软硬件设备组成,存储容量非常有限,系统之间也没有高效的数据交换通道,应用软件直接运行在硬件平台上。在这种环境中,用户不容易、也没有必要去区分哪些部分属于基础设施,哪些部分是应用软件。然而,随着对新应用的需求不断涌现,IT 基础设施发生了翻天覆地的变化。

9.1.1　什么是云计算

摩尔定律在过去的几十年书写了奇迹,并且奇迹还在延续。在这奇迹的背后,是越来越廉价、越来越高效的计算能力。有了强大的计算能力,人类可以处理更为庞大的数据,而这又带来对存储的需求。再之后,就需要把并行计算的理论搬上台面,更大限度地挖掘 IT 基础设施的潜力。于是,网络也蓬勃发展起来。由于硬件已经变得前所未有的复杂,专门管理硬件资源、为上层应用提供运行环境的系统软件也顺应历史潮流,迅速发展壮大。

基于大规模数据的系列应用正在悄然推动着 IT 基础设施的发展,尤其是大数据对海量、高速存储的需求。为了对大规模数据进行有效的计算,必须最大限度地利用计算和网络资源。计算虚拟化和网络虚拟化要对分布式、异构的计算、存储、网络资源进行有效的管理。

所谓“云计算”(Cloud Computing,图 9-1),是一种基于互联网的计算方式,通过这种方式,共享的软硬件资源和信息可以按需提供给计算机和其他设备。云计算为我们提供了跨地域、高可靠、按需付费、所见即所得、快速部署等能力,这些都是长期以来 IT 行业所追寻的。随着云计算的发展,大数据正成为云计算面临的一个重大考验。

云是网络、互联网的一种比喻说法。过去在图中往往用云来表示电信网,后来也用来表示互联网和底层基础设施的抽象。云计算是继 20 世纪 80 年代大型计算机到客户/服务器的大转变之后的又一种巨变。用户不再需要了解“云”中基础设施的细节,不必具有相应的专业知识,也无须直接进行控制。云计算描述了一种基于互联网的新的 IT 服务增加、使用和交付模式,通常涉及通过互联网来提供动态易扩展,而且经常是虚拟化的资源,它意味着计算能力也可作为一种商品通过互联网进行流通。

Wiki(维基)的定义是:云计算是一种通过因特网以服务的方式提供动态可伸缩的虚拟化的资源的计算模式。

美国国家标准与技术研究院(NIST)的定义是:云计算是一种按使用量付费的模式,这种模式提供可用的、便捷的、按需的网络访问,进入可配置的计算资源共享池(资源包括网络,服务器,存储,应用软件,服务),这些资源能够被快速提供,只需投入很少的管理工作,或与服务供应商进行很少的交互。

云计算是分布式计算(Distributed Computing)、并行计算(Parallel Computing)、效

用计算（Utility Computing）、网络存储（Network Storage Technologies）、虚拟化（Virtualization）、负载均衡（Load Balance）等传统计算机和网络技术发展融合的产物。

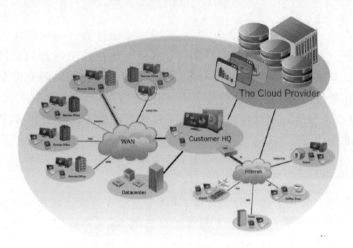

图 9-1　云计算

9.1.2　云计算的服务形式

云计算按照服务的组织、交付方式的不同,有公有云、私有云、混合云之分。公有云向所有人提供服务,典型的公有云提供商是亚马逊,人们可以用相对低廉的价格方便地使用亚马逊 EC2 的虚拟主机服务。私有云往往只针对特定客户群提供服务,比如一个企业内部 IT 可以在自己的数据中心搭建私有云,并向企业内部提供服务。目前也有部分企业整合了内部私有云和公有云,统一交付云服务,这就是混合云。

云计算包括以下几个层次的服务:基础设施即服务(IaaS),平台即服务(PaaS)和软件即服务(SaaS)。这里,分层体系架构意义上的"层次"IaaS、PaaS 和 SaaS 分别在基础设施层、软件开放运行平台层和应用软件层实现。

IaaS(Infrastructure as a Service):基础设施级服务。消费者通过因特网可以从完善的计算机基础设施获得服务。

IaaS 通过网络向用户提供计算机(物理机和虚拟机)、存储空间、网络连接、负载均衡和防火墙等基本计算资源;用户在此基础上部署和运行各种软件,包括操作系统和应用程序。例如,通过亚马逊的 AWS,用户可以按需定制所要的虚拟主机和块存储等,在线配置和管理这些资源。

PaaS(Platform as a Service):平台级服务。PaaS 实际上是指将软件研发的平台作为一种服务,以 SaaS 的模式提交给用户。因此,PaaS 也是 SaaS 模式的一种应用。但是,PaaS 的出现可以加快 SaaS 的发展,尤其是加快 SaaS 应用的开发速度。

平台通常包括操作系统、编程语言的运行环境、数据库和 Web 服务器,用户在此平台上部署和运行自己的应用。用户不能管理和控制底层的基础设施,只能控制自己部署的应用。目前常见的 PaaS 提供商有 CloudFoundry、谷歌的 GAE 等。

SaaS(Software as a Service):软件级服务。它是一种通过因特网提供软件的模式,用户无须购买软件,而是向提供商租用基于 Web 的软件,来管理企业经营活动,例如邮件服务、数据处理服务、财务管理服务等。

9.1.3 云计算与大数据

信息技术的发展主要解决的是云计算中结构化数据的存储、处理与应用。结构化数据的特征是"逻辑性强",每个"因"都有"果"。然而,现实社会中大量数据事实上没有"显现"的因果关系,如一个时刻的交通堵塞、天气状态、人的心理状态等,它的特征是随时、海量与弹性的,如一个突变天气分析会有几百 PB 数据。而一个社会事件如乔布斯去世瞬间所产生在互联网上的数据(微博、纪念、文章、视频等)也是突然爆发出来的。

传统的计算机设计与软件都是以解决结构化数据为主,对"非结构"要求一种新的计算架构。互联网时代,尤其是社交网络、电子商务与移动通信把人类社会带入一个以"PB"为单位的结构与非结构数据信息的新时代,它就是"大数据"(Big Data)时代。

云计算和大数据在很大程度上是相辅相成的,最大的不同在于:云计算是你在做的事情,而大数据是你所拥有的东西。以云计算为基础的信息存储、分享和挖掘手段为知识生产提供了工具,而通过对大数据分析、预测会使得决策更加精准,两者相得益彰。从另一个角度讲,云计算是一种 IT 理念、技术架构和标准,而云计算也不可避免地会产生大量的数据。所以说,大数据技术与云计算的发展密切相关,大型的云计算应用不可或缺的就是数据中心的建设(图 9-2),大数据技术是云计算技术的延伸。

图 9-2 位于美国爱荷华州的谷歌数据中心,占地 1 万平方米

大数据为云计算大规模与分布式的计算能力提供了应用的空间,解决了传统计算机无法解决的问题。国内有很多电商企业,用小型计算机和 Oracle 公司对抗了好几年,并请了全国最牛的 Oracle 专家不停地优化其 Oracle 和小型计算机,初期发展可能很快,但是后来由于数据量激增,业务开始受到严重影响,一个典型的例子就是某网上商城之前发生的大规模访问请求宕机事件,因此他们开始逐渐放弃了 Oracle 或者 MS-SQL,并逐渐转向 MySQL x86 的分布式架构。目前的基本计算单元常常是普通的 x86 服务器,它们组成了一个大的云,而未来的云计算单元里可能有独立的存储单元、计算单元、协调单元,总体的效率会更高。

海量的数据需要足够的存储来容纳它,快速、低廉价格、绿色的数据中心部署成为关键。Google、Facebook、Rackspace 等公司都纷纷建设新一代的数据中心,大部分都采用更高效、节能、订制化的云服务器,用于大数据存储、挖掘和云计算业务。

数据中心正在成为新时代知识经济的基础设施。从海量数据中提取有价值的信息,数据分析使数据变得更有意义,并将影响政府、金融、零售、娱乐、媒体等各个领域,带来革命性的变化。

9.1.4 云基础设施

大数据解决方案的构架离不开云计算的支撑。支撑大数据及云计算的底层原则是一样的,即规模化、自动化、资源配置、自愈性,这些都是底层的技术原则。也可以说,大数据是构建在云计算基础架构之上的应用形式,因此它很难独立于云计算架构而存在。云计算下的海量存储、计算虚拟化、网络虚拟化、云安全及云平台就像支撑大数据这座大楼的钢筋水泥。只有好的云基础架构支持,大数据才能立起来,站得更高。

虚拟化(Virtualization)是云计算所有要素中最基本,也是最核心的组成部分。和云计算在最近几年才出现不同,虚拟化技术的发展其实已经走过了半个多世纪(1956)。在虚拟化技术的发展初期,IBM 是主力军,它把虚拟化技术用在了大型计算机领域。1964年,IBM 设计了名为 CP-40 的新型操作系统,实现了虚拟内存和虚拟机。到 1965 年,

图 9-3　IBM System/360

IBM 推出了 System/360 Model 67(图 9-3)和 TSS(Time Sharing System,分时共享系统),允许很多远程用户共享同一高性能计算设备的使用时间。1972 年,IBM 发布了用于创建灵活大型主机的虚拟机技术,实现了根据动态需求快速而有效地使用各种资源的效果。作为对大型计算机进行逻辑分区以形成若干独立虚拟机的一种方式,这些分区允许大型计算机进行“多任务处理”——同时运行多个应用程序和进程。由于当时大型计算机是十分昂贵的资源,虚拟化技术起到了提高投资利用率的作用。

利用虚拟化技术,允许在一台主机上运行多个操作系统,让用户尽可能地充分利用昂贵的大型计算机资源。其后,虚拟化技术从大型计算机延伸到 UNIX 小型计算机领域,HP、Sun(已被 Oracle 收购)及 IBM 都将虚拟化技术应用到其小型计算机中。

1998 年,VMware 公司成立,这是在 x86 虚拟化技术发展史上很重要的一个里程碑。VMware 发布的第一款虚拟化产品 VMware Virtual Platform,通过运行在 Windows NT 上的 VMware 来启动 Windows 95,开启了虚拟化在 x86 服务器上的应用。

相比于大型计算机和小型计算机,x86 服务器和虚拟化技术并不是兼容得很好。但是 VMware 针对 x86 平台研发的虚拟化技术不仅克服了虚拟化技术层面的种种挑战,其提供的 VMware Infrastructure 更是极大地方便了虚拟机的创建和管理。VMware 对虚拟化技术的研究,开创了虚拟化技术的 x86 时代,在很长一段时间内,服务器虚拟化市场都是 VMware 一枝独秀。

虚拟化技术中最核心的部分分别是计算虚拟化、存储虚拟化和网络虚拟化。

9.2　计算虚拟化

计算虚拟化,又称平台虚拟化或服务器虚拟化,它的核心思想是使在一个物理计算机

上同时运行多个操作系统成为可能。在虚拟化世界中,通常把提供虚拟化能力的物理计算机称为宿主机(Host Machine),而把在虚拟化环境中运行的计算机称为客户机(Guest Machine)。宿主机和客户机虽然运行在同样的硬件上,但是它们在逻辑上却是完全隔离的。

这些虚拟计算机(以及物理计算机)在逻辑上是完全隔离的,拥有各自独立的软、硬件环境。讨论计算虚拟化,所涉及的计算机仅包含构成一个最小计算单位所需的部件,其中包括处理器(CPU)和内存,不包含任何可选的外接设备(例如,主板、硬盘、网卡、显卡、声卡等)。

计算虚拟化是大数据处理不可缺少的支撑技术,其作用体现在提高设备利用率、提高系统可靠性、解决计算单元管理问题等方面。将大数据应用运行在虚拟化平台上,可以充分享受虚拟化带来的管理红利。例如,虚拟化可以支持对虚拟机的快照(Snapshot)操作,从而使得备份和恢复变得更加简单、透明和高效。此外,虚拟机还可以根据需要动态迁移到其他物理机上,这一特性可以让大数据应用享受高可靠性和容错性。

虚拟机(Virtual Machine,VM)是对物理计算机功能的一种软件模拟(部分或完全的),其中的虚拟设备在硬件细节上可以独立于物理设备。虚拟机的实现目标通常是可以在其中不经修改地运行那些原本为物理计算机设计的程序。通常情况下,多台虚拟机可以共存于一台物理机上,以期获得更高的资源使用率以及降低整体的费用。虚拟机之间是互相独立、完全隔离的。

虚拟机管理器(虚拟机管理程序,Virtual Machine Monitor,VMM),通常又称为Hypervisor,是在宿主机上提供虚拟机创建和运行管理的软件系统或固件。Hypervisor可以归纳为两个类型:原生的 Hypervisor 和托管的 Hypervisor。前者直接运行在硬件上去管理硬件和虚拟机,常见的有 XenServer、KVM、VMware ESX/ESXi 和微软的Hyper-V。后者则运行在常规的操作系统上,作为二层的管理软件存在,而客户机相对硬件来说则是在第三层运行,常见的有 VMware Workstation 和 Virtual Box。

9.3 大数据存储

关于大数据,最容易想到的便是其数据量之庞大,如何高效地保存和管理这些海量数据是存储面临的首要问题。此外,大数据还有诸如种类结构不一、数据源杂多、增长速度快、存取形式和应用需求多样化等特点。

存储虚拟化最通俗的理解就是对一个或者多个存储硬件资源进行抽象,提供统一的、更有效率的全面存储服务。从用户的角度来说,存储虚拟化就像一个存储的大池子,用户看不到,也不需要看到后面的磁盘、磁带,也不必关心数据是通过哪条路径存储到硬件上的。

存储虚拟化有两大分类:块虚拟化(Block Virtualization)和文件虚拟化(File Virtualization)。块虚拟化就是将不同结构的物理存储抽象成统一的逻辑存储。这种抽象和隔离可以让存储系统的管理员为终端用户提供更灵活的服务。文件虚拟化则是帮助用户,使其在一个多节点的分布式存储环境中,再也不用关心文件的具体物理存储位置了。

9.3.1　传统存储系统时代

计算机的外部存储系统如果从 1956 年 IBM 造出第一块硬盘算起,发展至今已经有半个多世纪了。在这半个多世纪里,存储介质和存储系统都取得了很大的发展和进步。当时,IBM 为 RAMAC 305 系统造出的第一块硬盘只有 5MB 的容量,而成本却高达 50 000 美元,平均每 MB 存储需要 10 000 美元。而现在的硬盘容量可高达几个 TB,成本则降至差不多 8 美分/GB。

目前传统存储系统主要的三种架构,包括 DAS、NAS 和 SAN。

（1）DAS(Direct-Attached Storage,直连式存储)。

顾名思义,这是一种通过总线适配器直接将硬盘等存储介质连接到主机上的存储方式,在存储设备和主机之间通常没有任何网络设备的参与。可以说 DAS 是最原始、最基本的存储架构方式,在个人计算机、服务器上也最为常见。DAS 的优势在于架构简单、成本低廉、读写效率高等;缺点是容量有限、难于共享,从而容易形成"信息孤岛"。

（2）NAS(Network-Attached Storage,网络存储系统)。

NAS 是一种提供文件级别访问接口的网络存储系统,通常采用 NFS、SMB/CIFS 等网络文件共享协议进行文件存取。NAS 支持多客户端同时访问,为服务器提供了大容量的集中式存储,从而也方便了服务器间的数据共享。

（3）SAN(Storage Area Network,存储区域网络)。

通过光纤交换机等高速网络设备在服务器和磁盘阵列等存储设备间搭设专门的存储网络,从而提供高性能的存储系统。

SAN 与 NAS 的基本区别,在于其提供块(Block)级别的访问接口,一般并不同时提供一个文件系统。通常情况下,服务器需要通过 SCSI 等访问协议将 SAN 存储映射为本地磁盘、在其上创建文件系统后进行使用。目前主流的企业级 NAS 或 SAN 存储产品一般都可以提供 TB 级的存储容量,当然高端的存储产品也可以提供高达几个 PB 的存储容量。

9.3.2　大数据时代的新挑战

相对于传统的存储系统,大数据存储一般与上层的应用系统结合得更紧密。很多新兴的大数据存储都是专门为特定的大数据应用设计和开发的,比如专门用来存放大量图

图 9-4　存储系统

片或者小文件的在线存储,或者支持实时事务的高性能存储等。因此,不同的应用场景,其底层大数据存储的特点也不尽相同(图 9-4)。但是,结合当前主流的大数据存储系统,可以总结出如下一些基本特点。

1. 大容量及高可扩展性

大数据的主要来源包括社交网站、个人信息、科学研究数据、在线事务、系统日志以及传

感和监控数据等。各种应用系统源源不断地产生着大量数据,尤其是社交类网站的兴起,更加快了数据增长的速度。大数据一般可达到几个 PB 甚至 EB 级的信息量,传统的 NAS 或 SAN 存储一般很难达到这个级别的存储容量。因此,除了巨大的存储容量外,大数据存储还必须拥有一定的可扩容能力。扩容包括 Scale-up 和 Scale-out 两种方式。鉴于前者扩容能力有限且成本一般较高,因此能够提供 Scale-out 能力的大数据存储已经成为主流趋势。

2. 高可用性

对于大数据应用和服务来说,数据是其价值所在。因此,存储系统的可用性至关重要。平均无故障时间(MTTF)和平均维修时间(MTTR)是衡量存储系统可用性的两个主要指标。传统存储系统一般采用 RAID、数据通道冗余等方式保证数据的高可用性和高可靠性。除了这些传统的技术手段外,大数据存储还会采用其他一些技术。比如,分布式存储系统中多采用简单明了的多副本来实现数据冗余;针对 RAID 导致的数据冗余率过高或者大容量磁盘的修复时间过长等问题,近年来学术界和工业界研究或采用了其他的编码方式。

3. 高性能

在考量大数据存储性能时,吞吐率、延时和 IOPS 是其中几个较为重要的指标。对于一些实时事务分析系统,存储的响应速度至关重要;而在其他一些大数据应用场景中,每秒处理的事务数则可能是最重要的影响因素。大数据存储系统的设计往往需要在大容量、高可扩展性、高可用性和高性能等特性间做出一个权衡。

4. 安全性

大数据具有巨大的潜在商业价值,这也是大数据分析和数据挖掘兴起的重要原因之一。因此,数据安全对于企业来说至关重要。数据的安全性体现在存储如何保证数据完整性和持久化等方面。在云计算、云存储行业风生水起的大背景下,如何在多租户环境中保护好用户隐私和数据安全成了大数据存储面临的一个亟待解决的新挑战。

5. 自管理和自修复

随着数据量的增加和数据结构的多样化,大数据存储的系统架构也变得更加复杂,管理和维护便成了一大难题。这个问题在分布式存储中尤其突出,因此,能够实现自我管理、监测及自我修复将成为大数据存储系统的重要特性之一。

6. 成本

大数据存储系统的成本包括存储成本、使用成本和维护成本等。如何有效降低单位存储给企业带来的成本问题,在大数据背景下显得极为重要。如果大数据存储的成本降不下来,动辄几个 TB 或者 PB 的数据量将会让很多中小型企业在大数据掘的浪潮中望洋兴叹。

7. 访问接口的多样化

同一份数据可能会被多个部门、用户或者应用来访问、处理和分析。不同的应用系统由于业务不同可能会采用不同的数据访问方式。因此，大数据存储系统需要提供多种接口来支持不同的应用系统。

9.3.3　分布式存储

大数据导致了数据量的爆发式增长，传统的集中式存储（比如 NAS 或 SAN）在容量和性能上都无法较好地满足大数据的需求。因此，具有优秀的可扩展能力的分布式存储成为大数据存储的主流架构方式。分布式存储多采用普通的硬件设备作为基础设施，因此，单位容量的存储成本也得到大大降低。另外，分布式存储在性能、维护性和容灾性等方面也具有不同程度的优势。

分布式存储系统需要解决的关键技术问题包括诸如可扩展性、数据冗余、数据一致性、全局命名空间、缓存等，从架构上来讲，大体上可以将分布式存储分为 C/S（Client/Server）架构和 P2P（Peer-to-Peer）架构两种。当然，也有一些分布式存储中会同时存在这两种架构方式。

分布式存储面临的另外一个共同问题，就是如何组织和管理成员节点，以及如何建立数据与节点之间的映射关系。成员节点的动态增加或者离开，在分布式系统中基本上可以算是一种常态。

Eric Brewer 于 2000 年提出的分布式系统设计的 CAP 理论指出，一个分布式系统不可能同时保证一致性（Consistency）、可用性（Availability）和分区容忍性（Partition Tolerance）这三个要素。因此，任何一个分布式存储系统也只能根据其具体的业务特征和具体需求，最大地优化其中的两个要素。当然，除了一致性、可用性和分区容忍性这三个维度，一个分布式存储系统往往会根据具体业务的不同，在特性设计上有不同的取舍，比如，是否需要缓存模块、是否支持通用的文件系统接口等。

9.3.4　云存储

云存储是由第三方运营商提供的在线存储系统，比如面向个人用户的在线网盘和而向企业的文件、块或对象存储系统等。云存储的运营商负责数据中心的部署、运营和维护等工作，将数据存储包装成为服务的形式提供给客户。云存储作为云计算的延伸和重要组件之一，提供了"按需分配、按量计费"的数据存储服务。因此，云存储的用户不需要搭建自己的数据中心和基础架构，也不需要关心底层存储系统的管理和维护等工作，并可以根据其业务需求动态地扩大或减小其对存储容量的需求。

云存储通过运营商来集中、统一地部署和管理存储系统，降低了数据存储的成本，从而也降低了大数据行业的准入门槛，为中小型企业进军大数据行业提供了可能性。比如，著名的在线文件存储服务提供商 Dropbox，就是基于 AWS（Amazon Web Services）提供的在线存储系统 S3 创立起来的。在云存储兴起之前，创办类似于 Dropbox 这样的初创公司几乎不太可能。

云存储背后使用的存储系统其实多是采用分布式架构,而云存储因其更多新的应用场景,在设计上也遇到了新的问题和需求。比如,云存储在管理系统和访问接口上大都需要解决如何支持多租户的访问方式,而多租户环境下就无可避免地要解决诸如安全、性能隔离等一系列问题。另外,云存储和云计算一样,都需要解决的一个共同难题就是关于信任(Trust)问题——如何从技术上保证企业的业务数据放在第三方存储服务提供商平台上的隐私和安全,的确是一个必须解决的技术挑战。

将存储作为服务的形式提供给用户,云存储在访问接口上一般都会秉承简洁易用的特性。比如,亚马逊的 S3 存储通过标准的 HTTP、简单的 REST 接口进行存取数据,用户分别通过 Get、Put、Delete 等 HTTP 方法进行数据块的获取、存放和删除等操作。出于操作简便方面的考虑,亚马逊 S3 服务并不提供修改或者重命名等操作;同时,亚马逊 S3 服务也并不提供复杂的数据目录结构,而仅提供非常简单的层级关系;用户可以创建一个自己的数据桶(Bucket),而所有的数据则直接存储在这个 Bucket 中。另外,云存储还需要解决用户分享的问题。亚马逊 S3 存储中的数据直接通过唯一的 URL 进行访问和标识,因此,只要其他用户经过授权便可以通过数据的 URL 进行访问了。

存储虚拟化是云存储的一个重要的技术基础,是通过抽象和封装底层存储系统的物理特性,将多个互相隔离的存储系统统一化为一个抽象的资源池的技术。通过存储虚拟化技术,云存储可以实现很多新的特性。比如,用户数据在逻辑上的隔离、存储空间的精简配置等。

9.3.5　大数据存储的其他需求

1. 去重

数据快速增长是数据中心最大的挑战。显而易见,爆炸式的数据增长会消耗巨大的存储空间,迫使数据提供商去购买更多的存储,然而却未必能赶上数据的增长速度。这里有几个相关问题值得考虑:产生的数据是不是都被生产系统循环使用? 如果不是,是不是可以把这些数据放到廉价的存储系统中? 怎么让数据备份消耗的存储更低? 怎么让备份的时间更快? 数据备份后能保存的时间有多久(物理介质原因)? 备份后的数据能不能正常取出?

数据去重大概可以分为基于文件级别的去重和基于数据块级别的去重。一般来讲,数据切成 Chunk 有两种分类:定长(Fixed Size)和变长(Variable Size)。所谓定长就是把一个接收到的数据流或者文件按照相同的大小切分,每个 Chunk 都有一个独立的"指纹"。从实现角度来讲,定长文件的切片实现和管理比较简单,但是数据去重复的比率较低。这也是容易理解的,因为每个 Chunk 在文件中都有固定的偏移。但是在最坏情况下,如果某个文件在文件开始新增加或者减少一个字符,将导致所有 Chunk 的"指纹"发生变化。最差的结果是:备份两个仅差一个字符的文件,导致重复数据删除率等于零。这显然是不可接受的。为此,变长 Chunk 技术应运而生,它不是简单地根据文件偏移来划分 Chunk,而是根据"Anchor"(某个标记)来对数据分片。由于找的是特殊的标记,而不是数据的偏移,因此能完美地解决定长 Chunk 中由于数据偏移略有变化而导致的低数据去重比率。

2. 分层存储

众所周知,性能好的存储介质往往价格也很高。如何通过组合高性能、高成本的小容量存储介质和低性能、低成本的大容量存储介质,使其达到性能、价格、容量及功能上的最大优化,这是一个经典的存储问题了。比如,计算机系统上通过从外部存储(比如硬盘等)到内存、缓存等一系列存储介质组成的存储金字塔,很好地解决了 CPU 的数据访问瓶颈问题。分层存储是存储系统领域试图解决类似问题的一个技术手段。近年来,各种新存储介质的诞生,给存储系统带来了新的希望,尤其是 Flash 和 SSD(Solid-State Drive)存储技术的成熟及其量化生产,使其在存储产品中得到越来越广泛的使用。然而,企业存储,尤其是大数据存储,全部使用 SSD 作为存储介质,其成本依然是一个大问题。

为了能够更好地发挥新的存储介质在读、写性能上的优势,同时将存储的总体成本控制在可接受的范围之内,分层存储系统便应运而生。分层存储系统集 SSD 和硬盘等存储媒介于一体,通过智能监控和分析数据的访问"热度",将不同热度的数据自动适时地动态迁移到不同的存储介质上。经常被访问的数据将被迁移到读、写性能好的 SSD 存储上,不常被访问的数据则会被存放在性能一般且价格低廉的硬盘矩阵上。这样,分层存储系统在保证不增加太多成本的前提下,大大地提高了存储系统的读、写性能。

9.4　网络虚拟化

网络虚拟化,简单来讲是指把逻辑网络从底层的物理网络分离开来,包括网卡的虚拟化、网络的虚拟接入技术、覆盖网络交换,以及软件定义的网络等。这个概念的产生已经比较久了,VLAN、VPN、VPLS 等都可以归为网络虚拟化的技术。近年来,云计算的浪潮席卷 IT 界。几乎所有的 IT 基础构架都在朝着云的方向发展。在云计算的发展中,虚拟化技术一直是重要的推动因素。作为基础构架,服务器和存储的虚拟化已经发展得有声有色,而同作为基础构架的网络却还是一直沿用老的套路。在这种环境下,网络确实期待一次变革,使之更加符合云计算和互联网发展的需求。

在云计算的大环境下,网络虚拟化的定义没有变,但是其包含的内容却大大增加了(例如动态性、多租户模式等)。网络虚拟化涉及的技术范围相当宽泛,包括网卡的虚拟化、虚拟交换技术、网络虚拟接入技术、覆盖网络交换,以及软件定义的网络,等等。

9.4.1　网卡虚拟化

多个虚拟机共享服务器中的物理网卡,需要一种机制既能保证 I/O 的效率,又能保证多个虚拟机对用物理网卡共享使用。I/O 虚拟化的出现就是为了解决这类问题。I/O 虚拟化包括从 CPU 到设备的一揽子解决方案。

从 CPU 的角度看,要解决虚拟机访问物理网卡等 I/O 设备的性能问题,能做的就是直接支持虚拟机内存到物理网卡的 DMA 操作。Intel 的 VT-d 技术及 AMD 的 IOMMU 技术通过 DMA Remapping 机制来解决这个问题。DMA Remapping 机制主要解决了两个问题,一方面为每个 VM 创建了一个 DMA 保护域并实现了安全的隔离,另一方面提供一种机制是将虚拟机的物理地址翻译为物理机的物理地址。

从虚拟机对网卡等设备访问的角度看,传统虚拟化的方案是虚拟机通过 Hypervisor 来共享地访问一个物理网卡,Hypervisor 需要处理多虚拟机对设备的并发访问和隔离等。具体的实现方式是通过软件模拟多个虚拟网卡(完全独立于物理网卡),所有的操作都在 CPU 与内存进行。这样的方案满足了多租户模式的需求,但是牺牲了整体的性能,因为 Hypervisor 很容易形成一个性能瓶颈。为了提高性能,一种做法是虚拟机绕过 Hypervisor 直接操作物理网卡,这种做法通常称为 PCI pass through,VMware、XEN 和 KVM 都支持这种技术。但这种做法的问题是虚拟机通常需要独占一个 PCI 插槽,不是一个完整的解决方案,成本较高且扩展性不足。

最新的解决方案是物理设备(如网卡)直接对上层操作系统或 Hypervisor 提供虚拟化的功能,一个以太网卡可以对上层软件提供多个独立的虚拟的 PCIe 设备并提供虚拟通道来实现并发访问;这些虚拟设备拥有各自独立的总线地址,从而可以提供对虚拟机 I/O 的 DMA 支持。这样一来,CPU 得以从繁重的 I/O 中解放出来,能够更加专注于核心的计算任务(例如大数据分析)。这种方法也是业界主流的做法和发展方向,目前已经形成了标准。

9.4.2　虚拟交换机

在虚拟化的早期阶段,由于物理网卡并不具备为多个虚拟机服务的能力,为了将同一物理机上的多台虚拟机接入网络,引入了一个虚拟交换机(Virtual Switch)的概念。通常也称为软件交换机,以区别于硬件实现的网络交换机。虚拟机通过虚拟网片接入到虚拟交换机,然后通过物理网卡外连到外部交换机,从而实现了外部网络接入,例如 VMware vSwitch(图 9-5)就属于这一类技术。

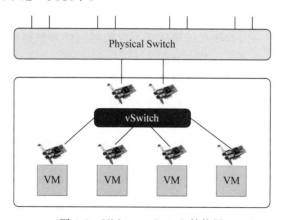

图 9-5　VMware vSwitch 结构图

这样的解决方案也带来一系列的问题。首先,一个很大的顾虑就是性能问题,因为所有的网络交换都必须通过软件模拟。研究表明:一个接入 10～15 台虚拟机的软件交换机,通常需要消耗 10%～15% 的主机计算能力;随着虚拟机数量的增长,性能问题无疑将更加严重。其次,由于虚拟交换机工作在二层,无形中也使得二层子网的规模变得更大。更大的子网意味着更大的广播域,对性能和管理来说都是不小的挑战。最后,由于越来越多的网络数据交换在虚拟交换机内进行,传统的网络监控和安全管理工具无法对其进行管理,也意味着管理和安全的复杂性大大增加了。

9.4.3 接入层的虚拟化

在传统的服务器虚拟化方案中,从虚拟机的虚拟网卡发出的数据包在经过服务器的物理网片传送到外部网络的上联交换机后,虚拟机的标识信息被屏蔽掉了,上联交换机只能感知从某个服务器的物理网卡流出的所有流量,而无法感知服务器内某个虚拟机的流量,这样就不能从传统网络设备层面来保证服务质量和安全隔离。虚拟接入要解决的问题是要把虚拟机的网络流量纳入传统网络交换设备的管理之中,需要对虚拟机的流量做标识。

9.4.4 覆盖网络虚拟化

虚拟网络并不是全新的概念,事实上我们熟知的 VLAN 就是一种已有的方案。VLAN 的作用是在一个大的物理二层网络里划分出多个互相隔离的虚拟三层网络,这个方案在传统的数据中心网络中得到了广泛的应用。这里就引出了虚拟网络的第一个需求:隔离。VLAN 虽然很好地解决了这个需求,然而由于内在的缺陷,VLAN 无法满足第二个需求,即可扩展性(支持数量庞大的虚拟网络)。随着云计算的兴起,一个数据中心需要支持上百万的用户,每个用户需要的子网可能也不止一个。在这样的需求背景下,VLAN 已经远远不敷使用,需要重新思考虚拟网络的设计与实现。当虚拟数据中心开始普及后,其本身的一些特性也带来对网络新的需求。物理机的位置一般是相对固定的,虚拟化方案的一个很大的特性在于虚拟机可以迁移。当迁移发生在不同网络、不同数据中心之间时,对网络产生了新的要求,比如需要保证虚拟机的 IP 在迁移前后不发生改变,需要保证虚拟机内运行的应用程序在迁移后仍可以跨越网络和数据中心进行通信等。这又引出了虚拟网络的第三个需求:支持动态迁移。

覆盖网络虚拟化就是应以上需求而生的,它可以更好地满足云计算和下一代数据中心的需求,它为用户虚拟化应用带来了许多好处(特别是对大规模的、分布式的数据处理),包括:①虚拟网络的动态创建与分配;②虚拟机的动态迁移(跨子网、跨数据中心);③一个虚拟网络可以跨多个数据中心;④将物理网络与虚拟网络的管理分离;⑤安全(逻辑抽象与完全隔离)。

9.4.5 软件定义的网络

OpenFlow 和 SDN 尽管不是专门为网络虚拟化而生,但是它们带来的标准化和灵活性却给网络虚拟化的发展带来无限可能。OpenFlow 起源于斯坦福大学的 Clean Slate 项目组,其目的是要重新发明因特网,旨在改变现有的网络基础架构。2006 年,斯坦福的学生 Martin Casado 领导的 Ethane 项目,试图通过一个集中式的控制器,让网络管理员可以方便地定义基于网络流的安全控制策略,并将这些安全策略应用到各种网络设备中,从而实现对整个网络通信的安全控制。受此项目启发,研究人员发现如果将传统网络设备的数据转发(Data Plane)和路由控制(Control Plane)两个功能模块相分离,通过集中式的控制器(Controller)以标准化的接口对各种网络设备进行管理和配置,这将为网络资源的设计、管理和使用提供更多的可能性,从而更容易推动网络的革新与发展。

OpenFlow 可能的应用场景包括:①校园网络中对实验性通信协议的支持;②网络管理和访问控制;③网络隔离和 VLAN;④基于 WiFi 的移动网络;⑤非 IP 网络;⑥基于网络包的处理。

9.4.6 对大数据处理的意义

相对于普通应用,大数据的分析与处理对网络有着更高的要求,涉及从带宽到延时,从吞吐率到负载均衡,以及可靠性、服务质量控制等方方面面。同时随着越来越多的大数据应用部署到云计算平台中,对虚拟网络的管理需求就越来越高。首先,网络接入设备虚拟化的发展,在保证多租户服务模式的前提下,还能同时兼顾高性能与低延时、低 CPU 占用率。其次,接入层的虚拟化保证了虚拟机在整个网络中的可见性,使得基于虚拟机粒度(或大数据应用粒度)的服务质量控制成为可能。覆盖网络的虚拟化,一方面使得大数据应用能够得到有效的网络隔离,更好地保证了数据通信的安全;另一方面也使得应用的动态迁移更加便捷,保证了应用的性能和可靠性。软件定义的网络更是从全局的视角来重新管理和规划网络资源,使得整体的网络资源利用率得到优化利用。总之,网络虚拟化技术通过对性能、可靠性和资源优化利用的贡献,间接提高了大数据系统的可靠性和运行效率。

9.5 数据即服务

数据即服务(Data as a Service,DaaS)是一个跨越大数据基础设施和应用的领域。过去的公司一般先获得大数据集,然后再使用——通常难以获得当前数据,或从互联网上得到即时数据。但是现在,出现了各种各样的数据即服务供应商,例如,邓白氏公司为金融、地址以及其他形式的数据提供网络编程接口,费埃哲公司(FICO)提供财务信息,推特为其推文提供访问权限,等等。

9.5.1 数据应用

这样的数据源允许他人在其基础上建立有趣的应用程序,而这些应用程序可以用于准确预测总统选举结果,或了解消费者对品牌的感觉。也有公司提供垂直式、具体的数据即服务,例如,在线数据拍卖平台 BlueKai 公司提供与消费者资料相关的数据,交通驾驶服务系统供应商 Inrix 公司提供交通数据,律商联讯公司提供法律数据等。

9.5.2 数据清理

使用大数据的领域中,最乏味的大概就是数据清理和集成了,但它却十分关键。内部和外部数据以各种格式存储,并且还包括错误和重复的记录。这样的数据需要经常清理才可以使用(或是实现多个数据源一起使用)。像企业数据集成解决方案提供商Information这样的公司早就在这个领域里发挥作用了。

就最简单的水平而言,数据清理涉及的任务包括删除重复记录和使地址字段正常化。展望未来,数据清理很可能成为一项基于云计算的服务。

9.5.3 数据保密

随着人们将更多的数据转移到云中,并将自己的信息更多地公布到网上,人们对于数据保密的关注也与日俱增。尽管匿名数据往往无保密性可言,但据一项研究显示,分析师们能够看到电影观赏的匿名数据,并通过评价用户张贴在互联网电影数据库上的影评,来确定哪位用户观看了哪部电影。在最近几个月里,Facebook已经加强了对用户分享信息的控制。

在未来,可能出现这样的大数据应用程序:不仅让人们自己决定分享何种数据,也帮助人们了解分享个人信息背后的隐藏含义——无论那些信息对我们是否进行了个人识别。

9.6 云 的 挑 战

当然,许多人仍然对能否利用公共云基础设施持有怀疑。过去,这项服务一直存在着三个潜在问题:

(1)企业觉得这项服务不安全。内部基础设施被认为更有保障。

(2)许多大供应商根本不提供软件的互联网/云版本。公司必须购买硬件,自行运行软件或者雇用第三方做这件事。

(3)难以将大量数据从内部系统中提取出来,存入云中。

虽然第一个挑战对于某些政府机构来说确实存在,但确有从事云存储服务的企业证实他们能安全存储许多公司的机密数据,网上提供的越来越多的类似应用程序也正逐渐为企业所接受。

许多专家认为,对于真正的海量数据来说,源于公司内部部署的数据仍会保存在原处,源于云中的数据也是如此。但是随着越来越多的业务线应用程序在网上实现应用,也会有越来越多的数据在云中生成,并保存在云中。

借助大数据,公司获得了许多其他优势:他们花费在维护和部署硬件和软件上的时间变少了,可以按需进行扩张。如果有公司需要扩大计算资源或存储量,就不需要耗费数月时间,而只是分秒之间的事情。有了网上的应用程序,其最新版本一经开放用户就可以立刻使用了。虽然公司的花费受其选择的公共云供应商控制,但云供应商之间的竞争不断推动价格下降,顾客也依赖这些供应商提供可靠的服务。

在计算虚拟化、存储虚拟化和网络虚拟化解决了云计算的基本问题之后,如何提高云计算的安全性,成为云计算中的一个重要课题。

事实上,几次大的云计算安全事故也确实给产业界敲响了警钟。

亚马逊曾遭遇过一些重大的服务中断事故,当时备受瞩目。其中一次事故造成在线影片供应商 Netflix 在 2012 年平安夜和圣诞节当天服务中断,而那时正是观看电影的传统高峰期。

(1) 2011 年 11 月,Facebook 遭遇黑客攻击,数百万用户账户被病毒入侵,导致用户在不知情的情况下分享了色情和暴力图片。

(2) 2011 年 4 月,云计算服务提供商亚马逊公司爆出了重大宕机事件。北弗吉尼亚州的云计算中心宕机导致了包括回答服务 Quora、新闻服务 Reddit 和位置跟踪服务 FourSquare 在内的一些网站受到了影响。

(3) 2011 年 3 月,Google 邮箱再次爆发大规模的用户数据泄漏事件,大约有 15 万 Gmail 用户在周日早上发现自己的所有邮件和聊天记录被删除,部分用户发现自己的账户被重置,Google 表示受到该问题影响的用户约为用户总数的 0.08%。

(4) Rackspace 在 2009 年全年遭遇了 4 次引人瞩目的断网故障,使该公司客户的断网时间达到几个小时。Rackspace 不得不向用户赔偿了将近三百万美元的服务费。Rackspace 把这些事故称作"痛苦的和非常令人失望的",并且承诺以后在很长时间里都要高水平地提供服务。

云计算在数据安全方面引入的新问题,譬如在云计算基础架构服务层(IaaS),主要有:①新的安全问题,诸如信任问题(特指租客和云服务商之间),多租客之间的资源隔离问题;②对已有的安全攻击,IaaS 是否更容易被攻击? 或者存在新的技术方法去避免这些攻击。

安全问题中的信任和隔离问题,源于云计算的新模型。在云计算基础架构层,虚拟化技术由于在资源整合、利用、管理等方面的优势,成为 IaaS 中不可缺少的一部分。一般来讲,管理计算资源的不再是操作系统,取而代之的是虚拟机监控器(Virtual Machine Monitor,VMM)。由于资源使用者和管理者角色的分离,衍生出 IaaS 使用者和 IaaS 提供者之间的信任问题。云资源的使用者称为云租户,比如,一个小型公司租赁了亚马逊的 EC2 服务(主要指虚拟机),并在 EC2 上搭建了一个网站,那么这个公司就是亚马逊 EC2 的租户,而使用网站的用户只是这个小公司的客户。由于资源不由租客完全控制,那么租客就有疑问:怎么确定租赁的资源仅仅为我所用,而不被其他租客或者云管理员非法使用,导致数据的丢失或者泄漏。可见,数据隐私保护是非常重要的。

隐私保护、数据备份、灾难恢复、病毒防范、多点服务、数据加密、虚拟机隔离等,这些都是云安全的研究课题。

【延伸阅读】

PaaS 市场迎来小风口,最终还是巨头之争

提及云计算,离不开三个名词:IaaS(基础架构即服务)、SaaS(软件即服务)、PaaS(平台即服务)。

IaaS 提供计算能力和存储能力,相当于一个云上的服务器,用户能够在其基础上部署和运行任意软件,比如阿里云支撑着"12306"75%的查询业务。SaaS 直接提供软件服务,通过互联网即可使用相关软件应用,不需要本地安装,比如人们所熟悉的搜索、邮箱、

各类企业管理系统等。而 PaaS 则提供软件运行的平台环境,在平台上针对开发者提供服务,使开发者能够快速获得某一能力,比如网易云信支持着众多 APP 的即时通信功能,热门的视频直播功能也可以通过网易视频云轻松搭建等。

三种模式中,作为基础的 IaaS 起步最早,在中国发展最为完善,阿里云、腾讯云、盛大、华为等已经占据优势地位。而作为未来发展方向的 PaaS 虽然 2009 年就已经在中国出现,但至今仍处于发展初期,市场认知度较低。据艾瑞网统计,2014 年我国云计算整体市场规模约为 1174 亿,PaaS 仅占 4.11%。也正是因为当下最弱,所以相对于已成气候的 IaaS 和 SaaS,PaaS 最具有发展潜力。

尤其 2015 年以来,随着国家对"互联网+"和"万众创业"的扶持倡导,新形式的互联网产品和 APP 极速增加,加上阿里、腾讯、网易为代表的巨头入局带来的技术突破,PaaS 模式的云计算很可能将在 2016 年迎来一个小风口,进入快速发展期。

PaaS 售卖技术,带来新的创业空间

一个商业模式能不能火、有没有发展前景首先取决于它的逻辑——它解决了什么问题,当下有没有这种需求。PaaS 模式的云计算服务于 B 端客户的价值点在于,其使得互联网产品能够通过其服务快速集成各种功能,就像拼接积木一样容易:即时通信模块来自 PaaS 供应商 A,统计模块来自供应商 B,推送模块来自 C,LBS 模块来自 D……包括后期运维服务都可以交给相关 PaaS 平台。

PaaS 的出现从某种程度上促进了互联网产品、APP 的开发进入社会化分工时代,不再要求开发者是一个全能人才(事实上这也越来越难以做到),也不需要 CTO 招聘好所有模块的工程师,从而缩减人力、时间成本。

拿一个电商 APP 来说,需要的功能大概涉及:用户模块(注册、登录)、商品展示模块(商品信息、图片资源存储)、搜索(语音搜索、图片识别)、购买系统(支付)、广告系统(闪屏广告、Banner 广告)、客服系统(即时通信、机器人客服)等。在 PaaS 服务普及之前,这些都需要找不同的程序员,每一项都需要人员手动写代码,耗费大量精力,也未必能完成。而在如今的云端时代,作为一个企业的 CTO,只需要成为一个有眼光和视野的 PaaS 技术"采购员"即可。

至于 PaaS 供应商如何做到,以时下热门的即时通信云服务为例,多数运营商通过将即时通信技术封装成 SDK 供 APP 开发者下载使用,并向开发者提供平台环境、技术支持以及后期运维等服务,即可使开发者的产品快速载入即时通信的能力。腾讯云通信、网易云信等大佬,以及融云、环信等创业型产品均是这种模式。

这种技术公共化的企业服务迎合了当下的互联网创业潮,同时带来新的创业空间。根据 IT 桔子的数据,截止到 2015 年 10 月 31 日,其追踪到的企业级服务创业公司共有259 家,其中在当年获投的有 56 家,占比 22%。而经纬中国的数据显示,2014 年中国 to B 领域营收过亿元级别的创业公司只有一家,到了 2015 年已经超过了 10 家。

同时,不少互联网巨头也开始留意到越来越细分的领域,腾讯、阿里除了针对大型客户的主业务 IaaS,近两年也有不少 PaaS 技术开放。

比如腾讯信鸽(推送)、微信的企业号(移动办公),阿里的钉钉(移动办公)、悟空(即时

通信)等,其中钉钉甚至投入了 5 亿元进行品牌宣传。而网易自去年推出网易云信(即时通信云服务)以来,2016 年还首次发布了"网易云战略",在几大细分领域进军企业服务市场:视频云、云客服(网易七鱼)、Docker 容积云(网易蜂巢)、移动 APP 兼容测试(网易云测)、大数据应用开发管理平台(网易猛犸)等。网易云计算以 PaaS 为主,估计是为了与以 IaaS 为主的腾讯、阿里展开差异化竞争。

巨头发力,PaaS 市场认知度迅速提升

近年来 PaaS 愈见垂直化,其覆盖领域不可谓不广泛。可以看出,目前国内的 PaaS 模式云计算创业公司众多,巨头只选择了即时通信、推送、视频、支付等少数热门领域作为试水,尚未完全切入。而国内 PaaS 市场之所以弱小,和巨头们的迟迟发力有很大关系。

事实上,尽管该领域已经涌进来不少创业公司,但 PaaS 一直被视为是巨头的游戏,作为中间层,PaaS 需要屏蔽底层基础架构的千差万别,又要为上层 SaaS 应用提供灵活标准的开发接口,这不仅需要巨大的投入,更需要超强的技术实力,门槛之高成为创业公司发展壮大、维持性能稳定的障碍。

同时,介于此前国内市场对 PaaS 的认知度不够,早于巨头进入的创业公司拓展起来也很艰难。Analysys 易观智库 2015 年年底发布的《2015 年中国 PaaS 领域开发者服务市场实力矩阵专题研究报告》认为,中国 PaaS 领域内开发者服务在中国移动互联网应用中渗透率不高,一则在于没有大的品牌形成,二则创业产品对市场的影响力有限。

到了 2014 年,大的公司才有所作为。当年,阿里云开始推出"云合计划",招募万家云服务商,试图形成聚合效应,制造声势,对抗国际 IT 巨头对国内市场的蚕食;2015 年,腾讯云推出"云+计划",从服务创业者和政府企业等行业用户的角度,通过创业扶持计划,致力打造国内第一大云生态圈;到了 2016 年,网易也拿出了类似腾讯的一个"易启计划",同样是吸纳开发者、创业者,形成联盟,以便实现技术共享,对接投资。三大巨头对云计算的布局以及推广策略,加上互联网+概念的传播,吸引了不少客户,从此也把 PaaS 服务推向互联网创业市场。

另外有一个因素不能不提,以 Docker 为代表的容器技术的成熟极大加速了 PaaS 的开发进程,使得 PaaS 平台搭建成本大幅降低。可以预见,PaaS 云服务的快速发展最终还是要捆绑在巨头身上。

PaaS 市场将有多大,未来还有哪些机会?

知名咨询机构 IDC 的调查数据显示,预计到 2017 年时,全球 PaaS 市场将达到 140 亿美元,年复合增长率达到 30%。其整体上升主要与亚太市场的兴起有关,预计亚太市场占比将从 14.1%增长到 17%。IDC 将爆发式增长归功于人们对 PaaS 解决方案的接受程度提升,以及过去几年 PaaS 厂商对市场的渗透工作。

与 IaaS 不同,PaaS 供应商的客户主要来源于中小企业、互联网创业者,未来 PaaS 平台的增长重点将集中在社区云、电子商务云、医疗云、教育云、金融云的发展。对应 BAT、网易等巨头在 PaaS 领域的布局,其开发者云可以分为基础、能力、资源、程序 4 个部分。

（1）基础云：指部署网站、应用所需的基础设施——计算、网络和存储，以及与之相关的负载均衡（SLB）、CDN（内容分发）。

（2）能力云：是指利用自身的技术、产品、运维等方面的优势提供的一些能力，帮助开发者快速、低成本开发，或者解决开发者遇到的一些瓶颈。

（3）资源云：是指将自己的用户、流量和数据这类资源价值以云的方式，通过 API 和工具提供。

（4）程序云：指提供开源软件或开发者工具包供开发者使用，帮助开发者快速、低成本构建网站及应用。

同时，网易在今年的云战略中还提出了对"新型云计算"的理解：区别于传统定义的 SaaS/PaaS/SaaS 这三层蛋糕，"新型云计算"试图从更为具体的应用场景来定义云服务，诸如研发云、运营云等。事实上，这对应了创业公司面临的困境：问题越来越多样化，不再是"一键接入"的 SDK 就能解决——这决定了云服务要走向用户视角的支持（比如对研发、测试、运营的某一环节或某一功能），乃至通过资源共享，从对产品研发的支持走向对非直接业务功能（HR、财务、法务、行政等）的支持。阿里、腾讯、网易三家均拿出了针对创业服务市场的合作、联盟计划，与此有很大关系。

从越来越垂直的趋势看，PaaS 领域的创业公司还有很多蛋糕可以分。但从资源共享、全方位支持的角度看，PaaS 最终还是巨头的菜。

资料来源：足亦，钛媒体，中云网，2016-2-2

【实验与思考】

了解大数据的基础设施

1. 实验目的

（1）了解大数据基础设施的基本概念；

（2）了解虚拟化的重要思想，了解计算虚拟化、存储虚拟化和网络虚拟化的具体内容；

（3）了解云计算的基本思想和主要内容，了解云计算与大数据的关系。

2. 工具/准备工作

在开始本实验之前，请认真阅读课程的相关内容。

需要准备一台带有浏览器，能够访问因特网的计算机。

3. 实验内容与步骤

（1）请结合查阅相关文献资料，为"云计算"给出一个权威性的定义。

答：_____

_____

_____

_____

这个定义的来源是：_____

（2）请简述云计算的三种服务形式。

答：

IaaS：_____

_____

PaaS：_____

_____

SaaS：_____

_____

（3）请结合课文和相关文献资料，简述什么是虚拟化技术。

答：_____

_____

_____

_____

（4）PaaS（平台即服务）是云计算中最为重要的一个类型，请简述 PaaS 的三个主要特点。

答：

平台即服务：_____

_____

平台即服务：_____

_____

平台即服务：_____

_____

（5）请结合课文和相关文献资料，简述什么是"云存储"。

答：_____

_____

_____

_____

（6）请结合课文和相关文献资料，简述网络虚拟化对大数据处理的意义。

答：_____

_____

_____

_____

_____

4. 实验总结

_____

_____

_____

_____

5. 实验评价（教师）

_____

_____

支撑大数据的技术

【导读案例】

Cloudera 领衔大数据基础设施

由于 Hadoop 深受客户欢迎,许多公司都推出了各自版本的 Hadoop,也有一些公司则围绕 Hadoop 开发产品。在 Hadoop 生态系统中,规模最大、知名度最高的公司则是 Cloudera(图 10-1)。Cloudera 是由来自 Facebook、谷歌和雅虎的前工程师杰夫·哈默巴切、克里斯托弗·比塞格利亚、埃姆·阿瓦达拉以及现任 CEO、甲骨文前高管迈克·奥尔森在 2008 年创建的。Cloudera 主营销售工具和咨询服务,帮助其他公司运行 Hadoop。

图 10-1　Cloudera

2004 年谷歌首先发表了一篇论文,在文中描述了 Google MapReduce 和 Google File System,而 Hadoop 也正是从中受到启发而建立起来的。这正好显示了大数据技术需要花费很长时间才能融入企业中。Cloudera 的竞争对手 HortonWorks 则是从雅虎分离出来的。HortonWorks 的工程师为 Apache Hadoop 贡献的代码超过 80%。MapR 则专注于借助其 M5 服务提供 Hadoop 的高性能版本,尝试解决 Hadoop 最大的难题:处理数据所需的漫长等待。

在这些公司向企业提供 Hadoop 服务和支持的同时,其他公司正积极向云端传送 Hadoop。Qubole、Nodeable 及 Platfora 是云端 Hadoop 领域的三家公司。对于这些公司来说,源自本土大数据云处理服务的挑战将日益凸显,例如亚马逊自身的 MapReduce 服务。

Hadoop 的设计目的在于对超大数据集进行分布式处理,其中工程师们设计作业,作业再传输到数百或数千台服务器,然后将单独的结果汇总回收才能产生实际结果。举一个简单的例子,一项 Hadoop MapReduce 作业就是用于计算各种文档中词出现的数量。如果文档数量达数百万之巨,就难以在一台机器上完成。Hadoop 将该项作业分解为每台机器都能完成的小片段,再将每项单独计算作业的结果合在一起,就生成了最后的计算结果。

而挑战就是运行这些作业会消耗许多时间——这对实时数据查询而言不甚理想。对于 Hadoop 的改进,如 Cloudera Impala 项目承诺让 Hadoop 变得更加灵敏,不仅体现在分布式处理上,也要在接近实时的分析应用上有所反映。当然这些创新也使 Cloudera 成为当前大型分析或数据仓库供应商的理想收购目标(上市前后),包括 IBM、甲骨文以及其他的潜在买家。

阅读上文,请思考、分析并简单记录:

(1) 请通过网络搜索,进一步了解 Cloudera 公司,并做简单描述。

答:_____

(2) 除了 Cloudera,你还知道哪些领衔大数据基础设施的公司?其中属于中国的公司主要有哪些?

答:_____

(3) 文中为什么说:"大数据技术需要花费很长时间才能融入企业中"?

答:_____

（4）请简单描述你所知道的上一周发生的国际、国内或者身边的大事。

答：_____

_____

_____

_____

_____

10.1　开源技术的商业支援

在大数据生态系统中，基础设施主要负责数据存储以及处理公司掌握的海量数据。应用程序则是指人类和计算机系统通过使用这些程序，从数据中获知关键信息。人们使用应用程序使数据可视化，并由此做出更好的决策；而计算机则使用应用系统将广告投放到合适的人群，或者监测信用卡欺诈行为。

在大数据的演变中，开源软件起到了很大的作用。如今，Linux 已经成为主流操作系统，并与低成本的服务器硬件系统相结合。有了 Linux，企业就能在低成本硬件上使用开源操作系统，以低成本获得许多相同的功能。MySQL 开源数据库、Apache 开源网络服务器以及 PHP 开源脚本语言（最初为创建网站开发）搭配起来的实用性也推动了 Linux 的普及。

随着越来越多的企业将 Linux 大规模地用于商业用途，他们期望获得企业级的商业支持和保障。在众多的供应商中，红帽子 Linux（Red Hat）脱颖而出，成为 Linux 商业支持及服务的市场领导者。甲骨文公司（Oracle）也购并了最初属于瑞典 MySQL AB 公司的开源 MySQL 关系数据库项目。

IBM、甲骨文以及其他公司都在将他们所拥有的大型关系型数据库商业化。关系型数据库使数据存储在自定义表中，再通过一个密码进行访问。例如，一个雇员可以通过一个雇员编号认定，然后该编号就会与包含该雇员信息的其他字段相联系——他的名字、地址、雇用日期及职位等。本来这样的结构化数据库还是可以适用的，直到公司不得不解决大量的非结构化数据。比如谷歌必须处理海量网页以及这些网页链接之间的关系，而 Facebook 必须应付社交图谱数据。社交图谱是其社交网站上人与人之间关系的数字表示——社交图谱上每个点末端连接所有非结构化数据，例如照片、信息、个人档案等。因此，这些公司也想利用低成本商用硬件。

于是，像谷歌、雅虎、Facebook 以及其他这样的公司开发出各自的解决方案，以存储和处理大量的数据。正如 UNIX 的开源版本和甲骨文的数据库以 Linux 和 MySQL 这样的形式应运而生一样，大数据世界里有许多类似的事物在不断涌现。

Apache Hadoop 是一个开源分布式计算平台，通过 Hadoop 分布式文件系统（Hadoop Distributed File System，HDFS）存储大量数据，再通过名为 MapReduce 的编程模型将这些数据的操作分成小片段。Apache Hadoop 源自谷歌的原始创建技术，随后，开发了一系列围绕 Hadoop 的开源技术。Apache Hive 提供数据仓库功能，包括数据抽取、转换、装载(ETL),即将数据从各种来源中抽取出来,再实行转换以满足操作需要(包括确保数据质量),然后装载到目标数据库。Apache HBase 则提供处于 Hadoop 顶部的海量结构化表的实时读写访问功能,它仿照了谷歌的 BigTable。同时,Apache Cassandra 通过复制数据来提供容错数据存储功能。

在过去,这些功能通常只能从商业软件供应商处依靠专门的硬件获取。开源大数据技术正在使数据存储和处理能力——这些本来只有像谷歌或其他商用运营商之类的公司才具备的能力,在商用硬件上也得到了应用。这样就降低了使用大数据的先期投入,并且具备了使大数据接触到更多潜在用户的潜力。

开源软件在开始使用时是免费的,这使其对大多数人颇具吸引力,从而使一些商用运营商采用免费增值的商业模式参与到竞争当中。产品在个人使用或有限数据的前提下是免费的,但顾客需要在之后为部分或大量数据的使用付费。久而久之,采用开源技术的这些企业往往需要商业支援,一如当初使用 Linux 碰到的情形。像 Cloudera、HortonWorks 及 MapR 这样的公司在为 Hadoop 解决这种需要的同时,类似 DataStax 的公司也在为非关系型数据库(cassandra)做着同样的事情,LucidWorks 之于 Apache Lucerne 也是如此(后者是一种开源搜索解决方案,用于索引并搜索大量网页或文件)。

10.2 大数据的技术架构

要容纳数据本身,IT 基础架构必须能够以经济的方式存储比以往更大量、类型更多的数据。此外,还必须能适应数据变化的速度。由于数量如此大的数据难以在当今的网络连接条件下快速移动,因此,大数据基础架构必须分布计算能力,以便能在接近用户的位置进行数据分析,减少跨越网络所引起的延迟。企业逐渐认识到必须在数据驻留的位置进行分析,分布这类计算能力,以便为分析工具提供实时响应将带来的挑战。考虑到数据速度和数据量,移动数据进行处理是不现实的,相反,计算和分析工具可能会移到数据附近。而且,云计算模式对大数据的成功至关重要。云模型在从大数据中提取商业价值的同时也能为企业提供一种灵活的选择,以实现大数据分析所需的效率、可扩展性、数据便携性和经济性。

仅存储和提供数据还不够,必须以新的方式合成、分析和关联数据,才能提供商业价值。部分大数据方法要求处理未经建模的数据,因此,可以对毫不相干的数据源进行不同类型数据的比较和模式匹配。这使得大数据分析能以新视角挖掘企业传统数据,并带来传统上未曾分析过的数据洞察力。

基于上述考虑构建的适合大数据的 4 层堆栈式技术架构,如图 10-2 所示。

(1) 基础层:第一层作为整个大数据技术架构基础的最底层,也是基础层。要实现大数据规模的应用,企业需要一个高度自动化的、可横向扩展的存储和计算平台。这个基础设施需要从以前的存储孤岛发展为具有共享能力的高容量存储池。容量、性能和吞吐量必须可以线性扩展。

云模型鼓励访问数据并提供弹性资源池来应对大规模问题,解决了如何存储大量数据,以及如何积聚所需的计算资源来操作数据的问题。在云中,数据跨多个节点调配和分布,使得数据更接近需要它的用户,从而缩短响应时间和提高生产率。

(2)管理层:要支持在多源数据上做深层次的分析,大数据技术架构中需要一个管理平台,使结构化和非结构化数据管理融为一体,具备实时传送和查询、计算功能。本层既包括数据的存储和管理,也涉及数据的计算。并行化和分布式是大数据管理平台所必须考虑的要素。

(3)分析层:大数据应用需要大数据分析。分析层提供基于统计学的数据挖掘和机器学习算法,用于分析和解释数据集,帮助企业获得对数据价值深入的领悟。可扩展性强、使用灵活的大数据分析平台更可成为数据科学家的利器,起到事半功倍的效果。

(4)应用层:大数据的价值体现在帮助企业进行决策和为终端用户提供服务的应用。不同的新型商业需求驱动了大数据的应用。另一方面,大数据应用为企业提供的竞争优势使得企业更加重视大数据的价值。新型大数据应用对大数据技术不断提出新的要求,大数据技术也因此在不断地发展变化中日趋成熟。

图 10-2　4 层堆栈式大数据技术架构

10.3　什么是 Hadoop

所谓 Hadoop,是以开源形式发布的一种对大规模数据进行分布式处理的技术。特别是处理大数据时代的非结构化数据时,Hadoop 在性能和成本方面都具有优势,而且通过横向扩展进行扩容也相对容易,因此备受关注。Hadoop 是最受欢迎的在因特网上对搜索关键字进行内容分类的工具,但它也可以解决许多要求极大伸缩性的问题。

10.3.1　什么是分布式系统

分布式系统(Distributed System,图 10-3)是建立在网络之上的软件系统。作为软件系统,分布式系统具有高度的内聚性和透明性,因此网络和分布式系统之间的区别更多的在于高层软件(特别是操作系统),而不是硬件。

内聚性是指每一个数据库分布节点高度自治,有本地的数据库管理系统。透明性是指每一个数据库分布节点对用户的应用来说都是透明的,看不出是本地还是远程。在分布式数据库系统中,用户感觉不到数据是分布的,即用户不须知道关系是否分割、有无副本、数据存于哪个站点以及事务在哪个站点上执行等。

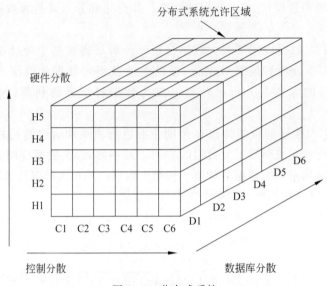

图 10-3　分布式系统

在一个分布式系统中,一组独立的计算机展现给用户的是一个统一的整体,就好像是一个系统似的。系统拥有多种通用的物理和逻辑资源,可以动态地分配任务,分散的物理和逻辑资源通过计算机网络实现信息交换。系统中存在一个以全局方式管理计算机资源的分布式操作系统。通常,对用户来说,分布式系统只有一个模型或范型。在操作系统之上有一层软件中间件负责实现这个模型。一个著名的分布式系统的例子是万维网(World Wide Web),在万维网中,所有的一切看起来就好像是一个文档(Web 页面)一样。

在计算机网络中,这种统一性、模型以及其中的软件都不存在。用户看到的是实际的机器,计算机网络并没有使这些机器看起来是统一的。如果这些机器有不同的硬件或者不同的操作系统,那么,这些差异对于用户来说都是完全可见的。如果一个用户希望在一台远程机器上运行一个程序,那么,他必须登录到远程机器上,然后在那台机器上运行该程序。

分布式系统和计算机网络系统的共同点是:多数分布式系统是建立在计算机网络之上的,所以分布式系统与计算机网络在物理结构上是基本相同的。分布式操作系统的设计思想和网络操作系统是不同的,这决定了它们在结构、工作方式和功能上也不同。

网络操作系统要求网络用户在使用网络资源时首先必须了解网络资源,网络用户必须知道网络中各个计算机的功能与配置、软件资源、网络文件结构等情况,在网络中如果用户要读一个共享文件时,用户必须知道这个文件放在哪一台计算机的哪一个目录下。

分布式操作系统是以全局方式管理系统资源的，它可以为用户任意调度网络资源，并且调度过程是"透明"的。当用户提交一个作业时，分布式操作系统能够根据需要在系统中选择最合适的处理器，将用户的作业提交到该处理程序，在处理器完成作业后，将结果传给用户。在这个过程中，用户并不会意识到有多个处理器的存在，这个系统就像是一个处理器一样。

10.3.2 Hadoop 的由来

Hadoop 的基础是美国 Google 公司于 2004 年发表的一篇关于大规模数据分布式处理的题为"MapReduce：大集群上的简单数据处理"的论文。

Hadoop 由 Apache Software Foundation 公司于 2005 年秋天作为 Lucene 的子项目 Nutch 的一部分正式引入。它受到最先由 Google Lab 开发的 Map/Reduce 和 Google File System(GFS)的启发。2006 年 3 月，Map/Reduce 和 Nutch Distributed File System (NDFS)分别被纳入称为 Hadoop 的项目中。

MapReduce 指的是一种分布式处理的方法，而 Hadoop 则是将 MapReduce 通过开源方式进行实现的框架(Framework)的名称。造成这个局面的原因在于，Google 在论文中公开的仅限于处理方法，而并没有公开程序本身。也就是说，提到 MapReduce，指的只是一种处理方法，而对其实现的形式并非只有 Hadoop 一种。反过来说，提到 Hadoop，则指的是一种基于 Apache 授权协议，以开源形式发布的软件程序。

Hadoop 原本是由三大部分组成的，即用于分布式存储大容量文件的 HDFS(Hadoop Distributed File System)，用于对大量数据进行高效分布式处理的 Hadoop MapReduce 框架，以及超大型数据表 HBase。这些部分与 Google 的基础技术相对应(图 10-4)。

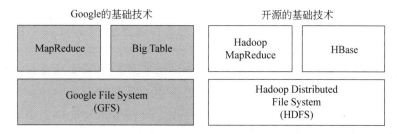

图 10-4　Google 与开源基础技术的对应关系

从数据处理的角度来看，Hadoop MapReduce 是其中最重要的部分。Hadoop MapReduce 并非用于配备高性能 CPU 和磁盘的计算机，而是一种工作在由多台通用型计算机组成的集群上的，对大规模数据进行分布式处理的框架。

在 Hadoop 中，是将应用程序细分为在集群中任意节点上都可执行的成百上千个工作负载，并分配给多个节点来执行。然后，通过对各节点瞬间返回的信息进行重组，得出最终的回答。虽然存在其他功能类似的程序，但 Hadoop 依靠其处理的高速性脱颖而出。

对 Hadoop 的运用，最早是雅虎、Facebook、Twitter、AOL、Netflix 等网络公司先开始试水的。然而现在，其应用领域已经突破了行业的界限，如摩根大通、美国银行、VISA 等在内的金融公司，以及诺基亚、三星、GE 等制造业公司，沃尔玛、迪士尼等零售业公司，甚至是中国移动等通信业公司。

与此同时,最早由 HDFS、Hadoop MapReduce、HBase 这三个组件所组成的软件架构,现在也衍生出了多个子项目,其范围也随之逐步扩大。

10.3.3　Hadoop 的优势

Hadoop 的一大优势是,过去由于成本、处理时间的限制而不得不放弃的对大量非结构化数据的处理,现在则成为可能。也就是说,由于 Hadoop 集群的规模可以很容易地扩展到 PB 甚至是 EB 级别,因此,企业里的数据分析师和市场营销人员过去只能依赖抽样数据来进行分析,而现在则可以将分析对象扩展到全部数据的范围了。而且,由于处理速度比过去有了飞跃性的提升,现在我们可以进行若干次重复的分析,也可以用不同的查询来进行测试,从而有可能获得过去无法获得的更有价值的信息。

Hadoop 是一个能够对大量数据进行分布式处理的软件框架。但是 Hadoop 是以一种可靠、高效、可伸缩的方式进行处理的。Hadoop 是可靠的,因为它假设计算元素和存储会失败,因此它维护多个工作数据副本,确保能够针对失败的节点重新分布处理。Hadoop 是高效的,因为它以并行的方式工作,通过并行处理加快处理速度。Hadoop 还是可伸缩的,能够处理 PB 级数据。此外,Hadoop 依赖于社区服务器,因此它的成本比较低,任何人都可以使用。

Hadoop 是一个能够让用户轻松架构和使用的分布式计算平台。用户可以轻松地在 Hadoop 上开发和运行处理海量数据的应用程序。它主要具有以下几个优点。

(1) 高可靠性。Hadoop 按位存储和处理数据的能力值得人们信赖。

(2) 高扩展性。Hadoop 是在可用的计算机集簇间分配数据并完成计算任务的,这些集簇可以方便地扩展到数以千计的节点中。

(3) 高效性。Hadoop 能够在节点之间动态地移动数据,并保证各个节点的动态平衡,因此处理速度非常快。

(4) 高容错性。Hadoop 能够自动保存数据的多个副本,并且能够自动将失败的任务重新分配。

Hadoop 带有用 Java 语言编写的框架,因此运行在 Linux 平台上是非常理想的。Hadoop 上的应用程序也可以使用其他语言编写,比如 C++ 。

10.3.4　Hadoop 的发行版本

Hadoop 软件目前依然在不断引入先进的功能,处于持续开发的过程中。因此,如果想要享受其先进性所带来的新功能和性能提升等好处,在公司内部就需要具备相应的技术实力。对于拥有众多先进技术人员的一部分大型系统集成公司和惯于使用开源软件的互联网公司来说,应该可以满足这样的条件。

相对地,对于一般企业来说,要运用 Hadoop 这样的开源软件,还存在比较高的门槛。企业对于软件的要求,不仅在于其高性能,还包括可靠性、稳定性、安全性等因素。然而,Hadoop 是可以免费获取的软件,一般公司在搭建集群环境的时候,需要自行对上述因素做出担保,难度确实很大。

于是，为了解决这个问题，Hadoop 也推出了发行版本。所谓发行版本（Distribution），和同为开源软件的 Linux 的情况类似，是一种为改善开源社区所开发的软件的易用性而提供的软件包服务（图 10-5），软件包中通常包括安装工具，以及捆绑事先验证过的一些周边软件。

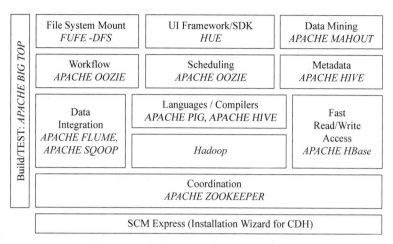

图 10-5　Cloudera 公司的 Hadoop 发行版

最先开始提供 Hadoop 商用发行版的是 Cloudera 公司。那是在 2008 年，当时 Hadoop 之父 Doug Cutting 还任职于 Cloudera（后来担任 Apache 软件基金会主席）。如今，Cloudera 已经成为名副其实的 Hadoop 商用发行版头牌厂商，如果拿 Linux 发行版来类比的话，应该是相当于 Red Hat 的地位。借助先发制人的优势，Cloudera 与 NetUP、戴尔等硬件厂商积极开展密切合作，通过在他们的存储设备和服务器上预装 Cloudera 的 Hadoop 发行版来扩大自己的势力范围。

此后很长一段时间内，都没有出现能够和 Cloudera 形成竞争的商用发行版厂商，到了 2010 年以后，形势才发生了改变。2010 年 5 月，IBM 发布了基于 IBM Hadoop 发行版的数据分析平台 IBM InfoSphere BigInsights，以此为契机，在进入 2011 年之后，这一领域的竞争一下子变得激烈起来。

目前，Hadoop 商用发行版主要有 DataStax 公司的 Brisk，它采用 Cassandra 代替 HDFS 和 HBase 作为存储模块；美国 MapR Technologies 公司的 MapR，对 HDFS 进行了改良，实现了比开源版本 Hadoop 更高的性能和可靠性；还有从雅虎公司中独立出来的 Hortonworks 公司等（图 10-6）。

在这些竞争伙伴中，尤其值得一提的是 Hortonworks，它并不提供自己的发行版，其主要业务是提供对开源版本 Hadoop 进行以功能强化为目的的后续开发和支持服务，它和美国雅虎公司一起，对开源版本的 Hadoop 代码开发做出了很大的贡献（图 10-7）。

实际上，2011 年 10 月，微软宣布与 Hortonworks 联手进行 Windows Server 版和 Windows Azure 版 Hadoop 的开发，而微软曾独自进行开发的 Windows 上类似 Hadoop 的 Dryad 项目则同时宣布终止，表明微软将集中力量投入 Hadoop 的开发工作中。由于这表示微软默认了 Hadoop 作为大规模数据处理框架实质性标准的地位，因此引发了

(弥补Apache Hadoop不足和缺点的发行版)	Cloudera/CDH	Cloudera/CDH：最早推出的Hadoop商用发行版，开发了简化Hadoop集群维护工作的集成管理工具，以及一站式Hadoop自动化安装工具。客户包括Groupon、ReckSpace、ComScore、三星、LinkedIn等。
	IBM/InforSphere BidInsights	IBM/InforSphere BigInsights：在IBM版Apache Hadoop发行版的基础上，加入了分析用GUI BigSheets、用于JSON数据的查询语言Jaql、文本分析引擎System T、工作流引擎Orchestrator，以及与DB2的协作功能。
	MapR/M3、M5	MapR/M3、M5，通过改良HDFS，宣称和Apache Hadoop相比"速度提高2~5倍，可靠性高的发行版"。MapR包括两个不同的版本，基于Facebook内部开发的代码免费提供的M3，以及具备镜像、快照等功能，面向关键领域用途的M5。
(使用Cassandra的发行版)	DataStax/Brisk	DataStax/Brisk：采用Cassandra代替HDFS和HBase作为存储模块的发行版。作为与HDFS兼容的存储层，在CassandraFS上集成了MapReduce、Hive、工作跟踪、任务跟踪功能，并可以使用Cassandra的实时功能。
(对开源版本的功能强化和支持服务)	Hortonworks	Hortonworks：从雅虎独立出来的公司。该公司拥有Apache Hadoop主要的架构师和软件工程师，目的是促进Apache Hadoop普及、提供的服务包括订阅制的支持服务、培训、配置程序等。2011年10月，宣布与微软公司建立合作关系。

图 10-6　Hadoop 的商用发行版/支持服务

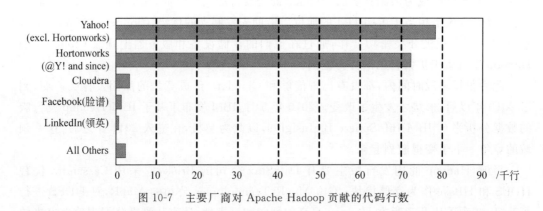

图 10-7　主要厂商对 Apache Hadoop 贡献的代码行数

很大的反响。而在如此大幅度的方针转变中，微软选择了 Hortonworks 作为其合作伙伴。

10.4　大数据的数据处理基础

在传统的数据存储、处理平台中，需要将数据从 CRM、ERP 等系统中，通过 ELT (Extract / Load / Transform，抽取/加载/转换)工具提取出来，并转换为容易使用的形式,再导入像数据仓库①和 RDBMS②等专用于分析的数据库中。这样的工作通常会按照计划,以每天或者每周这样的周期来进行。

然后,为了让经营策划等部门中的商务分析师能够通过数据仓库用其中经正则化处理的数据输出固定格式的报表,并让管理层能够对业绩进行管理和对目标完成情况进行查询,就需要提供一个"管理指标板",将多张数据表和图表整合显示在一个画面上。

当管理的数据超过一定规模时,要完成这一系列工作,除了数据仓库之外,一般还需要使用如 SAP 的 Business Objects、IBM 的 Cognos、Oracle 的 Oracle BI 等商业智能工具。

用这些现有的平台很难处理具备 3V 特征的大数据,即便能够处理,在性能方面也很难期望能有良好的表现。首先,随着数据量的增加,数据仓库所带来的负荷也会越来越大,数据装载的时间和查询的性能都会恶化。其次,企业目前所管理的数据都是如 CRM、ERP、财务系统等产生的客户数据、销售数据等结构化数据,而现有的平台在设计时并没有考虑到由社交媒体、传感器网络等产生的非结构化数据。因此,对这些时时刻刻都在产生的非结构化数据进行实时分析,并从中获取有意义的观点,是十分困难的。由此可见,为了应对大数据时代,需要从根本上重新考虑用于数据存储和处理的平台。

10.4.1　Hadoop 与 NoSQL

作为支撑大数据的基础技术,能和 Hadoop 一样受到越来越多关注的,就是 NoSQL 数据库了。在大数据处理的基础平台中,需要由 Hadoop 和 NoSQL 数据库来担任核心角色。Hadoop 已经催生了多个子项目,其中包括基于 Hadoop 的数据仓库 Hive 和数据挖掘库 Mahout 等,通过运用这些工具,仅在 Hadoop 的环境中就可以完成数据分析的所有工作。

然而,对于大多数企业来说,要抛弃已经习惯的现有平台,从零开始搭建一个新的平台来进行数据分析,显然是不现实的。因此,有些数据仓库厂商提出这样一种方案,用 Hadoop 将数据处理成现有数据仓库能够进行存储的形式(即用作前处理),在装载数据之后再使用传统的商业智能工具来进行分析。

Hadoop 和 NoSQL 数据库,是在现有关系型数据库和 SQL 等数据处理技术很难有效处理非结构化数据这一背景下,由 Google、Amazon、Facebook 等企业因自身迫切的需求而开发的。因此,作为一般企业不必非要推翻和替换现有的技术,在销售数据和客户数据等结构化数据的存储和处理上,只要使用传统的关系型数据库和数据仓库就可以了。

由于 Hadoop 和 NoSQL 数据库是开源的,因此和商用软件相比,其软件授权费用十

---

① 数据仓库(Data Warehouse,DW)是决策支持系统(DSS)和联机分析应用数据源的结构化数据环境。在信息技术与数据智能大环境下,数据仓库在软硬件领域、因特网和企业内部网解决方案以及数据库方面提供了许多经济高效的计算资源,可以保存极大量的数据供分析使用,且允许使用多种数据访问技术。数据仓库主要由数据抽取工具、数据仓库数据库、元数据、数据集市、数据仓库管理、信息发布系统和访问工具组成。

② RDBMS 即关系数据库管理系统(Relational Database Management System),是将数据组织为相关的行和列的系统,而管理关系数据库的计算机软件就是关系数据库管理系统,常用的数据库软件有 Oracle、SQL Server 等。它通过数据、关系和对数据的约束三者组成的数据模型来存放和管理数据。

分低廉,但另一方面,想招募到精通这些技术的人才却可能需要付出很高的成本。

10.4.2 NoSQL 与 RDBMS 的主要区别

传统的关系型数据库管理系统(RDBMS)是通过 SQL 这种标准语言来对数据库进行操作的。而相对地,NoSQL 数据库并不使用 SQL。因此,有时候人们会将其误认为是对使用 SQL 的现有 RDBMS 的否定,并将要取代 RDBMS,而实际上却并非如此。NoSQL 数据库是对 RDBMS 所不擅长的部分进行的补充,因此应该理解为"Not only SQL"的意思。

NoSQL 数据库和传统上使用的 RDBMS 之间的主要区别有下列几点(表 10-1)。

表 10-1　RDBMS 与 NoSQL 数据库的区别

	RDBMS	NoSQL
数据类型	结构化数据	主要是非结构化数据
数据库结构	需要事先定义,是固定的	不需要事先定义,并可以灵活改变
数据一致性	通过 ACIO 特性保持严密的一致性	存在临时的不保持严密一致性的状态(结果匹配性)
扩展性	基本是向上扩展。由于需要保持数据的一致性,因此性能下降明显	通过横向扩展可以在不降低性能的前提下应对大量访问,实现线性扩展
服务器	以在一台服务器上工作为前提	以分布、协作式工作为前提
故障容忍性	为了提高故障容忍性需要很高的成本	有很多无单一故障点的解决方案,成本低
查询语言	SQL	支持多种非 SQL 语言
数据量	(和 NoSQL 相比相对)较小规模数据	(和 RDSMS 相比相对)较大规模数据

1. 数据模型与数据库结构

在 RDBMS 中,数据被归纳为表(Table)的形式,并通过定义数据之间的关系,来描述严格的数据模型。这种方式需要在理解要输入数据的含义的基础上,事先对字段结构做出定义。一旦定义好数据库结构就相对固定了,很难进行修改。

在 NoSQL 数据库中,数据是通过键及其对应的值的组合,或者是键值对和追加键(Column Family)来描述的,因此结构非常简单,也无法定义数据之间的关系。其数据库结构无须在一开始就固定下来,且随时都可以进行灵活的修改。

2. 数据一致性

在 RDBMS 中,由于存在 ACID(Atomicity ＝ 原子性、Consistency ＝ 一致性、Isolation ＝ 隔离性、Durability ＝ 持久性)原则,因此可以保持严密的数据一致性。

而 NoSQL 数据库并不是遵循 ACID 这种严格的原则,而是采用结果上的一致性(Eventual Consistency),即可能存在临时的、无法保持严密一致性的状态。到底是用 RDBMS 还是 NoSQL 数据库,需要根据用途来进行选择,而数据一致性这一点尤为重要。

例如,像银行账户的转入/转出处理,如果不能保证交易处理立即在数据库中得到体现,并严密保持数据一致性的话,就会引发很大的问题。相对地,我们想一想 Twitter 上增加一个粉丝的情况。粉丝数量从 1050 人变成 1051 人,但这个变化即便没有即时反映出来,基本上也不会引发什么大问题。前者这样的情况,适合用 RDBMS;而后者这样的情况,则适合用 NoSQL 数据库。

3. 扩展性

RDBMS 由于重视 ACID 原则和数据的结构,因此在数据量增加的时候,基本上是采取购买更大的服务器这样向上扩展的方法来进行扩容,而从架构方面来看,是很难进行横向扩展的。

此外,由于数据的一致性需要严密的保证,对性能的影响也十分显著,如果为了提升性能而进行非正则化处理,则又会降低数据库的维护性和操作性。

虽然通过像 Oracle 的 RAC(Real Application Clusters,真正应用集群)这样能够从多台服务器同时操作数据库的架构,也可以对 RDBMS 实现横向扩展,但从现实情况来看,这样的扩展最多到几倍的程度就已经达到极限了。除此之外还有一种方法,将数据库的内容由多台应用程序服务器进行分布式缓存,并将缓存配置在 RDBMS 的前面。但在大规模环境下,会发生数据同步延迟、维护复杂等问题,并不是一个非常实用的方法。NoSQL 数据库则具备很容易进行横向扩展的特性,对性能造成的影响也很小。而且,由于它在设计上就是以在一般通用型硬件构成的集群上工作为前提的,因此在成本方面也具有优势。

4. 容错性

RDBMS 可以通过复制(Replication)将数据在多台服务器上保留副本,从而提高容错性。然而,在发生数据不匹配的情况时,以及想要增加副本时,在维护上的负荷和成本都会提高。

NoSQL 由于本来就支持分布式环境,大多数 NoSQL 数据库都没有单一故障点,对故障的应对成本比较低。

可见,NoSQL 数据库具备这些特征:数据结构简单、不需要数据库结构定义(或者可以灵活变更)、不对数据一致性进行严格保证、通过横向扩展可实现很高的扩展性等。简而言之,就是一种以牺牲一定的数据一致性为代价,追求灵活性、扩展性的数据库。

NoSQL 数据库的诞生,是缘于现有 RDBMS 存在一些问题,如不能处理非结构化数据、难以进行横向扩展、扩展性存在极限等。也就是说,即便 RDBMS 非常适用于企业的一般业务,但要作为以非结构化数据为中心的大数据处理的基础,则并不是一个合适的选择。例如,在实际进行分析之前,很难确定在如此多样的非结构化数据中,到底哪些才是有用的,因此,事先对数据库结构进行定义是不现实的。而且,RDBMS 的设计对数据的完整性非常重视,在一个事务处理过程中,如果发生任何故障,都可以很容易地进行回滚。然而,在大规模分布式环境下,数据更新的同步处理所造成的进程间通信延迟则成为一个瓶颈。

随着主要的 RDBMS 系统 Oracle 推出，其 NoSQL 数据库产品作为现有 Oracle 数据库产品的补充，"现有 RDBMS 并不是大数据基础的最佳选择"这一观点也在一定程度上得到了印证（图 10-8）。

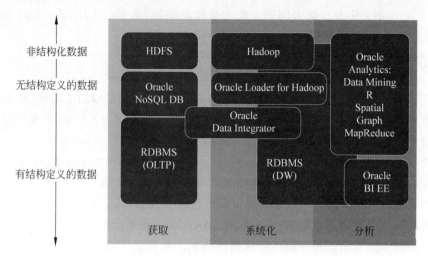

图 10-8　支持大数据的 Oracle 软件系列

10.4.3　NewSQL

所谓 NewSQL 是指这样一类系统，它们既保留了 SQL 查询的方便性，又能提供高性能和高可扩展性，而且还能保留传统的事务操作的 ACID 特性。这类系统既能达到 NoSQL 系统的吞吐率，又不需要在应用层进行事务的一致性处理。此外，它们还保持了高层次结构化查询语言 SQL 的优势。这类系统目前主要包括 Clustrix、NimbusDB 及 VoltDB 等。

因此 NewSQL 被认为是针对 New OLTP 系统的 NoSQL 或者是 OldSQL 系统的一种替代方案。NewSQL 既可以提供传统的 SQL 系统的事务保证，又能提供 NoSQL 系统的可扩展性。如果 New OLTP 将来有一个很大的市场的话，那么将会有越来越多不同架构的 NewSQL 数据库系统出现。

NewSQL 系统涉及很多新颖的架构设计，例如，可以将整个数据库都在主内存中运行，从而消除掉数据库传统的缓存管理（Buffer）；可以在一个服务器上面只运行一个线程，从而去除掉轻量的加锁阻塞（Latching）（尽管某些加锁操作仍然需要，并且影响性能）；还可以使用额外的服务器来进行复制和失败恢复的工作，从而取代昂贵的事务恢复操作。

NewSQL 是一类新型的关系数据库管理系统，对于 OLTP 应用来说，它们可以提供和 NoSQL 系统一样的扩展性和性能，另外还能保证传统的单节点数据库一样的 ACID 事务保证。

用 NewSQL 系统处理某些应用非常合适，这些应用一般都具有大量的下述类型的事务，即短事务、点查询、Repetitive（用不同的输入参数执行相同的查询）。另外，大部分

NewSQL 系统通过改进原始的 System R 的设计来达到高性能和扩展性,比如取消重量级的恢复策略,改进并发控制算法等。

10.5 相关的大数据技术

大数据带给我们的无论从内容丰富程度还是详细程度上看都将超过从前,从而有可能让我们的视野宽度与学习速度实现突破。用麦克森公司管理层的话来说,大数据可以让"一切潜在机会无所遁形"。

10.5.1 神经网络

人工神经网络(Neural Network)是由大量处理单元(或称神经元)互连组成的非线性、自适应信息处理系统。它是在现代神经科学研究成果的基础上提出的,试图通过模拟大脑神经网络处理、记忆信息的方式进行信息处理。文字识别、语音识别等模式识别领域适合应用神经网络,此外,在信用、贷款的风险管理、信用欺诈监测等领域也得到了广泛的应用。人工神经网络具有以下 4 个基本特征。

(1) 非线性。非线性关系是自然界的普遍特性。大脑的智慧就是一种非线性现象。人工神经元处于激活或抑制两种不同的状态,这种行为在数学上表现为一种非线性关系。具有阈值的神经元构成的网络具有更好的性能,可以提高容错性和存储容量。

(2) 非局限性。一个神经网络通常由多个神经元广泛连接而成。一个系统的整体行为不仅取决于单个神经元的特征,而且可能主要由单元之间的相互作用、相互连接所决定。通过单元之间的大量连接模拟大脑的非局限性。联想记忆是非局限性的典型例子。

(3) 非常定性。人工神经网络具有自适应、自组织、自学习能力。神经网络不但处理的信息可以有各种变化,而且在处理信息的同时,非线性动力系统本身也在不断变化。经常采用迭代过程描写动力系统的演化过程。

(4) 非凸性。一个系统的演化方向,在一定条件下将取决于某个特定的状态函数。例如能量函数,它的极值相应于系统比较稳定的状态。非凸性是指这种函数有多个极值,故系统具有多个较稳定的平衡态,这将导致系统演化的多样性。

人工神经网络是并行分布式系统,采用了与传统人工智能和信息处理技术完全不同的机理,克服了传统的基于逻辑符号的人工智能在处理直觉、非结构化信息方面的缺陷,具有自适应、自组织和实时学习的特点。

人工神经网络中,神经元处理单元可表示不同的对象,例如特征、字母、概念,或者一些有意义的抽象模式。网络中处理单元的类型分为三类:输入单元、输出单元和隐单元(图 10-9)。

输入单元接受外部世界的信号与数据;输出单元实现系统处理结果的输出;隐单元是处在输入和输出单元之间,不能由系统外部观察的单元。神经元间的连接权值反映了单元间的连接强度,信息的表示和处理体现在网络处理单元的连接关系中。人工神经网络是一种非程序化、适应性、大脑风格的信息处理,其本质是通过网络的变换和动力学行为得到一种并行分布式的信息处理功能,并在不同程度和层次上模仿人脑神经系统的信息处理功能。它是涉及神经科学、思维科学、人工智能、计算机科学等多个领域的交叉学科。

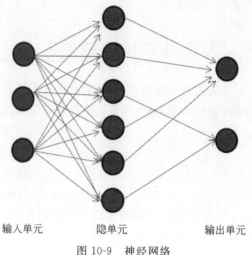

输入单元　　　　　　隐单元　　　　　　输出单元

图 10-9　神经网络

10.5.2　自然语言处理

自然语言处理是计算机科学领域与人工智能领域中的一个重要方向,是一门融语言学、计算机科学、数学于一体的科学。自然语言处理研究能实现人与计算机之间用自然语言进行有效通信的各种理论和方法。因此,这一领域的研究将涉及自然语言,即人们日常使用的语言,所以它与语言学的研究有着密切的联系,但又有重要的区别。自然语言处理并不是一般地研究自然语言,而在于研制能有效地实现自然语言通信的计算机系统,特别是其中的软件系统。具体来说,包括将句子分解为单词的语素分析、统计各单词出现频率的频度分析、理解文章含义并造句的理解等。

自然语言处理的应用领域十分广泛,如从大量文本数据中提炼出有用信息的文本挖掘,以及利用文本挖掘对社交媒体上商品和服务的评价进行分析等。智能手机 iPhone 中的语音助手 Siri 也是自然语言处理的一个应用。

用自然语言与计算机进行通信,既有明显的实际意义,同时也有重要的理论意义:人们可以用自己最习惯的语言来使用计算机,而无须再花大量的时间和精力去学习不很自然和习惯的各种计算机语言;人们也可通过它进一步了解人类的语言能力和智能的机制。

实现人机间自然语言通信意味着要使计算机既能理解自然语言文本的意义,也能以自然语言文本来表达给定的意图、思想等。前者称为自然语言理解,后者称为自然语言生成。因此,自然语言处理大体包括自然语言理解和自然语言生成两个部分。历史上对自然语言理解研究得较多,而对自然语言生成研究得较少。但这种状况已有所改变。

无论实现自然语言理解,还是自然语言生成,都远不如人们原来想象的那么简单。从现有的理论和技术现状看,通用的、高质量的自然语言处理系统,仍然是较长期的努力目标,但是针对一定应用,具有相当自然语言处理能力的实用系统已经出现,有些已商品化,甚至开始产业化。典型的例子有:多语种数据库和专家系统的自然语言接口,各种机器翻译系统,全文信息检索系统,自动文摘系统等。

10.5.3 语义检索

语义检索是指在知识组织的基础上,从知识库中检索出知识的过程,是一种基于知识组织体系,能够实现知识关联和概念语义检索的智能化的检索方式。与将单词视为符号来进行检索的关键词检索不同,语义检索通过文章内各语素之间的关联性来分析语言的含义,从而提高精确度。

语义检索具有两个显著特征,一是基于某种具有语义模型的知识组织体系,知识组织体系是实现语义检索的前提与基础,语义检索则是基于知识组织体系的结果;二是对资源对象进行基于元数据的语义标注,元数据是知识组织系统的语义基础,只有经过元数据描述与标注的资源才具有长期利用的价值。以知识组织体系为基础,并以此对资源进行语义标注,才能实现语义检索。

语义检索模型集成各类知识对象和信息对象,融合各种智能与非智能理论、方法与技术,实现语义检索,例如基于知识结构的检索、基于知识内容的检索、基于专家启发式的语义检索、基于知识导航的智能浏览检索和分布式多维检索。语义检索常用的检索模型有分类检索模型、多维认知检索模型、分布式检索模型等。分类检索模型利用事物之间最本质的关系来组织资源对象,具有语义继承性,揭示资源对象的等级关系、参照关系等,充分表达用户的多维组合需求信息。多维认知检索模型的理论基础是人工神经网络,它模拟人脑的结构,将信息资源组织为语义网络结构,利用学习机制和动态反馈技术,不断完善检索结果。分布式检索模型综合利用多种技术,评价信息资源与用户需求的相关性,在相关性高的知识库或数据库中执行检索,然后输出与用户需求相关、有效的检索结果。

语义检索系统中,除提供关键词实现主题检索外,还结合自然语言处理和知识表示语言,表示各种结构化、半结构化和非结构化信息,提供多途径和多功能的检索。自然语言,也就是人们日常使用的各种通俗语言,自然语言处理技术是提高检索效率的有效途径之一。自然语言理解是计算机科学在人工智能方面的一个极富挑战性的课题,其任务是建立一种能够模仿人脑去理解问题、分析问题并回答自然语言提问的计算机模型。从实用性的角度来说,我们所需要的是计算机能实现基本的人机会话、寓意理解或自动文摘等语言处理功能,还需要使用汉语分词技术、短语分词技术、同义词处理技术等。

语义检索是基于"知识"的搜索,即利用机器学习、人工智能等模拟或扩展人的认识思维,提高信息内容的相关性。语义检索具有明显的优势:检索机制和界面的设计均体现"面向用户"的思想,即用户可以根据自己的需求及其变化,灵活地选择理想的检索策略与技术;语义检索能主动学习用户的知识,主动向用户提供个性化的服务:综合应用各种分析、处理和智能技术,既能满足用户的现实信息需求,又能向用户提供潜在内容知识,全面提高检索效率。

语义检索的显示方式取决于资源的组织方式,知识组织是对概念关联的组织,所以语义检索显示的应是反映知识内容和概念关联的知识网络(或称知识地图),是对已获取的知识以及知识之间的关系的可视化描述。语义检索的呈现结果应该是以可视化形式展现知识层次的网状结构,便于用户循着知识网络方便地获取知识。

10.5.4 链接挖掘

SNS(社会性网络软件)是一个采用分布式技术,通俗地说是依据六度理论①(图10-10),采用 P2P(点对点)技术,构建的下一代基于个人的网络基础软件。SNS 通过分布式软件编程,将现在分散在每个人的设备上的 CPU、硬盘、带宽进行统筹安排,并赋予这些相对服务器来说很渺小的设备更强大的能力。这些能力包括:计算速度,通信速度,存储空间。

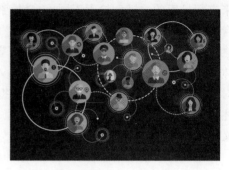

在互联网中,PC、智能手机都没有强大的计算及带宽资源,它们依赖网站服务器,才能浏览发布信息。如果将每个设备的计算及带宽资源进行重新分配与共享,这些设备就有可能具备比那些服务器更为强大的能力。这就是分布计算理论诞生的根源,是 SNS 技术诞生的理论基础。

图 10-10　SNS

链接挖掘(Link Mining)是对 SNS、网页之间的链接结构、邮件的收发件关系、论文的引用关系等各种网络中的相互联系进行分析的一种挖掘技术。特别是最近,这种技术被应用在 SNS 中,如"你可能认识的人"推荐功能,以及用于找到影响力较大的风云人物。

10.5.5　A/B 测试

A/B 测试是指在网站优化的过程中,同时提供多个版本(如版本 A 和版本 B,图10-11),并对各自的好评程度进行测试的方法。每个版本中的页面内容、设计、布局、文案等要素都有所不同,通过对比实际的点击量和转化率,就可以判断哪一个更加优秀。

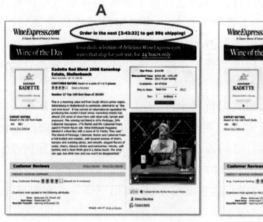

图 10-11　A/B 测试

---

①　六度理论:是指任何一个陌生人之间所间隔的人不会超过 6 个,也就是说,最多通过 6 个人你就能够认识任何一个陌生人。

虽然都是大数据,但传感器数据和 SNS 数据,在各自数据的获取方法和分析方法上是有所区别的。SNS 需要从用户发布的庞大文本数据中提炼出自己所需要的信息,并通过文本挖掘和语义检索等技术,由机器对用户要表达的意图进行自动分析。

在支撑大数据的技术中,虽然 Hadoop、分析型数据库等基础技术是不容忽视的,但即便这些技术对提高处理的速度做出了很大的贡献,仅靠其本身并不能产生商业上的价值。从在商业上利用大数据的角度来看,像自然语言处理、语义技术、统计分析等,能够从个别数据总结出有用信息的技术,也需要重视起来。

【延伸阅读】

扎克伯格最本质的模样

转眼之间,社交网络 Facebook 已陪伴人们走过了 12 个春秋,它已深深地渗入到了人们的日常生活之中。迄今为止,已有无数人撰文庆祝它的巨大成功,描绘它的创始人兼 CEO 马克·扎克伯格的远见卓识。

图 10-12　扎克伯格

那么,第一个为扎克伯格(图 10-12)立传的人是谁呢?据本文作者所知,这个人就是哈佛大学学生日报《哈佛深红报》的记者迈克尔·戈林鲍姆。他的文章题目是《马克·E.扎克伯格:Facebook.com 网站背后的奇才》,该文发表于 2004 年 6 月 10 日,也就是扎克伯格的社交网络刚刚诞生 4 个月的时候。

《哈佛深红报》报道了 Facebook.com 网站的迅速崛起——在仅仅数天内,就有 650 个用户注册。而在此之前,扎克伯格还在捣鼓他的美女评选网站 Facemash。这篇文章甚至还介绍了扎克伯格和他的朋友亚当·德安杰罗在高中一起开发的播放列表创建软件 Synapse。不管怎么说,戈林鲍姆的这篇 1800 字的文章是第一篇公开发表的扎克伯格的小传记,而不是新闻故事。

大约十二年后,它仍然是最有意思的介绍 Facebook 故事的文章。它让人们有机会见到这个社交网络创始人在刚刚想出这个绝妙创意时的情景。尽管现在的扎克伯格经常穿着灰色 T 恤,行为举止总是充满了孩子气,但是在必要的时候,他也能表现得自己就像一个政治家。然而,戈林鲍姆却成功抓住了他最本真的模样。

戈林鲍姆是在哈佛大学本科生宿舍 Kirkland House 采访到扎克伯格的。当时正是学期末,这位 Facebook.com 网站的创建者正在打包他的东西。"即使是在那个时候,Facebook 也是称得上是一个奇迹。"这名当时的学生记者、现在的《纽约时报》总编辑说,"在它推出的大约 72 个小时内,校园里就无人不知它的存在了。我不敢说我们当时就知道它一定能够成气候,但是当时确实有很多人对马克充满了兴趣。"

好吧,介绍这篇文章够多了。下面来摘录其中的几段文字欣赏一下吧。不过,说实话,整篇文章都很值得去读一读。

计算机总是让我感到兴奋

现在,我们往往以年为单位来衡量 Facebook 的历史,但在 2004 年的哈佛大学,他们衡量它的单位是学期,而且它都还没有过完第一个学期。

在创建 Facebook.com 将近一个学期后——该社交网站是在 2 月 4 日推出的——马克·扎克伯格似乎并没有把它当回事。

他穿着黄色 T 恤、蓝色牛仔裤以及露趾的阿迪达斯凉鞋。在杂乱无章的 Kirkland House 本科生宿舍中间,扎克伯格就坐在一个破沙发上,周围到处扔的是衣服和半开半闭的箱子。

在这种凌乱不堪的环境中,他仍然笑靥如花。

"我就像个小孩子。我很容易就会觉得无聊,而计算机总是能让我感到兴奋。这两样东西就是我的驱动力。"

创建 Facebook 不是为了钱

扎克伯格称,创建 Facebook 是为了创造一些有用的东西,而不是为了追逐金钱。他现在也仍然经常这么说。但是,相对于现在接受采访时的样子,当时的他更愿意夸夸其谈。

图 10-13 扎克伯格

"我总在做这样的东西。"扎克伯格以轻松的口吻说道,"Facebook 实际上只花了我一个星期的时间就做完了。"(图 10-13)

这话要从别人的嘴里说出来,可能就会显得很傲慢。但是,对于扎克伯格来说,他就是这样的说话风格,尤其是在谈论当今世界称得上是现象级成功的东西时。

他满脑子都是点子:"我开发的一半东西都没有发布。"他解释说,"我昨天晚上花了 5 个小时编程,做了一个非常酷的东西。我只把它给了我的几个朋友看了看,学校里其他人都不知道。"

他对钱不感兴趣。"我就喜欢开发一些东西。如果我知道这些东西有用,而且我能把它搞得很成功,那么我就觉得这是一件很酷的事情。但是,说实话,赚钱不是我的目的。"

只专心做好小事情

下面这段话可以说非常简练地概括了 Facebook 对待产品开发的态度,尽管现在开发项目的已不再是一个大学生,而是一万多人的团队。

"我真不知道下一个大热门是什么,因为我不会把时间耗费在做大事上。"他说,"我只是专心开发各种小的东西,然后等到时机成熟的时候,我把它们整合到一起。"

曾对 Facebook 失去兴趣

显而易见,曾有一些其他的东西非常吸引扎克伯格,以至于他在尚未开发完成

Facebook 的时候就对它失去了兴趣。

在去年 1 月月底,当他埋头在寝室里开发 Facebook.com 的时候,他的室友几乎就忘了他的存在。

而所有的付出都是没有报酬的。

"如果我那天没有推出 Facebook,我想我可能就会放弃它,转而去开发我准备做的其他东西去了。"他说。

逸闻趣事:扎克伯格最开始是通过一本通俗读物变成程序员的。

"《C++ 语言傻瓜书》(*C++ For Dummies*)是使他走上正式编程道路的入门书。但是扎克伯格称,他在与朋友交谈的过程中学到的知识最多。"

"不喜欢别人给我做的东西标价"

这篇文章还详细讲述了扎克伯格在高中做的 Synapse 项目。当时,有人斥资几百万美元收购它,扎克伯格也不愿出售;这为他后来的生活埋下了伏笔,当有人斥资几十亿美元收购 Facebook 的时候,他同样给予了拒绝。

"有些公司立即给我们报价 100 万美元要收购我们的项目,另一个买家则出价 200 万美元。"他说。

他和德安杰罗起初决定不出售。

"我不喜欢别人给我做的东西标价。这样做没有道理。"扎克伯格说。

但是,在他们俩被大学录取后,他们最终决定接受别人的报价。结果却发现,原先想收购他们项目的公司现在已不感兴趣了。

与文克莱沃斯双胞胎的纠纷

扎克伯格讨厌的文克莱沃斯(Winkelvoss)双胞胎和迪夫亚·纳伦德拉(Divya Narendra)也在这篇文章中有提及。我敢打赌,在当时没有人会猜测到下面两段文字中提交的纠纷日后会演变成一部美国大片的故事主线。

上个月,有人指控扎克伯格剽窃了哈佛大学一个网络社交通讯簿的创意。三名来自德国普福尔茨海姆的大四学生要求扎克伯格给他们帮忙开发 ConnectU 网站,它类似于扎克伯格上个月推出的 Facebook.com 网站。扎克伯格为 ConnectU 网站忙了一阵子后就离开了。后来,他就推出了自己的 Facebook 网站。

扎克伯格否认了窃取知识产权的指控,他声称 ConnectU 开发者的说法纯属无稽之谈。

不想要朝九晚五的工作

扎克伯格总是憧憬着随心所欲地做自己想做的事情。但是,他还不知道如何赚到钱让自己过上这种随心所欲的生活(图 10-14)。

"我的目标是不要朝九晚五的工作。"他实事求是地说,"开发一些炫酷的东西是我热爱做的事情;不让别人对我指手画脚,要求我在规定的时间做这做那,是我追求的一种奢侈生活。"

图 10-14　扎克伯格

谁能资助这种惬意的生活呢？

"我最终认为，我要做一些能够赚钱的东西。"他承认。

一道永恒的风景线

"Facebook 网站上出现了一些广告，因为建造这个网站花了不少钱，而且服务器又不是树上长出来的。"扎克伯格说。

但是，扎克伯格会把 Facebook 卖给最高的竞价者吗？

"也许有一天当我厌烦它的时候，我会卖掉它，然后我再开发一些别的东西。"他说，"但是，我在短期内还看不到这种可能性。"

扎克伯格顿了顿又说：

"我说的'短期'是指未来七八天的样子。"

扎克伯格说七八天的样子大概是说着好玩的。但是，你知道吗？如果他说他准备把 Facebook.com 当作他的终生事业，可能《哈佛深红报》的读者，甚至是已迷上他的社交网站的忠实粉丝们，都不会相信他的话。也许，作为一个自称很容易感到无聊的人，他并没有意识到他已把 Facebook 打造成了一道永恒的风景线。

资料来源：乐学，腾讯科技 2016 年 2 月 7 日

【实验与思考】

熟悉大数据技术

1. 实验目的

（1）熟悉大数据技术的基本概念，了解大数据的技术架构；

（2）了解大数据的运用形式、分类及级别；

（3）了解大数据技术的主要内容。

2. 工具/准备工作

在开始本实验之前，请认真阅读课程的相关内容。

需要准备一台带有浏览器，能够访问因特网的计算机。

3. 实验内容与步骤

（1）请结合查阅相关文献资料，简述什么是"摩尔定律"？为什么说"大数据带给我们的是一种意义更为深远的摩尔定律"？

答：_____

_____

_____

_____

_____

（2）请简单描述适合大数据的 4 层堆栈式技术架构。

答：

基础层：_____

_____

_____

_____

管理层：_____

_____

_____

_____

分析层：_____

_____

_____

应用层：_____

_____

_____

（3）什么是 SNS（软件）？请简单描述六度理论。

答：_____

_____

_____

_____

（4）请简述什么是 Hadoop？

答：_____

_____

_____

_____

_____

（5）请简述什么是 NoSQL？

答：_____

_____

_____

_____

_____

_____

4．实验总结

_____

_____

_____

_____

5．实验评价（教师）

_____

_____

数据科学与数据科学家

【导读案例】

智能大数据分析成热点

2012 年，"大数据"一词开始大热，几年来，已经在商业、工业、交通、医疗、社会管理等多方面有了应用，如今，已经少有人讲重要性，更多是应用、技术以及最底层的算法（图 11-1）。

图 11-1　数据科学

有专家曾经对 2015 年大数据发展做过预测，共有 10 个方面。首先就是结合智能计算的大数据分析成为热点，包括大数据与神经计算、深度学习、语义计算以及人工智能其他相关技术结合，成为大数据分析领域的热点。

第二点是数据科学将带动多学科融合，但是数据科学作为新兴的学科，其学科基础问题体系尚不明朗，数据科学自身的发展尚未成体系。

第三是跨学科领域交叉的数据融合分析与应用将成为今后大数据分析应用发展的重大趋势。大数据技术发展的目标是应用落地，因此大数据研究不能仅局限于计算技术本身。

大数据将与物联网、移动互联、云计算、社会计算等热点技术领域相互交叉融合，产生很多综合性应用。近年来计算机和信息技术发展的趋势是，前端更前伸，后端更强大。物联网与移动计算加强了与物理世界和人的融合，大数据和云计算加强了后端的数据存储管理和计算能力。今后，这几个热点技术领域将相互交叉融合，产生很多综合性应用。

此外，十大趋势还包括：大数据多样化处理模式与软硬件基础设施逐步夯实；大数据的安全和隐私问题持续令人担忧；新的计算模式将取得突破；各种可视化技术和工具提升大数据分析；大数据技术课程体系建设和人才培养是需要高度关注的问题；开源系统将成为大数据领域的主流技术和系统选择。

对于大数据研究的难点，很多人把数据公开列在第一位。对于政府部门的难点在于公开的尺度，另外是否有能力把数据用好。而指望商业公司拿出数据，不现实，因为这些数据的获得是商业公司的投入。

另外,大数据人才也是一个重要问题。现在的问题是既对行业熟悉,又能融合创新的顶尖人才稀少。现在要让企业和研究者明白一点,数据不是在谁手中,谁就有优势,而是要大家一起研究,融合跨界研究,数据才会产生财富。

阅读上文,请思考、分析并简单记录:

(1) 你认为文中预测的大数据发展的10个方面,已经实现的是全部还是部分? 哪些方面实现了? 哪些方面尚未实现?

答:_____

_____

_____

_____

(2) 对于大数据,如今"已经少有人讲重要性,更多是应用、技术以及最底层的算法",那么,应用的热点是什么? 请简述之。

答:_____

_____

_____

_____

(3) 文中称"对于大数据研究的难点,很多人把数据公开列在第一位",你是否同意这样的观点? 为什么?

答:_____

_____

_____

_____

_____

(4) 请简单描述你所知道的上一周发生的国际、国内或者身边的大事。

答:_____

_____

_____

_____

_____

11.1　什么是数据科学

每当提及"数据科学"(Data Science,图 11-2),人们总会联想到另一个含义相近的名词——"商业智能"(Business Intelligence,BI)。商业智能致力于使用一组统一的衡量标准来评估企业过去的绩效指标,并用于后续的业务规划。这包括建立关键绩效指标(Key Performance Indicator,KPI),用于表示评估业务的最基本的衡量标准。测量尺度和关键绩效指标通常都是在联机分析处理模式(OLAP Schema)中定义,使得商业智能报表的内容能够基于已定义的衡量标准。

图 11-2　数据科学

商业智能的典型技术和数据类型包括：

（1）标准和满足特定需求的报表、信息面板、警报、查询及细节；

（2）结构化数据、传统数据源、易操作的数据集。

数据科学可以简单地理解为预测分析和数据挖掘，是统计分析和机器学习技术的结合，用于获取数据中的推断和洞察力。相关方法包括回归分析、关联规则（比如市场购物篮分析）、优化技术和仿真（比如蒙特卡罗仿真用于构建场景结果）。

数据科学的典型技术和数据类型包括：

（1）优化模型、预测模型、预报、统计分析；

（2）结构化/非结构化数据、多种类型数据源、超大数据集。

商业智能和数据科学都是企业所需要的，用于应对不断出现的各种商业挑战。商业智能和数据科学有不同的定位和范畴，商业智能更关注于过去的旧数据，其结果的商业价值相对较低；而数据科学更着眼于新数据和对未来的预测，其商业价值相对更高。但是，它们并不存在一个明确的划分，只是各有偏重而已。

大数据需要数据科学，数据科学要做到的不仅是存储和管理，而是预测式的分析（比如如果这样做，会发生什么）。数据学科是统计学的论证，真正利用到统计学的力量。只有这样才能够从数据中获得经验和未来方向的指导。但是，数据科学并非简单的统计学，需要新的应用、新的平台和新的数据观，而不仅是现有的传统的基础架构与软件平台。

11.2　数据分析生命周期模型

数据分析生命周期模型（Data Analytics Lifecycle）是一个用于分析型项目的流程框架。

通常很多问题看上去相当复杂难解，但是一个定义良好的流程能够帮助数据科学家将复杂的问题分解成更容易处理的小步骤。使用一个好的流程去进行分析是极其重要的，因为它既有助于实现全面且可重复实施的分析方法，又可以让数据科学家把必要的精力尽早地放在那些可以掌握问题重点的步骤中。

人们经常不愿意花太多的时间去做大量的计划、调研或者问题解构等工作，而是急于开始收集和分析数据。这样做很可能出现的结果是：项目成员在中途发现正在尝试解决的问题和项目发起人的目的截然不同或者与之前沟通的结果不一样。创建并文档化一个流程将有助于展示项目的分析结果的严谨性。当我们谈及发现的结果时，这将能为项目提供额外的可信度。这个流程还使我们能够去教别人如何使用这些方法和分析，以使得它是可以在下个季度、下一年或者被新的员工重复使用的。

与着眼于获取关键绩效指标或者实现信息面板功能的项目相比，数据科学项目还是会有些相似的步骤。例如，对于任何新的项目，还会有"探索发现阶段"，只是侧重点不大一样。不同的是，数据科学项目更偏重于那些缺乏良好结构化的方法和问题，有些流程会有不同，也会增加些新的步骤。比方说，对于一个商业智能项目，由于不会用到分类模型，建立训练数据集是不需要的。但是对于一个数据科学项目来说，建立分类模型和训练数据集是很常见的事。此外，商业智能的项目偏重于依赖数据仓库和联机分析处理多维数据集（OLAP Cube）中的高度结构化的数据。数据科学除了处理高度结构化数据，还处理大数据、稀疏数据集和非结构化数据——它需要做额外的工作以准备和过滤数据。

如图 11-3 所示，数据分析周期模型中共有 6 个阶段。从任何一步都可以进入到其下一步，或者又回到之前的一步，这种反复移动可能贯穿于整个生命周期中。那些标示出的问题是用来评估是否已经具备足够的信息或者进度可以进入流程的下一步。

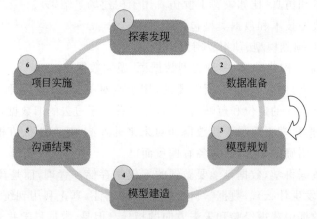

图 11-3　数据分析生命周期模型

数据分析生命周期模型描述了一种针对端到端分析过程（从发现到项目完成）的最佳实践方法。并且，其中一些用于改进模型的步骤来源于数据分析和决策科学范畴中已有的方法。这些已有的方法提供了流程中的一部分或者使用不同术语的类似概念。

从图 11-3 可以看到，在一个阶段中，人们经常会了解一些新的东西，使得人们返回或者改进前一个阶段的工作，给出人们没有发现的新的理解和信息。由于这个原因，生命周期模型图显示成一个圆环，而环形箭头表示可以在两个阶段间反复移动，直到有足够的信息可以再向前移动。矩形标注表示的是一组自问自答的问题，用来评估是否已经具有足够的信息和进度可以进入流程的下一个阶段。这里没有正式的阶段考核，但是可以作为准则用来帮助测试是否应该待在现阶段还是进入到下一个阶段。

下面分别介绍一下数据分析生命周期模型中的 6 个阶段。

1. 探索发现

了解业务领域,包括相关的历史,比如,企业或业务部门是否在过去曾经尝试过类似的项目,结果是怎样的。评估项目要具备的资源,比如人、技术、时间和数据。将业务问题构建成一个用于后续逐步解决的分析问题。构想出用以验证的最初假设,并开始了解数据。

2. 数据准备

为在项目期间的工作准备一个分析沙盒。执行 ELT(Extract-Load-Transform,抽取-加载-转换)和 ETL(Extract-Transform-Load,抽取-转换-加载)来为沙盒获取数据,并开始做数据转换,使能够基于它来进行分析。彻底地熟悉数据,并采取措施来调整数据。

3. 模型规划

确定计划采用的方法、技术和流程,并评估模型。仔细查看数据,了解变量之间的关系,随后选择可能使用的关键变量和模型。

4. 模型建造

开发数据集分别用于测试、训练和生产目的。尽量使用最好的环境来执行模型和工作流,包括更快的硬件和并行处理能力。

5. 沟通结果

基于在发现阶段和项目干系人一起建立的标准,判定分析是成功还是失败。确定关键发现,量化商业价值,然后描述总结发现,并传达给项目干系人。

6. 项目实施

交付终期报告、简报、代码和技术文档。启动一个试点项目,并在生产环境中实现模型。

非常重要的一点是,一旦运行了模型,并产生了结果,就要确保能够使用一种对听众来说合适的方式,来清晰地展示出这些结果的价值。如果实施了技术上准确的分析,但是不能将结果翻译成一种能够说给听众的语言,人们将不会看到价值,那么时间就白花了。

11.3 数据科学家

通常,企业自身业务所产生的数据,再加上政府公开的统计数据,还有与数据聚合商等其他公司结成的战略联盟等,通过这些手段就可以获得业务上所需的数据了。

从技术方面来看,硬盘价格下降,NoSQL 数据库等技术的出现,使得和过去相比,大量数据能够以廉价高效的方式进行存储。此外,像 Hadoop 这样能够在通用性服务器上工作的分布式处理技术的出现,也使得对庞大的非结构化数据进行统计处理的工作比以往更快速且更廉价。

然而，就算所拥有的工具再完美，工具本身是不可能让数据产生价值的。事实上，我们还需要能够运用这些工具的专门人才，他们能够从堆积如山的大量数据中找到金矿，并将数据的价值以易懂的形式传达给决策者，最终得以在业务上实现。具备这些技能的人才就是数据科学家(图11-4)。

图 11-4　数据科学家

数据科学家很可能是如今最热门的头衔之一，他们是数据科学行业的高层人才。数据科学家会利用最新的科技手段处理原始数据，进行必要的分析，并以一种信息化的方式将获得的知识展示给他的同事。

11.3.1　大数据生态系统中的关键角色

大数据的出现，催生了新的数据生态系统。为了提供有效的数据服务，它需要三种典型角色。表11-1介绍了这三种角色，以及每种角色具有代表性的专业人员举例。

表 11-1　新数据生态系统中的三个关键角色

角　色	描　述	专业人员举例
深度分析人才	通过定量学科(例如数学、统计学和机器学习)高等训练的人员：精通技术，具有非常强的分析技能和处理原始数据、非结构化数据的综合能力，熟悉大规模复杂分析技术	数据科学家、统计学家、经济学家，数学家
数据理解专业人员	具有统计学和/或机器学习基本知识的人员：知道如何定义使用先进分析方法可以解决的关键问题	金融分析师、市场研究分析师、生命科学家、运营经理、业务和职能经理
技术和数据的使能者	提供专业技术用于支持分析型项目的人员：技能包括计算机程序设计和数据库管理	计算机程序员、数据库管理员、计算机系统分析师

典型的分析型项目需要多种角色。值得注意的是，数据科学家自身结合了多种以前被分离的技能，成为一个单一的角色。以前是不同的人用于一个项目的各个方面，比如，有的人去应对业务线上的终端用户，另外的具有技术和定量专长的人去解决分析问题。数据科学家是这些方面的结合体，有助于提供连续性的分析过程。

对数据科学家的关注，源于大家逐步认识到，Google、Amazon、Facebook等公司成功的背后，存在着这样的一批专业人才。这些互联网公司对于大量数据不是仅进行存储而已,而是将其变为有价值的金矿——例如,搜索结果、定向广告、准确的商品推荐、可能认识的好友列表等。

数据科学是一个很久之前就存在的词汇,但数据科学家却是几年前突然出现的一个新词。关于这个词的起源说法不一,其中在《数据之美》(Toby Segaran, Jeff Hammerbacher 编著)一书中,对于 Facebook 的数据科学家,有如下叙述:

"在 Facebook,我们发现传统的头衔如商业分析师、统计学家、工程师和研究科学家都不能确切地定义我们团队的角色。该角色的工作是变化多样的:在任意给定的一天,团队的一个成员可以用 Python 实现一个多阶段的处理管道流、设计假设检验、用工具 R 在数据样本上执行回归测试、在 Hadoop 上为数据密集型产品或服务设计和实现算法,或者把我们分析的结果以清晰简洁的方式展示给企业的其他成员。为了掌握完成这多方面任务需要的技术,我们创造了'数据科学家'这种角色。"。

仅仅在几年前,数据科学家还不是一个正式确定的职业,然而很快,这个职业就已经被誉为"今后 10 年 IT 行业最重要的人才"了。

Google 首席经济学家、加州大学伯克利分校教授哈尔·范里安(1947—　)在 2008 年 10 月与麦肯锡总监 James Manyika 先生的对话中,曾经讲过下面一段话。

"我总是说,在未来 10 年里,最有意思的工作将是统计学家。人们都认为我在开玩笑。但是,过去谁能想到计算机工程师会成为 20 世纪 90 年代最有趣的工作? 在未来 10 年里,获取数据——以便能理解它、处理它、从中提取价值、使其形象化、传送它——的能力将成为一种极其重要的技能,不仅在专业层面上是这样,而且在教育层面(包括对中小学生、高中生和大学生的教育)也是如此。由于如今我们已真正拥有实质上免费的和无所不在的数据,因此,与此互补的稀缺要素是理解这些数据并从中提取价值的能力。"

范里安教授在当初的对话中使用的是 statisticians(统计学家)一词,虽然当时他没有使用数据科学家这个词,但这里所指的,正是现在我们所讨论的数据科学家。

数据科学家的关键活动包括:

(1) 将商业挑战构建成数据分析问题;

(2) 在大数据上设计、实现和部署统计模型和数据挖掘方法;

(3) 获取有助于引领可操作建议的洞察力。

11.3.2　数据科学家所需的技能

数据科学家这一职业并没有固定的定义,但大体上指的是这样的人才:"是指运用统计分析、机器学习、分布式处理等技术,从大量数据中提取出对业务有意义的信息,以易懂的形式传达给决策者,并创造出新的数据运用服务的人才。"

数据科学家所需的技能如下。

1. 计算机科学

一般来说,数据科学家大多要求具备编程、计算机科学相关的专业背景。简单来说,就是对处理大数据所必需的 Hadoop、Mahout 等大规模并行处理技术与机器学习相关的技能。

2. 数学、统计、数据挖掘等

除了数学、统计方面的素养之外,还需要具备使用 SPSS,SAS 等主流统计分析软件的技能。其中,面向统计分析的开源编程语言及其运行环境 R 最近备受瞩目。R 的强项不仅在于其包含丰富的统计分析库,而且具备将结果进行可视化的高品质图表生成功能,并可以通过简单的命令来运行。此外,它还具备称为 CRAN(The Comprehensive R Archive Network)的包扩展机制,通过导入扩展包就可以使用标准状态下所不支持的函数和数据集。

3. 数据可视化

信息的质量很大程度上依赖于其表达方式。对数字罗列所组成的数据中所包含的意义进行分析,开发 Web 原型,使用外部 API 将图表、地图等其他服务统一起来,从而使分析结果可视化,这是对于数据科学家来说十分重要的技能之一。

将数据与设计相结合,让晦涩难懂的信息以易懂的形式进行图形化展现的信息图最近正受到越来越多的关注,这也是数据可视化的手法之一(图 11-5)。

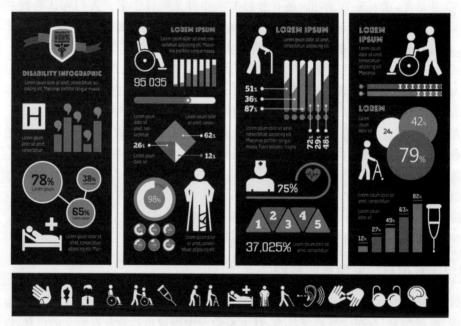

图 11-5　信息图的示例

作为参考,下面节选了 Facebook 和推特的数据科学家招聘启事。对于现实中的企业需要怎样的技能,这则启事应该可以为大家提供一些更实际的体会。

Facebook 招聘数据科学家

Facebook 计划为数据科学团队招聘数据科学家。应聘该岗位的人,将担任软件工程师、量化研究员的工作。理想的候选人应对在线社交网络的研究有浓厚兴趣,能够找出创造最佳产品过程中所遇到的课题,并对解决这些课题拥有热情。

职务内容

- 确定重要的产品课题,并与产品工程团队密切合作寻求解决方案
- 通过对数据运用合适的统计技术来解决课题
- 将结论传达给产品经理和工程师
- 推进新数据的收集以及对现有数据源的改良。对产品的实验结果进行分析和解读
- 找到测量、实验的最佳实践方法,传达给产品工程团队

必要条件

- 相关技术领域的硕士或博士学位,或者具备 4 年以上相关工作经验
- 对使用定量手段解决分析性课题拥有丰富的经验
- 能够轻松操作和分析来自各方的、复杂且大量的多维数据
- 对实证性研究以及解决数据相关的难题拥有极大的热情
- 能对各种精度级别的结果采用灵活的分析手段
- 具备以实际、准确且可行的方法传达复杂定量分析的能力
- 至少熟练掌握一种脚本语言,如 Python、PHP 等
- 精通关系型数据库和 SQL
- 对 R、MATLAB、SAS 等分析工具具备专业知识
- 具备处理大量数据集的经验,以及使用 MapReduce、Hadoop、Hive 等分布式计算工具的经验

推特招聘数据科学家(负责增加用户数量)

关于业务内容

推特计划招聘能够为增加其用户数提供信息和方向、具备行动力和高超技能的人才。应聘者需要具备统计和建模方面的专业背景,以及大规模数据集处理方面的丰富经验。

我们期待应聘者所具有的判断力能够在多个层面上决定推特产品群的方向。

职责

- 使用 Hadoop、Pig 编写 MapReduce 格式的数据分析
- 能够针对临时数据挖掘流程和标准数据挖掘流程编写复杂的 SQL 查询
- 能够使用 SQL、Pig、脚本语言、统计软件包编写代码
- 以口头及书面形式对分析结果进行总结并做出报告
- 每天对数 TB 规模、10 亿条以上事务级别的大规模结构化及非结构化数据进行处理

必要条件

- 计算机科学、数学、统计学的硕士学位或者同等的经验
- 两年以上数据分析经验
- 大规模数据集及 Hadoop 等 MapReduce 架构方面的经验
- 脚本语言及正则表达式等方面的经验

- 对离散数学、统计、概率方面感兴趣
- 将业务需求映射到工程系统方面的经验

11.3.3　数据科学家所需的素质

仅四五年前,对数据科学家的需求还仅限于谷歌、亚马逊等互联网企业中。然而在最近,重视数据分析的企业,无论是哪个行业,都在积极招募数据科学家。

通常,数据科学家所需要具备的素质有以下这些。

(1)沟通能力:即便从大数据中得到了有用的信息,但如果无法将其在业务上实现,其价值就会大打折扣。为此,面对缺乏数据分析知识的业务部门员工以及经营管理层,将数据分析的结果有效传达给他们的能力是非常重要的。

(2)创业精神:以世界上尚不存在的数据为中心创造新型服务的创业精神,也是数据科学家所必需的一个重要素质。谷歌、亚马逊、Facebook等通过数据催生出新型服务的企业,都是通过对庞大的数据到底能创造出怎样的服务进行艰苦的探索才获得成功的。

(3)好奇心:庞大的数据背后到底隐藏着什么,要找出答案需要很强的好奇心。除此之外,成功的数据科学家都有一个共同点,即并非局限于艺术、技术、医疗、自然科学等特定领域,而是对各个领域都拥有旺盛的好奇心。通过对不同领域数据的整合和分析,就有可能发现以前从未发现过的有价值的观点。

美国的数据科学家大多拥有丰富的从业经历,如实验物理学家、计算机化学家、海洋学家,甚至是神经外科医生等。也许有人认为这是人才流动性高的美国所特有的现象,但其实在中国,也出现了一些积极招募不同职业背景人才的企业,这样的局面距离我们已经不再遥远。

数据科学家需要具备广泛的技能和素质,因此预计这一职位将会陷入供不应求的状态。例如,麦肯锡全球研究院(MGI)在2011年5月发表的题为“大数据:未来创新、竞争、生产力的指向标”的报告中指出,在美国具备高度分析技能的人才(大学及研究生院中学习统计和机器学习专业的学生)供给量,2008年为15万人,预计到2018年将翻一番,达到30万人。然而,预计届时对这类人才的需求将超过供给,达到44万~49万人的规模,这意味着将产生14万~19万的人才缺口。

大型IT厂商EMC在2011年12月发表的一份关于数据科学家的调查报告 *EMC Data Science Study* 中提出了一些非常有意思的见解。

该调查的对象包括美国、英国、法国、德国、印度、中国的数据科学家,以及商业智能专家等IT部门的决策者,共计462人。除此之外,EMC还从2011年5月在拉斯维加斯召开的“数据科学家峰会”的参加者,以及在线数据科学家社区Kaggle中邀请了35人参加这项调查。该调查结果的要点如下。

首先,三分之二的参加者认为数据科学家供不应求。这一点与前面提到的麦肯锡的报告是相同的。

对于新的数据科学家供给来源,有三分之一的人期待“计算机科学专业的学生”,排名第一,而另一方面,期待现有商业智能专家的却只有12%,这一结果比较出人意料(图11-6)。也就是说,大部分人认为,现在的商业智能专家无法满足对数据科学家的需求。

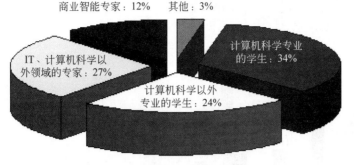

图 11-6 数据科学家人才新的供给来源

数据科学家与商业智能专家之间的区别在于,从包括公司外部数据在内的数据获取阶段,一直到基于数据最终产生业务上的决策,数据科学家大多会深入数据的整个生命周期。这一过程中也包括对数据的过滤、系统化、可视化等工作(图 11-7)。

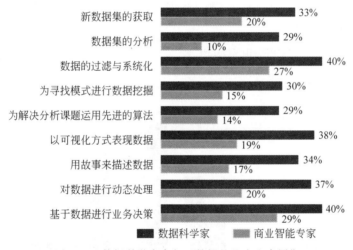

图 11-7 数据科学家参与了数据的整个生命周期

关于数据科学家与商业智能专家的专业背景,也有一些很有意思的调查结果。数据科学家在大学大多学习计算机科学、工程学、自然科学等专业,而商业智能专家则大多学习商业专业(图 11-8)。而且,和商业智能专家相比,数据科学家中拥有硕士和博士学位的人数也比较多(图 11-9)。

11.3.4 数据科学家的学习内容

随着对大数据分析需求的高涨,未来必将带来数据科学家的严重不足,为了解决这一问题,美国一些大学已经开始成立分析学专业。

以位于伊利诺伊州芝加哥郊外埃文斯顿市的美国西北大学为例,该大学从 2012 年 9 月起在其工程学院下成立一个主攻大数据分析课程的分析学研究生院,并开始招生。西北大学对于成立该研究生院是这样解释的:"虽然只要具备一些 Hadoop 和 Cassandra 的基本知识就很容易找到工作,但拥有深入知识的人才却是十分缺乏的。"

BI专家大多学习商业专业，而数据科学家则大多学习计算机科学、
自然科学、工程学等专业

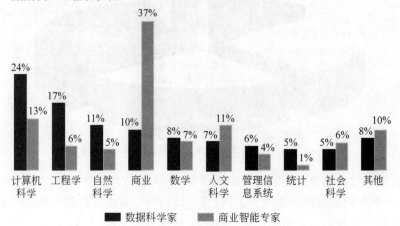

图 11-8　商业智能专家与数据科学家在大学专业上的对比

数据科学家中有40%拥有硕士或博士学位，相比之下，
商业智能专家中这一比例为13%

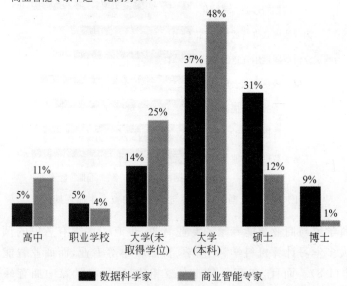

图 11-9　商业智能专家与数据科学家在学位上的对比

　　此外，该研究生院的课程计划以"传授和指导将业务引向成功的技能，培养能够领导
项目团队的优秀分析师"为目标，授课内容在数学、统计学的基础上，融合了尖端计算机工
程学和数据分析。课程预计将涵盖分析领域中主要的三种数据分析方法：预测分析、描
述分析（商业智能和数据挖掘）和规范分析（优化和模拟）。具体内容如下。

1. 秋季学期

（1）数据挖掘相关的统计方法（多元 Logistic 回归分析、非线性回归分析、判别分

析等)。

（2）定量方法（时间轴分析、概率模型、优化）。

（3）决策分析（多目的决策分析、决策树、影响图、敏感性分析）。

（4）树立竞争优势的分析（通过项目和成功案例学习基本的分析理念）。

2. 冬季学期

（1）数据库入门（数据模型、数据库设计）。

（2）预测分析（时间轴分析、主成分分析、非参数回归、统计流程控制）。

（3）数据管理（ETL、数据治理、管理责任、元数据）。

（4）优化与启发（整数计划法、非线性计划法、局部探索法、超启发（模拟退火、遗传算法））。

3. 春季学期

（1）大数据分析（非结构化数据概念的学习、MapReduce 技术、大数据分析方法）。

（2）数据挖掘（聚类（k-means 法、分割法）、关联性规则、因子分析、存活时间分析）。

（3）其他，以下任选两门（社交网络，文本分析，Web 分析，财务分析，服务业中的分析，能源、健康医疗、供应链管理、综合营销沟通中的概率模型）。

4. 夏季学期

（1）风险分析与运营分析的计算机模拟。

（2）软件层面的分析学（组织层面的分析课题、IT 与业务用户、变革管理、数据课题、结果的展现与传达方法）。

（3）毕业设计。

11.4　数据科学的重要技能

通常，数据科学的实践需要三个一般领域的技能，即：商业洞察、计算机技术/编程和统计学/数学。而另一方面，不同的工作对象，他的具体技能集合会有所不同。为探索数据科学家应该具有的职业技能，多个研究项目进行了不同的探索，综合得出数据科学从业人员相关的 25 项技能，如表 11-2 所示。

表 11-2　数据科学中 25 项技能

技能领域	技 能 详 情
商业	1. 产品设计和开发 2. 项目管理 3. 商业开发 4. 预算 5. 管理和兼容性（例如：安全性）

技能领域	技 能 详 情
技术	6. 处理非结构化数据(例如：NoSQL) 7. 管理结构化数据(例如：SQL、JSON、XML) 8. 自然语言处理(NLP)和文本挖掘 9. 机器学习(例如：决策树、神经网络、支持向量机、聚类) 10. 大数据和分布式数据(例如：Hadoop、Map/Reduce、Spark)
数学 & 建模	11. 最优化(例如：线性、整数、凸优化、全局) 12. 数学(例如：线性代数、实变分析、微积分) 13. 图模型(例如：社会网络) 14. 算法(例如：计算复杂性、计算科学理论)和仿真(例如：离散、基于 Agent、连续) 15. 贝叶斯统计(例如：马尔科夫链蒙特卡罗方法)
编程	16. 系统管理(例如：UNIX)和设计 17. 数据库管理(例如：MySQL、NoSQL) 18. 云管理 19. 后端编程(例如：Java/Rails/Objective C) 20. 前端编程(例如：JavaScript，HTML，CSS)
统计	21. 数据管理(例如：重编码、去重复项、整合单个数据源、网络抓取) 22. 数据挖掘(例如：R，Python，SPSS，SAS)和可视化(例如：图形、地图、基于 Web 的数据可视化)工具 23. 统计学和统计建模(例如：一般线性模型、ANOVA、MANOVA、时空数据分析、地理信息系统) 24. 科学/科学方法(例如：实验设计、研究设计) 25. 沟通(例如：分享结果、写作/发表、展示、博客)

* 被访者要求指出他们对上述 25 项技能有多熟悉,使用这样的量表:不知道(0),略知(20),新手(40),熟练(60),非常熟练(80),专家(100)。

11.4.1　数据科学技能和熟练程度

表 11-2 中列出的这 25 项技能,反映了通常与数据科学家相关的技能集合。在进行针对数据科学家的调查中,调查者要求数据专业人员指出他们在 25 项不同数据科学技能上的熟练程度。

研究中,选择"中等了解"水平作为数据专业人员拥有该技能的标准。"中等了解"说明一个数据专业人员能够按照要求完成任务,并且通常不需要他人的帮助。

这项研究数据基于 620 名被访的数据专业人士,具备某种技能的百分比反映了在该技能上至少中等熟练程度的被访问者比例的职位角色,即:商业经理＝250;开发人员＝222;创意人员＝221;研究人员＝353。

11.4.2　重要数据科学技能

以拥有该技能的数据专业人员百分比对表 11-2 中的 25 项技能进行排序。分析表明,所有数据专业人员中最常见的数据科学十大技能如下。

统计——沟通(87%)

技术——处理结构化数据(75%)

数学 & 建模——数学(71%)

商业——项目管理(71%)

统计——数据挖掘和可视化工具(71%)

统计——科学/科学方法(65%)

统计——数据管理(65%)

商业——产品设计和开发(59%)

统计——统计学和统计建模(59%)

商业——商业开发(53%)

许多重要的数据科学技能都属于统计领域：所有的 5 项与统计相关的技能都出现在前 10 项中,包括沟通、数据挖掘和可视化工具、科学/科学方法,以及统计学和统计建模;另外,与商业洞察力相关的三项技能出现在前 10 项中,包括项目管理、产品设计以及开发;而没有编程技能出现在前 10 项中。

11.4.3　因职业角色而异的十大技能

下面按不同的职业角色(商业经理、开发人员、创意人员、研究人员)来看看他们的十大技能。分析中指出了对于每个职业角色的数据专业人士所拥有每项技能的频率。可以看到,一些重要数据科学技能在不同角色中是通用的。这包括沟通、管理结构化数据、数学、项目管理、数据挖掘和可视化工具、数据管理,以及产品设计和开发。然而,除了这些相似之处还有相当大的差异。

(1) 商业经理：那些认为自己是商业经理(尤其是领导者、商务人士和企业家)的数据专业人士中的十大数据科学技能如下。

统计——沟通(91%)

商业——项目管理(86%)

商业——商业开发(77%)

技术——处理结构化数据(74%)

商业——预算(71%)

商业——产品设计和开发(70%)

数学 & 建模——数学(65%)

统计——数据管理(64%)

统计——数据挖掘和可视化工具(64%)

商业——管理和兼容性(61%)

只与商业经理相关的重要技能毫无疑问的是商业领域的。这些技能包括商业开发、预算,以及管理和兼容性。

(2) 开发人员：那些认为自己是开发工作者(尤其是开发者和工程师)的数据专业人士中的十大数据科学技能如下。

技术——管理结构化数据(91%)

统计——沟通(85%)

统计——数据挖掘和可视化工具(76%)

商业——产品设计(75%)

数学 & 建模——数学(75%)

统计——数据管理(75%)

商业——项目管理(74%)

编程——数据库管理(73%)

编程——后端编程(70%)

编程——系统管理(65%)

只与开发者相关的技能是技术和编程。这些重要的技能包括后端编程、系统管理以及数据库管理。虽然这些数据专业人员具备这些技能,但是他们中只有少数人拥有那些在大数据世界中很重要的,更加技术化、更加依赖编程的技能。例如,少于一半人掌握云管理(42%),大数据和分布式数据(48%)和 NLP 以及文本挖掘(42%)。思考这些百分比是否会随着更多数据科学项目的毕业生开始就业而上升。

(3) 创意人员:那些认为自己是创意工作者(尤其是艺术家和黑客)的数据专业人士中的十大数据科学技能如下。

统计——沟通(87%)

技术——处理结构化数据(79%)

商业——项目管理(77%)

统计——数据挖掘和可视化工具(77%)

数学 & 建模——数学(75%)

商业——产品设计和开发(68%)

统计——科学/科学方法(68%)

统计——数据管理(67%)

统计——统计学和统计建模(63%)

商业——商业开发(58%)

这里并没有只针对创意人员的重要技能。事实上,他们的重要数据科学技能列表与那些研究者紧密匹配,10 项中有 8 项一致。

(4) 研究人员:那些认为自己是研究工作者(尤其是研究员、科学家和统计学家)的数据专业人士中的十大数据科学技能如下。

统计——沟通(90%)

统计——数据挖掘和可视化工具(81%)

数学 & 建模——数学(80%)

统计——科学/科学方法(78%)

统计——统计学和统计建模(75%)

技术——处理结构化数据(73%)

统计——数据管理(69%)

商业——项目管理(68%)

技术——机器学习(58%)

数学——最优化(56%)

研究人员的重要数据科学技能主要在统计领域。另外,只在研究工作者上体现的重要数据科学技能是高度定量性质,包括机器学习和最优化。

11.4.4 职业角色的重要技能

上述研究所列举的重要数据科学技能取决于你正在考虑成为哪种类型的数据科学家。虽然一些技能看起来在不同专业人士间通用(尤其是沟通、处理结构化数据、数学、项目管理、数据挖掘和可视化工具、数据管理,以及产品设计和开发),但是其他数据科学技能对特定领域也有独特之处。开发人员的重要技能包含编程技能,研究人员则包含数学相关的技能,当然商业经理的重要技能包含商业相关的技能。

这些结果对数据专业人员感兴趣的领域和他们的招聘者及组织都有影响。数据专业人员可以使用结果来了解不同类型工作需要具备的技能种类。如果你有较强的统计能力,可能会寻找一个有较强研究成分的工作。了解你的技能并找那些对应的工作。

【延伸阅读】

基于技能的改善数据科学实践的方法

在当今的大数据时代,利用数据科学理论进行数据分析起着越来越重要的作用。探讨不同数据技巧类型和熟练程度对相关项目有着怎样的影响也开始具有重要意义。近日,AnalyticsWeek 的首席研究员、Bussiness Over Broadway 的总裁 Bob Hayes 博士就公开了研究数据分析项目成功所必需技能的相关结果。Bob 所指出的基于技能的数据科学驱动力矩阵方法,可以指出最能改善数据科学实践的若干技能。

数据技能的熟练程度

首先,Bob 在 AnalyticsWeek 的研究中包含很多向数据专家提出的,有关技能、工作角色和教育水平等有关的问题调查。该调查过程针对 5 个技能领域(包括商业、技术、编程、数学和建模以及统计)的 25 个数据技能进行,将其熟练程度划分为 6 个等级:不知道(0 分)、略知(20 分)、新手(40 分)、熟练(60 分)、非常熟练(80 分)和专家(100 分)。这些不同的等级就代表了数据专家给予帮助或需要接受帮助的能力水平。其中,"熟练"表示刚好可以成功完成相关任务,为某个数据技能所能接受的最小等级;"熟练"以下的等级表示完成任务还需要帮助,等级越低需要的帮助越多;而"熟练"以上的等级则表示给予别人帮助的能力,等级越高给予的帮助可以更多。

Bob 列出了 4 种不同工作角色对于 25 种不同数据技能的熟练程度。从图 11-10 可以看出,不同领域的专家对其领域内技能的掌握更加熟练。

然而,即使是数据专家对于某些技能的掌握程度也达不到"熟练"。例如,图 11-10 中浅色区域都在 60 分以下。这些技能包括非结构化数据、NLP、机器学习、大数据和分布式数据、云管理、前端编程、优化、概率图模型以及算法和贝叶斯统计。而且,针对以下 9 种技能,只有一种类型的专家能够达到熟练程度——产品设计、商业开发、预算编制、数据库

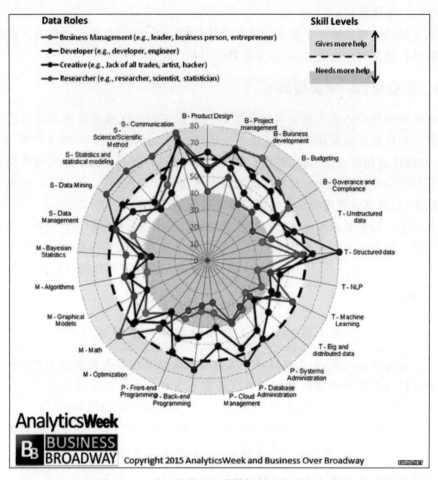

图 11-10　基于技能的改善数据科学实践的方法

管理、后端编程、数据管理、数学、统计/统计建模以及科学/科学方法。

并非所有的数据技能都同等重要

接下来,Bob 继续探讨了不同数据技能的重要性。为此,AnalyticsWeek 的研究调查了不同数据专家对其分析项目结果的满意程度(也表示项目的成功程度):从 0 分到 10 分,其中 0 分表示极度不满意,10 分表示极度满意。

对于每一种数据技能,Bob 都将数据专家的熟练程度和项目的满意度进行了关联。针对 4 种工作角色(商业管理者、研究者、开发人员、创新人员)的技能关联情况可以看出,商业管理者和研究者的数据技能和项目结果的满意关联度最高(平均 $r=0.30$),而开发人员和创新人员的关联度只有 0.18。此外,4 种工作角色中不同数据技能之间的平均关联度只有 0.01,表明对于一种数据专家是必需的数据技能对于其他数据专家未必是必需的。

数据科学驱动力矩阵:图形化结果

基于熟练程度和关联度的结果,Bob 绘出了数据科学驱动力矩阵(Data Science

Driver Matrix, DSDM) 的示意图 (图 11-11)。其中, X 轴代表所有数据技能的熟练程度, Y 轴代表技能与项目结果的关联度, 而原点则分别对于熟练程度的 60 分和关联度的 0.30。

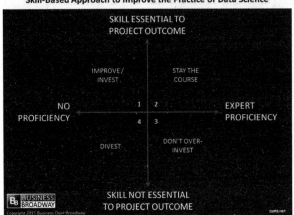

图 11-11　数据科学驱动力矩阵

在 DSDM 中, 每一种数据技能都会落在一个象限中。由此, 这种技能所代表的含义也就不同。

象限 1 (左上): 该区域内的技能对于项目结果非常重要, 但熟练程度却不高, 那么, 通过聘请掌握相关技能的数据专家或者加强相关技能的员工培训, 项目就可以取得很好的改进。

象限 2 (右上): 该区域内的技能对于项目结果非常重要, 而掌握的熟练程度也不低。

象限 3 (右下): 该区域内的技能对于项目结果而言为非必需, 但掌握的熟练程度较高。因此, 需要避免在这些技能上的过度投入。

象限 4 (左下): 该区域内的技能对于项目结果而言为非必需, 掌握的熟练程度也不高。但是, 仍然没有必要加强对这些技能的投入。

对于不同数据角色的 DSDM

Bob 针对商业管理者、研究者、开发人员和创新人员 4 种角色分别创建了 DSDM, 并主要关注落在第一象限的技能。

商业管理者 (图 11-12): 对于商业管理者而言, 第一象限中的技能包括统计学/统计建模、数据挖掘、科学/科学方法、大数据和分布式数据、机器学习、贝叶斯统计、优化、非结构化数据、结构化数据以及算法。而没有任何技能落在第二象限。

开发人员 (图 11-13): 对于开发人员, 只有系统管理和数据挖掘两种技能落在第一象限。绝大部分技能都落在第四象限。

创新人员 (图 11-14): 对于创新人员, 共有数学、数据挖掘、商业开发、概率图模型和优化等 5 种技能落在第一象限, 而绝大部分技能都落在第四象限。

研究者 (图 11-15): 对于研究者, 共有算法、大数据和分布式数据、数据管理、产品设计及其学习和贝叶斯统计等 5 种技能落在第一象限, 而落在第二象限的技能却很少。

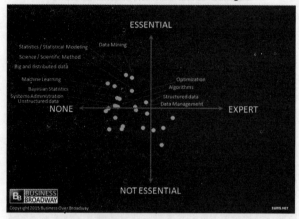

图 11-12　商业管理者的 DSDM

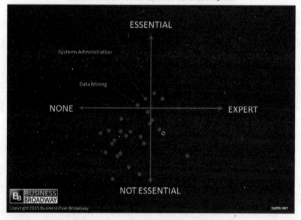

图 11-13　开发人员的 DSDM

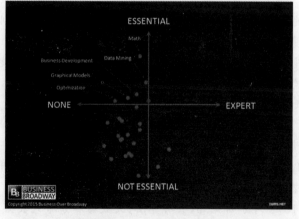

图 11-14　创新人员的 DSDM

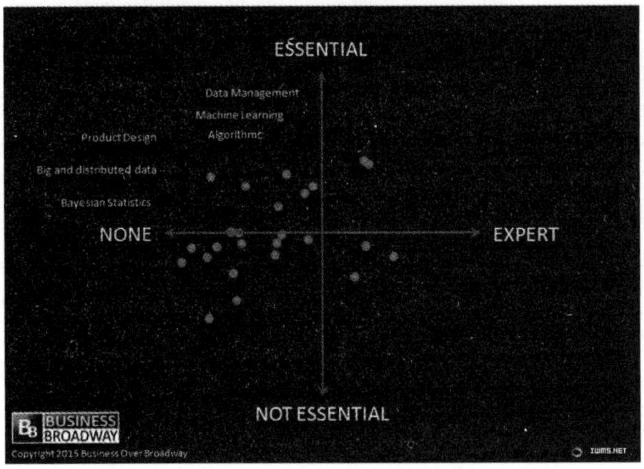

图 11-15　研究者的 DSDM

结论

从以上的研究中，Bob 得到以下结论。

无论是对于哪个领域的专家，数据挖掘对于项目结果都十分重要。

商业管理者和研究者可以通过改善数据技能来增加数据分析项目的满意度。

某些特殊的数据技能对于一些分析项目的结果非常重要。

除此之外，Bob 还提出团队合作对于项目成功也有着非凡的意义。

资料来源：36 大数据

【实验与思考】

了解数据科学，熟悉数据科学家

1．实验目的

（1）了解新兴学科——数据科学——的基础知识和主要内容；

（2）熟悉数据分析生命周期模型；

（3）熟悉数据科学家的技能要求、素质要求、知识结构和培养途径。

2．工具/准备工作

在开始本实验之前，请认真阅读课程的相关内容。

需要准备一台带有浏览器，能够访问因特网的计算机。

3．实验内容与步骤

（1）请结合查阅相关文献资料，为"数据科学"给出一个权威性的定义。

答：＿＿＿＿＿＿＿＿＿＿＿＿＿＿＿＿＿＿＿＿＿＿＿＿＿＿＿＿

这个定义的来源是：＿＿＿＿＿＿＿＿＿＿＿＿＿＿＿＿＿＿＿＿＿＿＿

（2）请结合查阅相关文献资料，简述什么是"数据分析生命周期模型"。

答：＿＿＿＿＿＿＿＿＿＿＿＿＿＿＿＿＿＿＿＿＿＿＿＿＿＿＿＿＿＿＿＿

＿＿＿＿＿＿＿＿＿＿＿＿＿＿＿＿＿＿＿＿＿＿＿＿＿＿＿＿＿＿＿＿＿＿

＿＿＿＿＿＿＿＿＿＿＿＿＿＿＿＿＿＿＿＿＿＿＿＿＿＿＿＿＿＿＿＿＿＿

（3）请结合查阅相关文献资料，结合你的认识，为"数据科学家"提出一个定义。

答：＿＿＿＿＿＿＿＿＿＿＿＿＿＿＿＿＿＿＿＿＿＿＿＿＿＿＿＿＿＿＿＿

＿＿＿＿＿＿＿＿＿＿＿＿＿＿＿＿＿＿＿＿＿＿＿＿＿＿＿＿＿＿＿＿＿＿

＿＿＿＿＿＿＿＿＿＿＿＿＿＿＿＿＿＿＿＿＿＿＿＿＿＿＿＿＿＿＿＿＿＿

（4）请结合查阅相关文献资料，简述数据科学家需要具备的技能。

答：＿＿＿＿＿＿＿＿＿＿＿＿＿＿＿＿＿＿＿＿＿＿＿＿＿＿＿＿＿＿＿＿

＿＿＿＿＿＿＿＿＿＿＿＿＿＿＿＿＿＿＿＿＿＿＿＿＿＿＿＿＿＿＿＿＿＿

＿＿＿＿＿＿＿＿＿＿＿＿＿＿＿＿＿＿＿＿＿＿＿＿＿＿＿＿＿＿＿＿＿＿

（5）请结合查阅相关文献资料，简述数据科学家需要具备的素质。

答：＿＿＿＿＿＿＿＿＿＿＿＿＿＿＿＿＿＿＿＿＿＿＿＿＿＿＿＿＿＿＿＿

＿＿＿＿＿＿＿＿＿＿＿＿＿＿＿＿＿＿＿＿＿＿＿＿＿＿＿＿＿＿＿＿＿＿

＿＿＿＿＿＿＿＿＿＿＿＿＿＿＿＿＿＿＿＿＿＿＿＿＿＿＿＿＿＿＿＿＿＿

（6）数据科学技能自我评估。

请记录，你认为自己更接近于下列哪种职业角色？

☐ 商业经理　　　☐ 开发人员　　　☐ 创意人员　　　☐ 研究人员

参考表 11-2，根据表 11-3 所列举的 25 项数据科学技能，客观地给自己做一个评估，使用这样的量表：不知道、略知、新手、熟练、非常熟练和专家。请在表 11-3 的对应栏目中合适的项下打"√"。

表 11-3　数据科学中 25 项技能自我评估

技能领域	技能详情	评估结果					
		专家	非常熟练	熟练	新手	略知	不知道
商业	1. 产品设计和开发						
	2. 项目管理						
	3. 商业开发						
	4. 预算						
	5. 管理和兼容性						

技能领域	技能详情	评估结果					
		专家	非常熟练	熟练	新手	略知	不知道
技术	6. 处理非结构化数据						
	7. 管理结构化数据						
	8. 自然语言处理(NLP)和文本挖掘						
	9. 机器学习						
	10. 大数据和分布式数据						
数学 & 建模	11. 最优化						
	12. 数学						
	13. 图模型						
	14. 算法和仿真						
	15. 贝叶斯统计						
编程	16. 系统管理和设计						
	17. 数据库管理						
	18. 云管理						
	19. 后端编程						
	20. 前端编程						
统计	21. 数据管理						
	22. 数据挖掘和可视化工具						
	23. 统计学和统计建模						
	24. 科学/科学方法						
	25. 沟通						

说明：不知道(0)，略知(20)，新手(40)，熟悉(60)，非常熟悉(80)，专家(100)。你的评估总分是：＿＿＿＿分。

4. 实验总结

＿＿＿＿＿＿＿＿＿＿＿＿＿＿＿＿＿＿＿＿＿＿＿＿＿＿＿＿＿＿＿＿＿＿＿＿＿＿

＿＿＿＿＿＿＿＿＿＿＿＿＿＿＿＿＿＿＿＿＿＿＿＿＿＿＿＿＿＿＿＿＿＿＿＿＿＿

5. 实验评价（教师）

＿＿＿＿＿＿＿＿＿＿＿＿＿＿＿＿＿＿＿＿＿＿＿＿＿＿＿＿＿＿＿＿＿＿＿＿＿＿

＿＿＿＿＿＿＿＿＿＿＿＿＿＿＿＿＿＿＿＿＿＿＿＿＿＿＿＿＿＿＿＿＿＿＿＿＿＿

大数据的未来

【导读案例】

拥有原创数据的优势

COOKPAD是日本最大的食谱分享网站(图12-1),食谱总数超过40万道,从西式到中式,从前菜到汤、主菜、甜点,连情人节巧克力、日本菜全部都有。COOKPAD的月用户超过1500万人。ID's在日本全国拥有33家连锁超市客户,为零售连锁业提供忠诚度计划。这两家企业于2011年12月发表了合作计划。

两家公司对光临其合作伙伴——全国7家超市连锁的"购物卡"会员,与经常使用COOKPAD的ID会员进行关联,运用搜索和购买记录数据来开展营销活动。具体来说,顾客用购物卡的ID在COOKPAD上登录时,就可以查看到其在超市中购买的食材,COOKPAD可以根据食材向顾客推荐合适的菜谱。对于超市方面来说,通过获取菜谱的搜索数据,也可以得到相应的好处,如了解顾客购买食材的目的,结合个人喜好来发放优惠券,改善商品的陈列等。两家公司的合作不仅限于相互共享数据,还给人们带来更多的启示。从COOKPAD身上值得学习的一点,就是其拥有其他公司所没有的原创数据这一优势。

一直以来,COOKPAD都在分析用户在搜索菜谱时所输入的海量搜索日志,根据分析结果向食品厂商等企业提供"吃与看"服务。原因在于搜索日志可以看成是表现消费者对食材潜在需求的宝贵市场数据。也就是说,COOKPAD在将自己公司所拥有的核心数据出售给其他公司这一点上,已经对数据运用战略进行了实践。

使用"吃与看"服务的客户,当输入一些食材如"火锅"时,就可以得到一些分析结果,如经常与哪些食材(白菜、卷心菜、鳕鱼、猪肉、鸡肉等)一起搜索,在几月份被搜索的次数最多,首都圈和关西地区在搜索趋势上有无差异等。根据这些数据,食品厂商就可以开发新产品,流通零售业者则可以参考消费者的习惯来组织卖场。

例如,某食品厂商的咖喱块商品企划部门,每月对与"咖喱"一起搜索的食材进行分析,发现了最经常被搜索的食材是"肉末"。根据这一结果,他们将咖喱块与肉末组合的菜谱印在了商品的宣传单上。

而COOKPAD运营着日本最大的美食菜谱网站,充分掌握了消费者对于食材的潜在需求,在这一点上,其他公司是无法追赶的。无论是与ID's的合作,还是其所提供的"吃与看"服务,都将只有COOKPAD才具备的原创数据的优势发挥到了最大限度。该公司的战略对其他行业也具有很大的参考价值。

图 12-1　日本最大的食谱分享网站 COOKPAD

阅读上文,请思考、分析并简单记录:

(1) COOKPAD 是什么类型的网站?它的行业优势是什么?ID's 是什么类型的网站?它的行业优势是什么?

答:_____

（2）COOKPAD 与 ID's 是如何在大数据应用上开展合作的？

答：＿＿＿＿＿＿＿＿＿＿＿＿＿＿＿＿＿＿＿＿＿＿＿＿＿＿＿＿＿＿＿＿

＿＿＿＿＿＿＿＿＿＿＿＿＿＿＿＿＿＿＿＿＿＿＿＿＿＿＿＿＿＿＿＿＿＿＿＿

＿＿＿＿＿＿＿＿＿＿＿＿＿＿＿＿＿＿＿＿＿＿＿＿＿＿＿＿＿＿＿＿＿＿＿＿

（3）什么是"忠诚度计划"？请简述。

答：＿＿＿＿＿＿＿＿＿＿＿＿＿＿＿＿＿＿＿＿＿＿＿＿＿＿＿＿＿＿＿＿

＿＿＿＿＿＿＿＿＿＿＿＿＿＿＿＿＿＿＿＿＿＿＿＿＿＿＿＿＿＿＿＿＿＿＿＿

＿＿＿＿＿＿＿＿＿＿＿＿＿＿＿＿＿＿＿＿＿＿＿＿＿＿＿＿＿＿＿＿＿＿＿＿

＿＿＿＿＿＿＿＿＿＿＿＿＿＿＿＿＿＿＿＿＿＿＿＿＿＿＿＿＿＿＿＿＿＿＿＿

（4）请简单描述你所知道的上一周发生的国际、国内或者身边的大事。

答：＿＿＿＿＿＿＿＿＿＿＿＿＿＿＿＿＿＿＿＿＿＿＿＿＿＿＿＿＿＿＿＿

＿＿＿＿＿＿＿＿＿＿＿＿＿＿＿＿＿＿＿＿＿＿＿＿＿＿＿＿＿＿＿＿＿＿＿＿

＿＿＿＿＿＿＿＿＿＿＿＿＿＿＿＿＿＿＿＿＿＿＿＿＿＿＿＿＿＿＿＿＿＿＿＿

＿＿＿＿＿＿＿＿＿＿＿＿＿＿＿＿＿＿＿＿＿＿＿＿＿＿＿＿＿＿＿＿＿＿＿＿

＿＿＿＿＿＿＿＿＿＿＿＿＿＿＿＿＿＿＿＿＿＿＿＿＿＿＿＿＿＿＿＿＿＿＿＿

12.1 消费者的隐私权

要在业务中对大数据进行运用，就不可避免地会遇到隐私问题。对 Web 上的用户个人信息、行为记录等进行收集，在未经用户许可的情况下将数据转让给广告商等第三方，这样的经营者现在并不少见，因此各国都围绕着 Web 上行为记录的收集展开了激烈的讨论与立法。

涉及个人信息及个人相关信息的经营者，需要在确定使用目的的基础上事先征得用户同意，并在使用目的发生变化时，以易懂的形式进行告知，这种对透明度的确保今后应该会愈发受到重视。

2010 年 12 月，美国商务部发表了一份题为"互联网经济中的商业数据隐私与创新：动态政策框架"的长达 88 页的报告。在这份报告中指出，为了对线上个人信息的收集进行规范，需要出台一部"隐私权法案"，在隐私问题上对国内外的相关利益方进行协调。

受这份报告的影响，2012 年 2 月 23 日，"消费者隐私权法案"正式颁布。这项法案中，对消费者的权利进行了如下具体的规定。

（1）个人控制：对于企业可收集哪些个人数据，并如何使用这些数据，消费者拥有控制权。

对于消费者和他人共享的个人数据,以及企业如何收集、使用、披露这些个人数据,企业必须向消费者提供适当的控制手段。为了能够让消费者做出选择,企业需要提供一个可反映企业收集、使用、披露个人数据的规模、范围、敏感性,并可由消费者进行访问且易于使用的机制。

例如,通过收集搜索引擎的使用记录、广告的浏览记录、社交网络的使用记录等数据,就有可能生成包含个人敏感信息的档案。因此,企业需要提供一种简单且醒目的形式,使得消费者能够对个人数据的使用和公开范围进行精细的控制。

此外,企业还必须提供同样的手段,使得消费者能够撤销曾经承诺的许可,或者对承诺的范围进行限定。

(2)透明度:对于隐私权及安全机制的相关信息,消费者拥有知情、访问的权利。

前者的价值在于加深消费者对隐私风险的认识并让风险变得可控。为此,对于所收集的个人数据及其必要性、使用目的、预计删除日期、是否与第三方共享以及共享的目的,企业必须向消费者进行明确的说明。

此外,企业还必须以在消费者实际使用的终端上容易阅读的形式提供关于隐私政策的告知。特别是在移动终端上,由于屏幕尺寸较小,要全文阅读隐私政策几乎是不可能的。因此,必须要考虑到移动终端的特点,采取改变显示尺寸、重点提示移动平台特有的隐私风险等方式,对最重要的信息予以显示。

(3)尊重背景:消费者有权期望企业按照与自己提供数据时的背景相符的形式对个人信息进行收集、使用和披露。

这要求企业在收集个人数据时必须有特定的目的,企业对个人数据的使用必须仅限于该特定目的的范畴,即基于FIPP(公平信息行为原则)的声明。

从基本原则上说,企业在使用个人数据时,应当仅限于与消费者披露个人数据时的背景相符的目的。另一方面,也应该考虑到,在某些情况下,对个人数据的使用和披露可能与当初收集数据时所设想的目的不同,而这可能成为为消费者带来恩惠的创新之源。在这样的情况下,必须用比最开始收集数据时更加透明、醒目的方式来将新的目的告知消费者,并由消费者来选择是允许还是拒绝。

(4)安全:消费者有权要求个人数据得到安全保障且负责任地被使用。

企业必须对个人数据相关的隐私及安全风险进行评估,并对数据遗失、非法访问和使用、损坏、篡改、不合适的披露等风险维持可控、合理的防御手段。

(5)访问与准确性:当出于数据敏感性的因素,或者当数据的不准确可能对消费者带来不良影响的风险时,消费者有权以适当的方式对数据进行访问,以及提出修正、删除、限制使用等要求。

企业在确定消费者对数据的访问、修正、删除等手段时,需要考虑所收集的个人数据的规模、范围、敏感性,以及对消费者造成经济上、物理上损害的可能性等。

(6)限定范围收集:对于企业所收集和持有的个人数据,消费者有权设置合理限制。

企业必须遵循第三条"尊重背景"的原则,在目的明确的前提下对必需的个人数据进行收集。此外,除非需要履行法律义务,否则当不再需要时,必须对个人数据进行安全销毁,或者对这些数据进行身份不可识别处理。

（7）说明责任：消费者有权将个人数据交给为遵守"消费者隐私权法案"具备适当保障措施的企业。

企业必须保证员工遵守这些原则，为此，必须根据上述原则对涉及个人数据的员工进行培训，并定期评估执行情况。在有必要的情况下，还必须进行审计。

在上述 7 项权利中，对于准备运用大数据的经营者来说，第三条"尊重背景"是尤为重要的一条。例如，如果将在线广告商以更个性化的广告投放为目的收集的个人数据，用于招聘、信用调查、保险资格审查等目的的话，就会产生问题。

此外，Facebook 等社交网络服务中的个人档案和活动等信息，如果用于 Facebook 自身的服务改善以及新服务的开发是没有问题的。但是，如果要对第三方提供这些信息，则必须以醒目易懂的形式对用户进行告知，并让用户有权拒绝向第三方披露信息。

12.2　连接开放数据

"Raw DATA Now!"（马上给我原始数据！）

在 2009 年 2 月美国加利福尼亚州长滩市举行的 TED（Technology Entertainment Design）大会上，曾提出万维网方案、被誉为"WWW 之父"的英国计算机科学家蒂姆·伯纳斯－李（Tim Berners-Lee，1955—　）爵士，面对会场中众多的听众，喊出了上面的这句话。

12.2.1　LOD 运动

"WWW 之父"蒂姆·伯纳斯-李爵士所提出的，将数据公开并连接起来，以对社会产生巨大价值为目的进行共享的主张，被称为 LOD（Linked Open Data，连接开放数据，图 12-2）。LOD 倡导将国家及地方政府等公职机构所拥有的统计数据、地理信息数据、生命科学等科学数据开放出来（Open Data），并相互连接（Link），以为社会整体带来巨大价值为目的进行共享。LOD 与倡导积极公开政府信息及公民参与行政的"政府公开"运动紧密相连，正不断地在世界各国政府中推广开来。

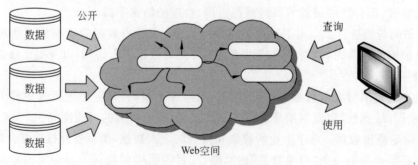

- 利用Web技术将开放数据(Open Data)进行公开和链接(Link)的机制
- 将Web空间作为巨大的数据库，可供查询和使用

图 12-2　LOD 的概念

针对政府机构抱着数据不放而拒绝公开的状况，蒂姆·伯纳斯-李强烈呼吁："请把未经任何加工的原始数据交给我们。我们想要的正是这些数据。希望公开原始数据。"

随即，他在演讲中继续谈道："从工作到娱乐，数据存在于人们生活的各个角落。然而，数据产生地的数量并不重要，更重要的是将数据连接起来。通过将数据相互连接，就可以获得在传统文档网络中所无法获得的力量。这其中会产生出巨大的力量。如果你们认为这个构想很不错，那么现在正是开始行动的时候了。"

所谓"传统文档网络中所无法获得的"，意思是说，传统的 Web 是以人类参与为前提的，而通过计算机进行自动化信息处理还相对落后。例如，HTML 中所描述的信息，对人类是容易理解的，但对于计算机来说，处理起来就比较费力。LOD 的前提是，利用 Web 的现有架构，采用计算机容易处理的机器可读格式来进行信息的共享。

蒂姆·伯纳斯-李的设想是，"如果任何数据都可以在 Web 上公开，人们便可以使用这些数据实现过去所未曾想象过的壮举"。

在 2010 年举办的"TED 大学"中，蒂姆·伯纳斯-李以"'Raw DATA Now！'的呼吁已经传达给全世界的人"为题，介绍了一些实例。

例如，英国政府成员 Paul Clark 在政府开设的博客中写道：

"我们有自行车事故发生地点的原始统计数据。"

随后，仅过了两天，英国报纸《泰晤士报》（创办于 1785 年的世界上最古老的报纸）就在其在线版 *Times Online* 上，利用这些原始数据和地图数据相结合开发了相应的服务并公开发布。

2010 年 1 月，在海地共和国发生里氏 7 级大地震之际，"Raw DATA Now！"的精神也得以发扬。利用世界最大的商用卫星图像供应商 GeoEye 公司公开的高分辨率卫星图像，全世界的志愿者用 OpenStreetMap（OSM，一个可以自由使用、带有编辑功能的协作型世界地图制作项目。可以理解为维基百科的地图版）制作了标明难民营路线的详细地图。

12.2.2　对政府公开的影响

促进人们公开所拥有的数据，并将它们连接起来，从而对社会整体产生巨大价值的 LOD 运动，渐渐开始对政府公开（Open Government）产生影响。所谓政府公开，就是利用互联网的交互性，促进政府信息的积极公开以及公民对行政的参与。

奥巴马总统就任后，美国联邦政府在 2009 年 1 月发表的总统备忘录中，提出"透明公开的政府"，以 Transparency（透明度）、Participation（公民参与）、Collaboration（政府间合作及官民合作）为基本的三个原则，要求各政府机关建立透明、开放、和谐的政府形象。在这三个原则中，作为 Transparency（透明度）的具体实现，就是建立了一个向公民提供国情、环境、经济状况等联邦政府机关所拥有的各种数据的网站 Data.gov。

Data.gov 基于"政府数据是公民资产"这一思路，将联邦政府机关拥有的原始数据（Raw Data Catalog）以目录形式公开提供。2009 年 5 月刚开始时只有 47 组数据，而到 2012 年 5 月其公开的数据量已经扩大到约 39 万组。

从所提供的数据数量上可以看出，Data.gov 的特征在于其公开了跨政府部门的非常多种多样的数据(截至 2012 年 5 月,共有 172 个政府机关公开了数据)。例如,交通部公开了对主要航空公司国内航线到达准点率的统计数据 Airline On-Time Performance and Causes of Flight Delays(航空公司准点率和晚点原因),其中包括起飞机场、到达机场、计划起飞时间、实际起飞时间、计划到达时间、实际到达时间、航班名称、进入跑道时间、飞行时间等详细数据。

此外,美国国防部也公开了陆军、海军、空军等各军队的人员构成数据,如人种(白人、黑人、亚洲人、美国印第安人、夏威夷原住民等)、性别等,自公开以来在下载总数排行榜上排名第 6 位,是最受欢迎的数据之一。

公开的数据还包括美国联邦政府以宣言形式约定要执行的措施的进展情况,例如,根据"联邦政府到 2015 年计划将运行中的数据中心数量削减 40%"这一约定,数据中心的关闭情况等数据也进行了公开。

普通公民和组织都可以下载这些公开的数据,并自由地进行加工、分析。因此,Data.gov 中并不只有数据,还公开了一些民间开发的应用程序。

美国政府将其所拥有的数据中能够公开的部分积极进行公开,作为其平台的 Data.gov 不仅服务于国内,还有很多来自国外的访问。根据 2011 年 11 月的统计,来自邻国加拿大的访问量达 2155 次居首位,日本以微弱的差距排名第 2(2027 次),第 3 位是印度(1987 次),接下来分别是英国、德国、俄罗斯联邦和法国(图 12-3)。可以看出,日本对这些数据也表现出了浓厚的兴趣。

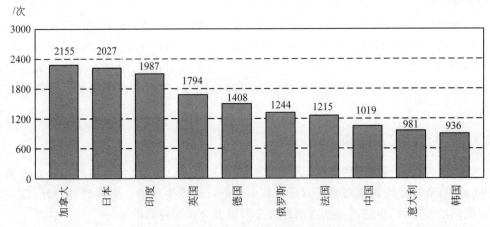

图 12-3 Data.gov 来自国外的访问量(前 10 位)

英国政府也从 2010 年 1 月起开始在 Data.gov.uk 上公开政府所拥有的数据。Data.gov.uk 是由 LOD 的发起人蒂姆·伯纳斯-李亲自监督的项目,公民可以对犯罪、交通、教育等政府拥有的数据(不包括个人数据)进行访问。该项目一开始就公开了约 2500 组大量的数据,到 2012 年 5 月时其数量超过了 8400 组,项目开始后的两年间增加了三倍多。

与此同时,对这些数据进行运用的应用程序也正在开发。例如,可查询 1995 年起至今的住宅价格记录的 Our Property,通过智能手机在地图上显示最近药房的 UK Pharmacy,报告道路上的坑洞和危险的 Fin That Hole 等,现在已经公开了约 200 个整合型应用程序。

12.2.3　利用开放数据的创业型公司

The Climate Corporation 公司的业务是向农民销售综合气候保险。所谓综合气候保险,就是农民为了预防恶劣气候所造成的农作物减产而购买的一种保险。该公司通过美国农业部公开的过去 60 年的农作物收获量数据,与数据量达到 14TB 的以两平方英里(约合 5.2km^2)为单位进行统计的土壤数据,以及政府在全国 100 万个地点安装的多普勒雷达所扫描的气候信息相结合,对玉米、大豆、冬小麦的收获量进行预测。

所有这些数据都是可以免费获取的,因此是否能够从这些数据中催生出有魅力的商品和服务才是关键。该公司的两位创始人都来自 Google,其中一位曾负责过分布式计算。此外,该公司 60 名员工中,有 12 名拥有环境科学和应用数据方面的博士学位,聚集了一大批能够用数据来解决现实问题的人才。

此外,该公司还自称“世界上屈指可数的 MapReduce 驾驭者”,他们是利用亚马逊的云计算服务来处理政府所公开的庞大数据的。

有用的数据、具备高超技术的人才,再加上能够廉价完成庞大数据处理的计算环境,该公司将这些条件结合起来,对土壤、水体、气温等条件对农作物收成产生的影响进行分析,从而催生出了气候保险这一商品。该公司的 CEO David Friedberg 先生,面对《纽约时报》关于今后业务扩大方面的提问,给出了这样的回答:

“只要能够长期获取高质量的数据,无论是加拿大还是巴西,在任何地方都能够提供我们的服务。不过,就目前来看,我们认为在其他国家还不能够免费获取像美国政府所提供的这样高品质的数据。”

12.3　数据市场的兴起

在国家、地方政府等公职机关不断努力强化开放数据的同时,民间组织为了促进数据的顺利流通,也设立了数据的交易场所——数据市场(Data Marketplace,图 12-4)。所谓数据市场,就是将人口统计、环境、金融、零售、天气、体育等数据集中到一起,使其能够进行交易的机制。换句话说,就是数据的一站式商店。

图 12-4　数据市场

目前在美国,除了 Factual、Infochimps 等创业型企业运营的数据市场之外,还有微软的 Windows Azure Marketplace、亚马逊的 Public Data Sets on AWS 等由大型厂商所运营的市场。

数据市场的基本功能包括收费、认证、数据格式管理、服务管理等,在所涉猎的数据对象、数据丰富程度、收费模式、数据模型、查询语言、数据工具等方面则各有不同。

12.3.1　Factual

Factual 所提供的数据主要是世界各国的位置信息(如中国的某省某市某商店的地址等)。除此之外,还提供了其他一些种类丰富的数据,如"星巴克含 2‰ 牛奶的大杯饮料的营养成分数据",以及迈克尔·杰克逊(Michael Jackson)、帕丽斯·希尔顿(Paris Hilton)、约翰尼·德普(Johnny Depp)等名人的身高、体重等娱乐圈数据。

其数据集的来源主要是网络抓取或者是网络社区的赠予。目前公开的数据集约有 50 万组,可以通过 REST API 或者直接下载的方式来使用。以 API 调用的方式来使用基本是免费的,但在需要 SLA(服务品质协议)以及对性能有一定要求的情况下,需要根据用量来收费。

Factual 所提供的位置信息,被运用在 Facebook Places(英国)以及 Facebook spot(日本)的签到服务上。

12.3.2　Windows Azure Marketplace

这是由微软基于自家云计算服务 Windows Azure 和 SQL Azure Database 所提供的数据市场。

微软召集了一些提供数据集的发布者,但微软只是提供了一个数据交易的平台,而并不像 Factual 一样自己收集数据集。该服务的特点是,除了民间组织在这个平台上发布数据之外,Data.gov、联合国等公职机关也在上面发布数据。截至 2012 年 5 月,已公开的数据达到 120 种,其中包括"全球的气象数据(历史记录)"、"按邮政编码统计的美国环境危险度级别"、"欧洲温室气体排放量"、"全球企业信息"、"美国职棒大联盟(棒球)的球队和选手成绩(包括从过去一直到今天的比赛)"等。

数据是通过 OData 这个基于 Web 提供数据共享、操作的协议来统一提供的。微软的 Excel、Visual Studio、SharePoint、PowerPivot 等产品都支持 OData,因此可以将数据下载到 Visual Studio,然后用 C♯ 来开发应用程序。应用开发者也可以通过基于 REST 的 API 来访问这些数据。

数据分为免费和收费两种。收费数据是按月收费的,其中有些数据会限制 Web API 的调用次数,也有些数据没有这个限制(即可以随意使用)。API 调用次数是以事务为单位来进行设置的,根据事务数量的不同,费用也会发生变化。

12.3.3　Infochimps

美国最有名的数据市场当属 Infochimps。该公司堪称数据行业的 Amazon.com,其业务就是在 Web 上销售各种数据(Infochimps 的基础架构是使用亚马逊云计算服务亚马逊 EC2、亚马逊 S3 来运营的)。

Infochimps 尤其擅长提供 SNS 方面的数据集。例如,在表示推特用户信用度的 TrustRANK 中,并不仅仅是通过关注者(粉丝)的数量来评分的,而是采用了进一步计算每个关注者拥有多少关注者,从而决定评分的手法。

除此之外,Infochimps 还提供了各种各样丰富的 Twitter 统计数据,如各用户个人资料页面的背景色统计数据,按关注者数量对用户数进行分类统计的数据等。

除推特以外,Infochimps 还提供了其他多种数据。小到以好玩为目的的数据,如填字游戏中出现的 10 万多个单词的清单;大到能够运用在业务中的数据,如欧盟 2283 个 WLAN 热点、世界各国 IP 地址与地理数据(邮政编码、州、市、地区编码、维度、经度等)相结合而成的列表等,非常值得一看。

和微软的 Windows Azure Marketplace 一样,Infochimps 上也提供美国联邦政府的 Data. gov 和英国政府的 Data. gov. uk 中的数据,总计已公开的数据超过了 15 000 组。从全面性的角度来看,Infochimps 可以说是绝对的冠军。

Infochimps 所公开的数据大部分都是免费的,即便是收费的数据,只要 API 调用次数在每月 10 万次以内,每小时 2000 次以内,就可以免费使用。超过这一配额时,需要根据 API 调用次数每月支付费用(如 50 万次 20 美元,200 万次 250 美元等)。

Infochimps 会向数据出售方收取每次交易金额的 30% 作为手续费(因此,数据销售方可以分到交易金额的 70%),这些手续费就是 Infochimps 的收入来源。

12.3.4 Public Data Sets On AWS

Public Data Sets on AWS 是作为亚马逊云计算服务的一部分提供的一个公有数据集仓库。该服务提供包括 Ensenbl 计划的人类基因组数据、美国国情调查数据、美国国立生物技术信息中心(National Center of Biotechnology Information,NCBI)的 UniGene(遗传基因与数十万个表达序列标签(EST)所构成的转录组数据库)等。从公开的数据来看,并非是用于商业服务,而更像是面向科学家和研究者的数据库。

公开的数据是以用亚马逊的 EC2、S3 等云计算服务进行分析处理为前提的。数据本身是免费提供的,用户只要按照所使用的服务器和存储服务用量来付费即可。也就是说,需要支付的只是云计算服务的使用费而已。

利用数据存放在云端这一点,就可以很容易地与其他用户进行协作。例如,在进行数据分析时,可以利用事先构筑的服务器镜像。

12.3.5 不同的商业模式

各家运营数据市场的公司都没有确立一个明确的商业模式,不过这些公司都设计了各自不同的收益模型。例如,Factual 和 Infochimps 都试图建立依靠数据集本身来获得收益的商业模式,所提供的数据除了从合作伙伴企业征集外,自己也会通过网页抓取来收集。

另一方面,微软的 Windows Azure Marketplace 和亚马逊的 Public Data Sets on AWS 则不期望通过数据使用费本身来获得收益。由于这两家公司都是在各自运营的云计算平台上提供数据的,因此在云端工作的应用程序可以很容易地集成数据市场中的数据,从而提升了应用的价值,并通过收取云计算平台的使用费来获得收益。他们所提供的数据不是自己收集的,而是由合作伙伴企业提供的。

从数据市场的性质上看,其数据量必然随着时间的推移而不断增长。因此,作为支撑的基础架构必须拥有足够的可扩放性。当数据调用集中时,需要足够承受大量访问的可用性。微软和亚马逊通过运用云计算来平稳运营数据市场的服务,从结果上看,相当于展现了自身云计算平台的坚固性。

特别是微软,通过提供数据市场,也可以拉动 Office(Excel)、SharePoint、Visual Studio 等产品的销售额。正如苹果通过 iTunes 大幅提升 iPod 的销量一样,由于能够容易地导入和运用 Windows Azure Marketplace 中的数据,上述产品群的销售增长也很值得期待。

未来的发展趋势,应该是将 LOD(Linked Open Data)与数据市场的思路进行融合,从而确保数据市场之间的兼容性。

12.4　将原创数据变为增值数据

无论是与其他公司结成联盟,还是利用数据聚合商,如果自己的公司拥有原创数据的话,接下来就可以通过与其他公司的数据进行整合,来催生出新的附加价值,从而升华成为增值数据。这样能够产生相乘的放大效果,这也是大数据运用的真正价值之一。

选择什么公司的数据与自己公司的原创数据整合,这需要想象力。在自己公司内部认为已经没什么用的数据,对于其他公司来说,很可能就是求之不得的宝贝。例如,耐克提供了一款面向 iPhone 的慢跑应用 Nike＋GPS(图 12-5)。它可以通过使用 GPS 在地图

图 12-5　Nike＋GPS

上记录跑步的路线,将这些数据匿名化并进行统计,就可以找出跑步者最喜欢的路线。在体育用品店看来,这样的数据在讨论门店选址计划上是非常有效的。此外,在考虑具备淋浴、储物柜功能的收费休息区以及自动售货机的设置地点、售货品种时,这样的数据也是非常有用的。

　　对于拥有原创数据的企业和数据聚合商来说,不应该将目光局限在自己的行业中,而应该以更加开阔的视野来制定数据运用的战略。

12.5　大数据未来展望

　　大数据是继云计算、移动互联网之后,信息技术领域的又一大热门话题。根据预测,大数据将继续以每年 40％ 的速度持续增加(图 12-6),而大数据所带来的市场规模也将以每年翻一番的速度增长。有关大数据的话题也逐渐从讨论大数据相关的概念,转移到研究从业务和应用出发如何让大数据真正实现其所蕴含的价值。大数据无疑给众多的 IT 企业带来了新的成长机会,同时也带来了前所未有的挑战。

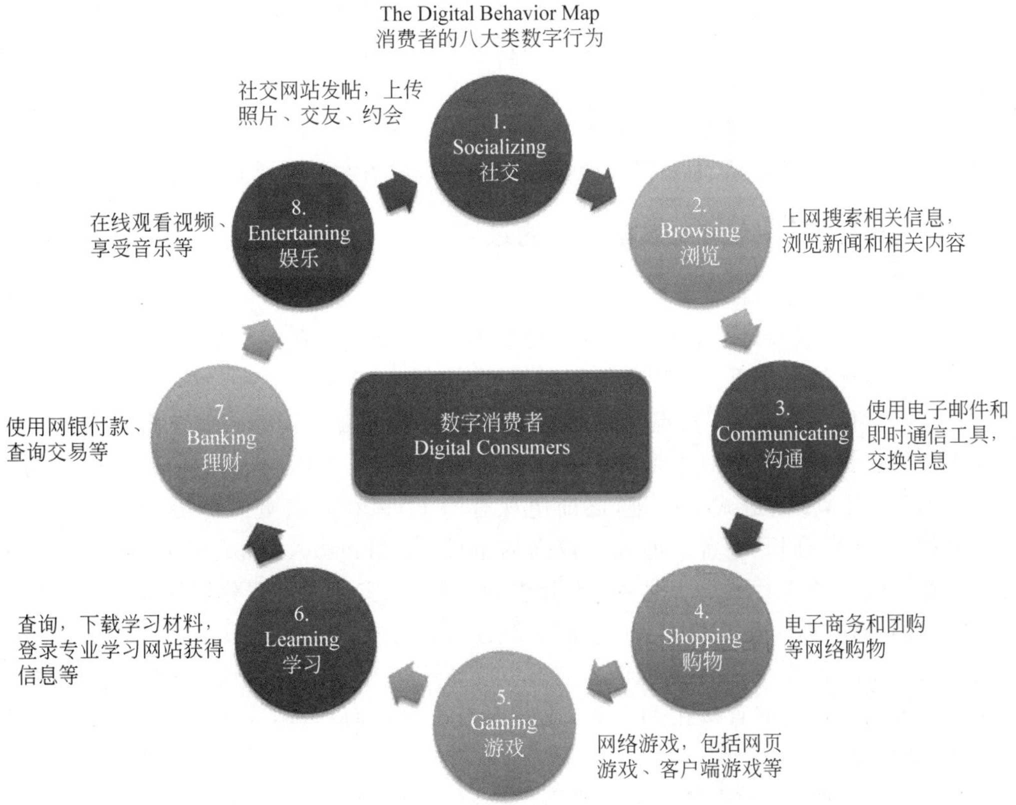

The Digital Behavior Map
消费者的八大类数字行为

社交网站发帖,上传照片、交友、约会
1. Socializing 社交
8. Entertaining 娱乐
在线观看视频、享受音乐等
Browsing 浏览 2.
上网搜索相关信息,浏览新闻和相关内容
使用网银付款、查询交易等
7. Banking 理财
数字消费者 Digital Consumers
3. Communicating 沟通
使用电子邮件和即时通信工具,交换信息
查询,下载学习材料,登录专业学习网站获得信息等
6. Learning 学习
4. Shopping 购物
电子商务和团购等网络购物
5. Gaming 游戏
网络游戏,包括网页游戏、客户端游戏等

图 12-6　消费者的数字行为

　　随着数据量的持续增大,学术界和工业界都在关注着大数据的发展,探索新的大数据技术、开发新的工具和服务,努力将"信息过载"转换成"信息优势"。大数据将跟移动计算

和云计算一起成为信息领域企业所"必须有"的竞争力。如何应对大数据所带来的挑战，如何抓住机会真正实现大数据的价值，将是未来信息领域持续关注的课题，并同时会带来信息领域里诸多方面的突破性发展。

12.5.1　大数据存储和管理

随着数据量的迅猛增加，如何有效地存储和管理不同来源、不同标准、不同结构、不同实时性要求的大数据已经成为信息领域的一大课题。

早期 IDC 的一项研究报告中就预测 2012 年到 2020 年，新增的存储总量将增长 8 倍，但是仍比 2020 年数字世界规模的四分之一还小。因此，在数字内容总量和有效数字存储空间之间就有了一个日益增大的缺口。虽然大数据的特点之一是价值稀疏，然而因为种种原因这些数据还是具有保留价值。因此采用什么样的存储技术和策略来解决大数据存储问题将是未来必须要解决的问题之一。

首先数据去重和数据压缩技术要有所突破。IDC 的数据表明将近 75％ 的数字世界是副本，也就是说只有 25％ 的数据是独一无二的。当然副本在很多情况下是必须存在的，例如，各种法律法规通常要求多个副本的存在，多副本也是提高系统可靠性的一种有效方法。即便如此，还是有很多由于副本而造成数据冗余。降低副本是提高存储效率和降低存储成本的一个首选领域。

另外，大数据对存储系统的可扩展性要求极高。一个好的大数据存储架构必须具备出色的横向可扩展能力，从而使得系统的存储力可以随着存储量需求的增加而线性增加。

12.5.2　传统 IT 系统到大数据系统的过渡

大数据的有用性毋庸置疑，问题的关键是如何能够开发出经济实用的大数据应用解决方案，使得用户能够利用手中掌握的各种数据，揭示数据中所存在的价值，从而带来在市场上的竞争优势。这里面使用大数据的代价和大数据可用性是尤为关键的两个问题。

首先是代价：如果为了实现大数据的价值，需要用户重新搭建一套从硬件到软件的全新 IT 系统，这样的代价对于多数客户来说都难以接受。更可行的方案是在现有的数据平台的基础上，做渐进式的改进，逐渐使现有的 IT 系统具备处理和分析大数据的能力。例如，在现有的 IT 平台上加入大数据的组件（如 Hadoop、MapReduce、R 等），在现有的商业智能的平台上引入一些大数据分析的工具，来实现大数据分析功能。要实现上述功能，现有的数据库系统和 Hadoop 的无缝连接将是非常关键的技术。使得现有的基于关系数据库的系统、工具和知识体系能够方便地迁移到 Hadoop 生态系统中，这就要求关系数据库的查询能够直接在 Hadoop 文件系统上进行而不是通过中间步骤（如外部表的方式）来实现。

其次是可用性：大数据的根本是要为用户带来新的价值，而通常这些用户是各个职能部门的业务人员而非数据科学家或 IT 专家，所以大数据分析的平民化尤为重要。大数据科研人员要和业务人员密切合作，借助可视化技术等，真正使大数据的应用做到直观、易用，为客户带来可操作的洞察和可度量的结果。同时，数据分析将更加趋于网络化。基于云计算的分析即服务，使得大数据分析不再局限于拥有昂贵的数据分析能力的大企业,中小企业甚至个人也可以通过购买数据分析服务的方式来开发大数据分析应用。

12.5.3　大数据分析

大数据中所蕴含的价值需要挖掘。而这种大海捞针的工作极富挑战性。数字世界是由各种类型的数据组成的,然而,绝大多数新数据都是非结构化的。这意味着我们通常对这些数据知之甚少,除非这些非结构化的数据通过某种方式被特征化或者被标记而形成半结构化的数据。依照最粗略的估算,数字世界中被"标记"的信息量只占信息总量的大约 3%,而其中被用于分析的却只占整个数字总量的 0.5%。这就是人们常说的"大数据缺口"——未被开发的信息。虽然大数据的价值稀疏,但随着数据总量的增加,大数据中蕴含着巨大的潜在价值,而挖掘这些潜在的价值需要大量的投入和技术的突破。

大数据分析需要革命性的理论和新算法的出现。和传统的抽样方法不同,大数据分析是全数据的聚合分析,因此很多传统的数据分析的算法不一定能够适用于大数据环境。由于数据量的巨大和网络资源的有限,传统的将数据传送到计算所在的地点进行处理的方式不再适合。大数据时代呼唤由以计算为中心到以数据为中心的改变。大数据环境下的计算需要将计算在就近数据的地点完成,然后再把结果汇总到中心节点,最大限度地减少数据移动。大数据分析必须是分布式与并行化兼顾的系统架构。然而,目前常用的数据分析的算法并不都能够被并行化,需要研究和开发适合大数据环境的新的算法。

为了实现全数据分析从而能够发掘出新的有价值的洞察力,要求大数据分析系统能够综合分析大量且多种类型的数据。这就要求大数据系统要能够把结构化数据的方法、工具和新兴的非结构化数据的方法和工具有机地结合。新的系统要兼备大规模并行处理数据库的高效率同时又具有 Hadoop 平台高扩展性的特点(图 12-7)。

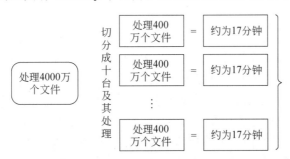

图 12-7　Hadoop 处理原理

许多大数据应用需要实时的数据分析能力,因此提高数据分析的效率和速度是大数据分析的又一挑战。为此人们在这方面做了很多尝试,例如,并行计算、内存数据库等。很显然,只靠内存数据库的方法来提高数据分析速度不太可行。成本是其中的一个关键因素,虽然内存的价格按每 18 个月降低 30% 左右的速度降低,但数据的增长速度更快,以每 18 个月 40% 的速度增长。

云计算是提高大数据分析能力的一个可行的方案。云计算和大数据相互依存共同发展,云计算为大数据提供弹性可扩展的存储和高效的数据并行处理能力,大数据则为云计算提供了新的商业价值。

12.5.4　大数据安全

大数据给信息安全带来了新的挑战(图 12-8)。随着云计算、社交网络和移动互联网的兴起,对数据存储的安全性要求也随之增加。互联网给人们的生活带来了方便,与此同时也使得个人信息的保护变得更加困难。各种在线应用中共享数据的比例在增大。这种大量的数据共享的一个潜在问题就是信息安全。近些年,信息安全技术发展迅速,然而企图破坏和规避信息保护的技术和工具也在发展,各种网络犯罪的手段更加不易追踪和防范。

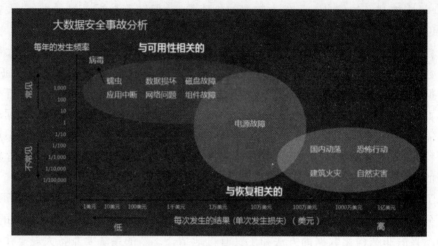

图 12-8　大数据安全分析

信息安全的另一方面是管理。在加强技术保护的同时,加强全民的信息安全意识,完善信息安全的政策和流程也是至关重要的。即使技术再先进,如果企业的员工忽视公司的信息安全政策,例如没有备份应该备份的数据,没有及时更新安全软件等,即使有先进的技术保障,也不能保证企业信息万无一失。

大数据时代信息安全需要更完备的信息安全标准。例如,如何规范电子商务中客户信息的管理,保障客户信息的安全,在大数据时代提出了新的要求。客户的身份数据、购买记录等如果和其他社交网络中客户的行为与记录放在一起进行综合分析,可能会造成意想不到的信息泄漏。什么样的个人信息可以保留,什么组织和机构可以有权利保存、收集和汇总私人信息,这都需要制定详尽的信息管理法规,并由各部门参与协调从而切实保证客户的信息安全。另一方面,大数据也为数据安全带来了新的技术突破的可能。通过大数据分析的方法,实现信息安全策略的动态调整,从而更好地提高信息安全措施的实时性和完备性。

12.5.5　数据科学

大数据的兴起,催生了一个新的学科即数据科学。数据科学团队成为连接大数据和行业应用的桥梁,他们要解决的问题是如何实现大数据的价值(图 12-9)。这是一个跨学科的团队,由多种角色的人员组成,包括数据科学家、程序员、统计人员、业务人员等。数据科学家是有着开阔视野的复合型人才。他们既有坚实的数据科学基础,如计算机科学、统计学和数学,同时又有广泛的业务知识和经验。数据科学家是数据科学团队的核心,他们会使用 R、Hadoop、Greenplum 等大数据工具。除了和数据库管理员、统计人员、编程人员合作以外,大数据科学家还与业务管理人员交流与合作,从而制定出适合各种决策人员的大数据策略和计划。

图 12-9　数据科学

数据科学依然处于发展初期,大量的数据探索和处理工具正在被开发。虽然市场对数据科学家的需求日益增多,但目前培养数据科学家的体制尚不健全,能够提供的数据科学家远远不能满足需求。我们生活在一个不断增长和变化的数字世界中,如何驾驭这些数字是 IT 领域未来面临的挑战。

【延伸阅读】

最值得关注的大数据领域 33 大预测

2016 年大数据领域会发生什么情况?考虑到如今在深层神经网络和规范性分析方面取得的进展,你可能觉得这个问题很好回答。而实际上,来自业界的大数据预测大不相同,下面是精选出的最值得关注的 33 个预测。

数据平民崛起

甲骨文公司预测一种新型用户:数据平民(Data Civilian)会崛起。该公司称:"虽然复杂的数据统计可能仍局限于数据科学家,但数据驱动的决策不会是这样。在未来一年,更简单的大数据发现工具让业务分析员可以寻找企业 Hadoop 集群中的数据集,将它们重新做成新的混搭组合,甚至运用探索性机器学习方法来分析它们。"

"大数据"会消亡

Nucleus Research 公司公开发表了不同意见,预测我们所知道的大数据会消亡。该公司称:"在过去两年,每家公司及其人员似乎都推出了某种形式的大数据解决方案。是该告别新奇事物综合症的时候了。用户会像对待任何数据那样对待和访问大数据,而不是着手解决大数据分析这一项庞大又艰巨的任务。

风险投资公司更关注大数据给出的结论

据 Opera Solutions 公司的高级副总裁 Keri Smith 声称，由于风险投资公司往数据初创公司纷纷投入资金，是时候开始提出尖锐的问题了。Smith 问道："大数据解决方案真正的投资回报率（ROI）如何？公司如何才能跨过部门级部署这个阶段，让大数据在整个企业创造的价值实现最大化？又有哪些有意义的使用场合适用于众多垂直领域？要是贵公司现在没有提出这类问题、积极寻求答案，应该很快就会。

机器学习和人的洞察力组合渗透新行业

Spare5 公司的首席执行官 Matt Bencke 表示，我们在 2016 年会看到数据绝地武士（Data Jedis）的兴起。他写道："将来被人工智能改变的工作会比以往任何时候都要多，'数据绝地武士'会变成最抢手的员工。机器学习和人的洞察力这对组合会渗透到新行业，包括医疗保健和安全行业，员工需要灵活适应以提供不同服务，不然就会落在后面。"

数据科学在银行界大放光彩

数据科学咨询公司 Profusion 的首席执行官 Mike Weston 预测，数据科学在银行界会大放光彩。他写道："金融业是率先采用数据科学技术/方法的行业之一。不过，所有银行服务公司采用数据科学的步调远远没有统一。2016 年，我预计这种局面会有所改变。更好地利用数据和服务个性化会从金融市场进入到零售银行领域。这会给市场营销、客户服务和产品开发带来深远影响。"

人工智能和认知计算让个性化医疗成为现实

先进的人工智能引起机器人成为统治者，这种场景吓坏了 Elon Musk。不过据 Franz 公司的认知科学家兼首席执行官 Jans Aasman 声称，应该将人工智能归为"友好的技术"这一列。他说："2016 年及以后，人工智能和认知计算将使个性化医疗成为现实，帮助拯救患有罕见疾病的病人，并改善整体的医疗保健状况。"

首席数据官将成为信息技术领域的"新宠儿"

Blazent 公司首席技术官办公室负责人 Michael Ludwig 认为，首席数据官（CDO）会成为信息技术领域的"新宠儿"，永远让办公室政治更显错综复杂。他写道："正是由于大数据很复杂，又需要完整而准确的数据，首席数据官会变得越来越重要。因而，首席技术官和首席信息官需要给首席数据官让出地方，除非确立了明确界定的角色，并成立了相关团队，否则高层管理团队当中会出现紧张局势。"

首席洞察官成为大数据整理过程的关键领导者

但不是每个人都这么认为，其中包括 PROS 公司的首席远见官 Craig Zawada。"2016 年，我们会开始看到被任命的首席数据官日渐式微，这是过去的一种角色。相反，

2016 年会出现首席洞察官,这类人将成为大数据整理过程中的关键领导者。"

云服务被充分利用

但是颇有势力的 CIO 能重新发号施令吗? Cazena 公司创始人兼首席执行官 Prat Moghe 预测会这样。他写道:"2016 年,CIO 们会充分利用企业就绪的云服务,作为中间人提供这样的云服务,既满足 IT 部门在治理、合规和安全等方面的要求,又满足业务部门在敏捷性和响应能力等方面的要求。"

流分析逐渐成熟

DataTorrent 公司的首席执行官兼联合创始人 Phu Hoang 预测,流分析会开始成熟起来,并在大数据阵营中证明其价值。他说:"虽然许多公司已经认可了实时流非常重要这一点,但我们会看到用户希望更进一步,确定流分析使用场合。在接下来一年,使用流分析工具的客户会变得更加成熟,要求流分析有明确的投资回报率。"

实时分析异常火爆

实时分析在明年会很火爆,这个我们懂。不过据 MongoDB 公司的战略和产品营销副总裁 Kelly Stirman 声称,一项技术:Apache Kafka 比其余技术更惹人注目。Stirman 写道:"Kafka 将成为企业数据基础设施的一个重要集成点,为构建智能分布式系统提供便利。Kafka 及其他流分析系统(比如 Spark 和 Storm)会补充数据库,成为跨应用程序和数据中心管理数据的整个企业堆栈的关键部分。"

大数据让娱乐更加"娱乐"

喜欢鼓乐? FirstFuel Software 公司的首席数据科学家 Badril Raghavan 表示,那么你一定会爱上 2016 年。"在今后几个月,我们会看到企业和个人利用数据和分析工具,面对包括能源、体育、社会公益和音乐在内的众多行业,提供个性化、引人入胜的体验。比如说,人们将来可以利用数据,根据个人喜好(例如偏爱鼓乐)改编歌曲。"

物联网影响半导体行业

物联网会如何影响半导体行业? IT 传奇人物 Ray Zinn 对此有几点看法。他写道:"你会看到设计和制造出现更明显的分工。晶圆厂的使命就是扩大规模,服务于几十亿消费者和新兴的物联网市场。设计将会与制造脱离开来,分担市场风险。创新将是设计公司的生存之道,而不断提高效率才是晶圆厂的制胜秘诀。问题是,接下来会出现什么? 到时难免会出现新的市场和设备,从而推动行业呈现新的井喷式增长。物联网好比是沉睡的巨人,不过我觉得它只是在打盹而已。"

机器学习、大数据自动化和人工智能大放异彩

Infosys 公司高级副总裁兼平台、大数据和分析部门主管 Abdul Razack 表示,机器学习、大数据自动化和人工智能在 2015 年大出风头,明年会出更大的风头。Razack 说:

"2016年,企业更广泛地采用人工智能技术替代人工重复性任务的步伐会快速加快。"他提到,丰田公司最近往人工智能方面投入了10亿美元。大数据自动化已经在发展,不过2017年"会得到更广泛的应用,人的独特能力(即拿来复杂问题后给出创造性的解决办法)显得更重要。"特斯拉的无人驾驶汽车内置了机器学习技术,但2017年,"机器学习会悄悄进入到千家万户,让我们身边的物件不仅仅是联网而已。"

合并兴起的关键年

许多人预计2016年大数据领域会出现激动人心的事情。Logi Analytics公司的解决方案工程和服务副总裁Charles Caldwell却不这么认为。"如果我展望2016年,并不觉得会出现许多激动人心的事情。其他厂商已给出了云计算、视觉分析和移动等方面的预测,但是那些大多是安定下来的旧趋势。在我看来,2016年会是合并兴起和为下一大热门打基础的一年。"

副本数据管理(CDM)迎来春天

"最想象不到奖"授予Catalogic Software公司的产品营销高级经理Peter Eicher。我们倒不是指他的这一预测:副本数据管理(CDM)"是迎来大好时期的技术——不仅这个领域出现新厂商,老派厂商也在跟风,这就是最好的佐证。"这完全合情合理。不,我们之所以提名Peter是因为他的这一疯狂预测:纽约尼克斯队会夺得NBA总冠军。他承认:"是的,结果不是。我不可能一直预测正确。不过话又说回来,这个预测已连续错了42年。"

大数据泄密事件频发

大数据领域的"沮丧的黛比"(Debbie Downer)奖授予BlueTalon公司的首席执行官Eric Tilenius,因为他预测,大企业爆出大数据泄密事件的步伐可能会加快。他写道:"2016年,缺乏统一的数据治理,可能会导致企业界迄今面临的最大的安全方面冲击——这相当于移动技术的问世给传统企业边界带来的冲击。依赖支离破碎的方法来控制数据访问,即面对不断变化的数据格局采用不一致的政策,只会在企业数据保护方面留下大洞。"

微服务架构有所突破

你在搞微服务吗?据SaaS厂商Workday声称,如果你现在没搞,很快会搞。该公司声称:"很显然,内部部署与云之争已结束,云赢了。不过,并非构建的所有云架构都一个样。微服务架构会突破Netflix等消费者互联网设计领域,成为自向云转变以来企业应用软件领域最重大的架构进步。"

大数据分析扩大领域

TARGIT公司首席技术官Ulrik Pederson表示,大数据有难度,许多公司在2016年会竭力搞好大数据。他写道:"2016年大数据分析会扩大领域,一些工具让企业用户有可能在需要时对大数据执行全面的自助式探索,不需要 IT 部门的大力指导。对应于我的第一个预测,我预计先进分析项目在众多行业会大幅增加。然而,这并不意味着它们会成功……要是听到许多厂商和客户在成功实施项目上遇到困难,我也不会觉得惊讶。"

认知技术、数据科学会有进展

国际数据分析研究所(International Institute of Analytics)预测便于嵌入式分析的分析微服务会大行其道。这家独立研究和咨询公司还预测,认知技术、数据科学和数据精选等领域会取得进展。该组织表示,由于许多大学开设新课程,分析人才危机有望得到缓解。

非数据专业人才也会投身大数据

OLAP-on-Hadoop 提供商 AtScale 公司的首席营销官 Bruno Aziza 表示,不是数据专业人才的那些人也会积极投身于大数据。他写道:"随着 Hadoop 变得更容易被非数据专业人才访问,营销人员会开始访问更多的数据,以便做出更合理的决策。可以借助 Hadoop 更深入更全面地了解数据,这让营销人员能够洞察消费行为、从而做出决策,并了解客户消费旅程背后的流程。"

高性能计算渐成主流

存储巨头 DDN 预测,我们会看到更多的高性能计算技术进入到主流,特别是由于它涉及存储。该公司表示:"2016 年,来自高性能计算行业的存储、数据管理和应用程序加速等技术会继续以更快的速度被利用起来,以满足企业对性能和规模越来越高的要求,因而会以更快的速度取代传统的 IT 基础设施。"

开源大数据遍地开花

开源大数据技术给你留下了深刻印象? Pentaho 公司的首席执行官 Quentin Gallivan 表示,你还没有看到任何实际东西。Gallivan 写道:"像 Spark、Docker、Kafka 和 Solr 这些很酷的新工具会遍地开花,这些新兴的开源工具旨在能够对 PB 级数据进行大规模大批量的分析,它们会从'青春期'阶段进入到'壮年期'阶段。"

Spark 淘汰 MapReduce,拯救 Hadoop

RDBMS-on-Hadoop 厂商 Splice Machine 公司的联合创始人兼首席执行官 Monte Zweben 表示,Spark 会淘汰 MapReduce,但是会拯救 Hadoop。他写道:"MapReduce 相当深奥。具有速度慢、批处理的特性,又加上非常复杂,因而对许多企业来说毫无吸引力。由于速度快,Spark 要自然得多,对程序员来说很方便。Spark 会给 Hadoop 注入活力;2016 年,基于 Hadoop 的项目十之八九会是与 Spark 有关的项目。"

云厂商发布自己的 Spark 平台即服务解决方案

Snowflake Computing 公司的首席执行官 Bob Muglia 表示,但是这并不意味着每个

Spark 项目会涉及 Hadoop。"如今,Spark 是 Hadoop 发行版的一部分,与 Hadoop 有着广泛的联系。随着 Spark 独自行动,建立一个独立的、有活力的生态系统,预计这种情况在 2016 年会发生变化。实际上,可以预计各大云计算厂商会发布各自的 Spark 平台即服务(PaaS)解决方案。我们会看到 Elastic Spark 吗? 可能性很大。"

Apache Hadoop 将被重置,并非丢弃

Teradata 公司的企业系统总经理 Dan Graham 表示,企业组织会对 Apache Hadoop 进行重置处理。"随着 Hadoop 及相关开源技术跨过收集知识的早期阶段、炒作渐渐消退,企业会对部署的 Hadoop 按重置键、而不是丢弃,运用汲取的经验教训,尤其是治理、数据集成、安全和可靠性方面的经验教训。"

主数据管理(MDM)派上用场

杂物抽屉问题是 Hadoop 社区面临的最大挑战之一。但根本不用害怕——主数据管理(MDM)派得上用场! Reltio 公司的首席执行官兼创始人 Manish Sood 写道:"MDM 会变得无处不在。长期以来,MDM 这门技术只有大公司才用得起,大公司拥有庞大的 IT 团队,又有硬件、软件和为期多年的实施项目所需的庞大预算。新一批数据驱动的应用程序会内置 MDM 作为基本要求。由于同时提供操作功能和分析功能,每个应用程序可靠的数据基础由 MDM 引擎来支撑。"

Hadoop 将处于十字路口

2016 年,Hadoop 将处于十字路口,它会往哪个方向走? Altiscale 公司的首席运营官 Mike Maciag 给出了他的预测。"2016 年,我们会看到 Hadoop 行业标准得到巩固。2015 年年初,我们看到开放数据平台计划(ODPi)正式启动,该计划制定了标准,为大数据生态系统的关键项目如何协同运行指明了方向。由于标准化给客户带来的好处变得更加显而易见,ODPi 的成员数量在这一年翻番。我们预计,2016 年 Hadoop 会得到更大的发展和认可,让新的技术和应用程序得以满足由 ODPi 制定的 Hadoop 生态系统标准。"

物联网 2.0 出现

Zebra Technologies 公司预测,我们会看到物联网 2.0 出现。"物联网市场会由过去的闭源、专有的第一代解决方案,变成更成熟、基于行业标准、可灵活适应的解决方案。借助开源方法,企业组织能够从数量更多的服务提供商及其各自的 API 当中做一个选择。"

后稀缺经济日渐兴起

OpenText 公司首席执行官 Mark Barrenechea 预测,物联网可能预示着后稀缺经济日渐兴起。他写道:"可以将算法想象成这种应用程序,对物联网及我们生活中方方面面的数十亿个互联设备生成的彼此关联的海量信息进行大数据分析。拥有数据、分析数据、改进和创新成为企业成功的关键——这一切得益于互联数字化社会。"

生产工作负载与分析技术充分结合

MapR Technologies 公司的首席执行官 John Schroeder 预测,能够同时处理分析型工作负载和事务型工作负载的融合平台会迎来巨大飞跃。"2016 年,由于各大领先公司获得将生产工作负载与分析技术结合起来,迅速调整,以适应客户偏好、竞争压力和商业环境所带来的好处,我们会看到融合方法成为主流方法。这种融合加快了企业组织'从数据到行动'的周期,并缩短了数据分析到业务影响之间的时间差。"

小众解决方案吃香

看好 2016 年会出现单一架构的另一个支持者是 Datameer 公司的首席执行官 Stefan Groschupf。他写道:"某个技术类别是新类别时,会出现众多公司,各自的产品旨在为这个领域的一小部分提供解决方案。这样一来,客户只好购买多个工具,试图弄清楚如何结合使用这些工具。最后,这种方法根本行不通,客户倾向于单一厂商提供的集成产品架构——或者覆盖范围广泛的产品。2016 年将标志着大数据产品开始出现这种转型。"

外包大行其道

大数据服务提供商 Absolutdata 公司的首席执行官 Anil Kaul 预测,外包在 2016 年会大行其道。他写道:"我们可以从大数据获得众多有价值的信息,可是访问这些信息颇具挑战性,而且通常不在平常商业智能的范围之内。如今许多公司在与第三方合作,制定并执行大数据分析策略。将外部专家整合到大数据团队当中,也许是公司在这个迅速变化的领域保持领先一步的最佳途径。"

资料来源:中云网,2016-1-27

【课程实验总结】

至此,我们顺利完成了本课程的教学任务以及本书有关"大数据导论"的全部实验。为巩固通过实验所了解和掌握的相关知识和技术,请就所做的全部实验做一个系统的总结。由于篇幅有限,如果书中预留的空白不够,请另外附纸张粘贴在边上。

1. 实验的基本内容

(1) 本学期完成的"大数据导论"实验(请根据实际完成的实验情况填写)。

第 1 章主要内容是:＿＿＿＿＿＿＿＿＿＿＿＿＿＿＿＿＿

＿＿＿＿＿＿＿＿＿＿＿＿＿＿＿＿＿＿＿＿＿＿＿＿＿

第 2 章主要内容是:＿＿＿＿＿＿＿＿＿＿＿＿＿＿＿＿＿

＿＿＿＿＿＿＿＿＿＿＿＿＿＿＿＿＿＿＿＿＿＿＿＿＿

第 3 章主要内容是：＿＿＿＿＿＿＿＿＿＿＿＿＿＿＿＿＿＿＿＿＿＿
＿＿＿＿＿＿＿＿＿＿＿＿＿＿＿＿＿＿＿＿＿＿＿＿＿＿＿＿＿＿＿＿

第 4 章主要内容是：＿＿＿＿＿＿＿＿＿＿＿＿＿＿＿＿＿＿＿＿＿＿
＿＿＿＿＿＿＿＿＿＿＿＿＿＿＿＿＿＿＿＿＿＿＿＿＿＿＿＿＿＿＿＿

第 5 章主要内容是：＿＿＿＿＿＿＿＿＿＿＿＿＿＿＿＿＿＿＿＿＿＿
＿＿＿＿＿＿＿＿＿＿＿＿＿＿＿＿＿＿＿＿＿＿＿＿＿＿＿＿＿＿＿＿

第 6 章主要内容是：＿＿＿＿＿＿＿＿＿＿＿＿＿＿＿＿＿＿＿＿＿＿
＿＿＿＿＿＿＿＿＿＿＿＿＿＿＿＿＿＿＿＿＿＿＿＿＿＿＿＿＿＿＿＿

第 7 章主要内容是：＿＿＿＿＿＿＿＿＿＿＿＿＿＿＿＿＿＿＿＿＿＿
＿＿＿＿＿＿＿＿＿＿＿＿＿＿＿＿＿＿＿＿＿＿＿＿＿＿＿＿＿＿＿＿

第 8 章主要内容是：＿＿＿＿＿＿＿＿＿＿＿＿＿＿＿＿＿＿＿＿＿＿
＿＿＿＿＿＿＿＿＿＿＿＿＿＿＿＿＿＿＿＿＿＿＿＿＿＿＿＿＿＿＿＿

第 9 章主要内容是：＿＿＿＿＿＿＿＿＿＿＿＿＿＿＿＿＿＿＿＿＿＿
＿＿＿＿＿＿＿＿＿＿＿＿＿＿＿＿＿＿＿＿＿＿＿＿＿＿＿＿＿＿＿＿

第 10 章主要内容是：＿＿＿＿＿＿＿＿＿＿＿＿＿＿＿＿＿＿＿＿＿
＿＿＿＿＿＿＿＿＿＿＿＿＿＿＿＿＿＿＿＿＿＿＿＿＿＿＿＿＿＿＿＿

第 11 章主要内容是：＿＿＿＿＿＿＿＿＿＿＿＿＿＿＿＿＿＿＿＿＿
＿＿＿＿＿＿＿＿＿＿＿＿＿＿＿＿＿＿＿＿＿＿＿＿＿＿＿＿＿＿＿＿

（2）请回顾并简述：通过实验，你初步了解了哪些有关大数据技术与应用的重要概念（至少三项）。

① 名称：＿＿＿＿＿＿＿＿＿＿＿＿＿＿＿＿＿＿＿＿＿＿＿＿＿
　简述：＿＿＿＿＿＿＿＿＿＿＿＿＿＿＿＿＿＿＿＿＿＿＿＿＿
＿＿＿＿＿＿＿＿＿＿＿＿＿＿＿＿＿＿＿＿＿＿＿＿＿＿＿＿＿＿＿＿
＿＿＿＿＿＿＿＿＿＿＿＿＿＿＿＿＿＿＿＿＿＿＿＿＿＿＿＿＿＿＿＿

② 名称：＿＿＿＿＿＿＿＿＿＿＿＿＿＿＿＿＿＿＿＿＿＿＿＿＿
　简述：＿＿＿＿＿＿＿＿＿＿＿＿＿＿＿＿＿＿＿＿＿＿＿＿＿
＿＿＿＿＿＿＿＿＿＿＿＿＿＿＿＿＿＿＿＿＿＿＿＿＿＿＿＿＿＿＿＿
＿＿＿＿＿＿＿＿＿＿＿＿＿＿＿＿＿＿＿＿＿＿＿＿＿＿＿＿＿＿＿＿

③ 名称：_____

　　简述：_____

_____

_____

_____

④ 名称：_____

　　简述：_____

_____

_____

_____

⑤ 名称：_____

　　简述：_____

_____

_____

_____

2. 实验的基本评价

(1) 在全部实验中，你印象最深，或者相比较而言你认为最有价值的实验是：

① _____

你的理由是：_____

_____

_____

_____

② _____

你的理由是：_____

_____

_____

_____

(2) 在所有实验中，你认为应该得到加强的实验是：

① _____

你的理由是：_____

_____

_____

_____

② _____

你的理由是：_____

_____

_____

_____

（3）对于本课程和本书的实验内容，你认为应该改进的其他意见和建议是：

_____

_____

3. 课程学习能力测评

请根据你在本课程中的学习情况，客观地对自己在大数据知识方面做一个能力测评。请在表 12-1 的"测评结果"栏中合适的项下打"√"。

表 12-1　课程学习能力测评

关键能力	评价指标	测评结果					备注
		很好	较好	一般	勉强	较差	
课程主要内容	1. 了解本课程的知识体系、理论基础及其发展						
	2. 熟悉大数据技术与应用的基本概念						
	3. 熟悉本课程的在线学习环境						
行业应用	4. 熟悉大数据的典型导读案例						
	5. 了解大数据应用的主要行业						
基础设施	6. 熟悉云计算的基础知识与服务形式						
	7. 熟悉计算虚拟化						
	8. 熟悉存储虚拟化						
	9. 熟悉网络虚拟化						
技术基础与应用能力	10. 熟悉大数据商业规则						
	11. 熟悉大数据思维变革						
	12. 了解大数据预测分析						
	13. 了解大数据的技术架构						
	14. 了解 Hadoop 分布式架构						
	15. 了解大数据的主要技术						
	16. 了解机器学习知识						
	17. 了解数据科学，熟悉数据科学家的基本要求						
	18. 了解大数据未来发展						
解决问题与创新	19. 掌握通过网络提高专业能力、丰富专业知识的学习方法						
	20. 能根据现有的知识与技能创新地提出有价值的观点						

说明："很好"5 分，"较好"4 分，以此类推。全表满分为 100 分，你的测评总分为：_____分。

4. 大数据导论实验总结

_____

_____

_____

_____

_____

_____

_____

_____

_____

_____

_____

_____

_____

_____

5. 实验总结评价(教师)

_____

_____

_____

参 考 文 献

1. [美]大卫·芬雷布.大数据云图:如何在大数据时代寻找下一个大机遇.盛杨燕,译.杭州:浙江人民出版社,2014.

2. 周苏.大数据·技术与应用.北京:机械工业出版社,2016.

3. [美]Phil Simon.大数据应用:商业案例实践.漆晨曦,张淑芳,译.北京:人民邮电出版社,2014.

4. [日]野村综合研究所,城田真琴.大数据的冲击.周自恒,译.北京:人民邮电出版社,2013.

5. [英]维克托·迈尔-舍恩伯格,肯尼思·库克耶.大数据时代.盛杨燕,周涛,译.杭州:浙江人民出版社,2013.

6. [美]伊恩·艾瑞斯.大数据思维与决策.宫相真,译.北京:人民邮电出版社,2014.

7. [美]汤姆斯·戴文波特.大数据@工作力.江裕真,译.台北:远见天下文化出版股份有限公司,2014.

8. [美]Lawrence S Maisel, Gary Cokins.大数据预测分析:决策优化与绩效提升.北京:人民邮电出版社,2014.

9. [英]David McCandless.信息之美.温思玮等,译.北京:电子工业出版社,2012.

10. [美]Nathan Yau(邱南森).数据之美:一本书学会可视化设计.张伸,译.北京:中国人民大学出版社,2014.

11. [美]埃里克·西格尔.大数据预测——告诉你谁会点击、购买、死去或撒谎.周昕,译.北京:中信出版社,2014.

12. [美]史蒂夫·洛尔.大数据主义.胡小锐,朱胜超,译.北京:中信出版集团,2015.

13. [美]Bill Franks.驾驭大数据.黄海,车皓阳,王悦,等译.北京:人民邮电出版社,2013.

14. 周苏.人机交互技术.北京:清华大学出版社,2016.

15. 周苏.数字媒体技术基础.北京:机械工业出版社,2015.

16. 周苏.创新思维与 TRIZ 创新方法.北京:清华大学出版社,2015.

17. 周苏.创新思维与科技创新.北京:机械工业出版社,2016.

18. 周苏.现代软件工程.北京:机械工业出版社,2016.